高等农林院校实验实训教材

地理数据可视化实验实习教程

（适用专业：地理信息科学）

主　编：刘梦云
副主编：杨香云　王　琤

西北农林科技大学出版社

图书在版编目(CIP)数据

地理数据可视化实验实习教程 / 刘梦云主编. —杨凌：西北农林科技大学出版社，2019.6
ISBN 978-7-5683-0680-5

Ⅰ.①地… Ⅱ.①刘… Ⅲ.①地理信息系统—数据处理—实验—高等学校—教材 Ⅳ.①P208-33

中国版本图书馆 CIP 数据核字(2019)第 133259 号

地理数据可视化实验实习教程
刘梦云　主编

出版发行	西北农林科技大学出版社
地　　址	陕西杨凌杨武路3号　　邮　编：712100
电　　话	总编室：029-87093105　　发行部：029-87093302
电子邮箱	press0809@163.com
印　　刷	北京虎彩文化传播有限公司
版　　次	2019年7月第1版
印　　次	2019年7月第1次印刷
开　　本	787 mm × 1092 mm　　1/16
印　　张	14
字　　数	322千字

ISBN 978-7-5683-0680-5

本册定价：28.00元

本书如有印装质量问题，请与本社联系

PREFACE 前言

地理数据可视化可为地学研究提供直观、高效的显示结果,并能够在地理、地质、环境等地学领域获得广泛的应用。地图作为地理数据可视化的主要形式之一,是最重要、应用最广泛的一种形式,也是地学专业的必学学科之一。地图学在相关的地学学科中主要是作为工具学科来使用,其主要任务是为了解与表达各事物在时间、空间上的变化规律,及其与其他环境要素之间的关系,因此,在各类学科里所占的地位举足轻重。作为工具学科,实践环节显得尤为重要,为满足地理信息科学、人文地理与城乡规划、资源环境科学等专业的地图学、地图设计与编制、专题地图编制、地图投影与变换、数字地图制图原理与应用等课程的教学要求,故编撰本实习实验教材,以便能够更好地为地理学、资源、环境等学科的发展而服务。

本教材分为 7 篇,共 48 个实验、实习,现作如下说明:

1. 实验实习教程分为 7 篇,每一篇为不同的主题,使用的软件也存在差异。

2. 各个实验实习的撰写均包括目的与要求、仪器与材料、内容与步骤、实验实习应交成果,可以完成实验实习的操作。

3. 实验实习教程中的各项内容经过撰写组仔细推敲完成,若存在不妥善之处,在使用过程中会逐步进行完善。

4. 实验实习教程中的资料搜集来自多处,如网络、编写组科研项目、统计年鉴以及相关教材,在此特别声明。

5. 实验实习教程中除了具体步骤外,还添加了相关的理论知识,便于学生理论知识与实践环节的更好衔接,也更能激发学生创新思维。

6. 实验实习教程中针对每部分不同的教学特点与要求,相应地设计了不同的软件操作过程,便于学生根据具体情况有选择地进行学习。

7. 绝大多数实验实习所用的资料已提供,个别未提供资料的实验或实习,教师可根据实际情况或需要达到的教学效果灵活选择本教材中已有资料。

本书由多名从事地图学教学并具有多年实践经验的教师共同编写,各个编写成员依据自己的实验特长并综合多种参考资料编写了相应章节。本书的编写具体分工如下：第1篇，刘梦云、王琤、杨香云；第2篇，刘梦云、杨香云；第3篇，刘梦云、王琤；第4篇，刘梦云；第5篇，杨香云、王琤；第6篇，王琤、刘梦云；第7篇，刘梦云、杨香云。同时，本教材的编写也得到了资源环境学院的大力支持，以及地理科学系刘京老师对于部分素材、资料的提供，在此一并感谢。此外，该书个别实例参考蔡孟裔等编著、高等教育出版社出版的《新编地图学实习教程》编写，特此说明。由于时间仓促，错误之处在所难免，敬请批评指正。

刘梦云

2018年8月

CONTENTS 目录

第1篇 认识实验 ... 1

实验1 地图编制及印刷系统参观 ... 1
实验2 几种制图软件简介 ... 6

第2篇 地图学基础 ... 18

实验1 点状分布事象表示方法——定点符号法 ... 18
实验2 线状分布事象表示方法——线状符号法 ... 22
实验3 布满制图区域事象表示方法——质别底色法 ... 25
实验4 布满制图区域事象表示方法——等值线法 ... 35
实验5 布满制图区域事象表示方法——定位图表法 ... 39
实验6 间断成片分布事象表示方法——范围法 ... 45
实验7 分散分布事象表示方法——点值法 ... 49
实验8 分散分布事象表示方法——分级比值法 ... 56
实验9 分散分布事象表示方法——比例圆的分区图表法 ... 60
实验10 分散分布事象表示方法——分区图表法之周至县人口图的制作 ... 64
实验11 运动事象表示方法——动线法 ... 67
实验12 地理底图的编制 ... 70
实验13 根据地形图绘制断面图 ... 72
实验14 根据地形图绘制坡度图 ... 74
实验15 地形图阅读 ... 76
实验16 地形图的野外阅读 ... 78
实验17 地形图分幅编号 ... 80

第3篇 地图投影与变换 ... 84

实验1 地图投影的判别 ... 84

实验 2　在图上量算长度比和面积比 ………………………………… 86
　　实验 3　横轴等角方位投影的计算 ………………………………… 88
　　实验 4　正轴等角割圆柱投影 ……………………………………… 92
　　实验 5　正轴等面积割圆锥投影 …………………………………… 96
　　实验 6　应用双标准纬线正轴等角圆锥投影计算新疆维吾尔自治区地图的数学
　　　　　　基础 ………………………………………………………… 101
　　附录 1 ……………………………………………………………………… 105
　　附录 2 ……………………………………………………………………… 109
　　附录 3 ……………………………………………………………………… 112

第 4 篇　地图制图综合 …………………………………………………… 114

　　实验 1　用等比数列法进行河流的选取 …………………………… 114
　　实验 2　城镇居民点的制图综合 …………………………………… 117
　　实验 3　街区式农村居民地的制图综合 …………………………… 120
　　实验 4　用化简的方法进行等高线概括 …………………………… 122

第 5 篇　地图设计与编制 ………………………………………………… 125

　　实验 1　ArcMap 地图编辑基本操作 ……………………………… 125
　　实验 2　ArcMap 地图数据采集 …………………………………… 140
　　实验 3　ArcMap 地图符号制作 …………………………………… 151
　　实验 4　ArcMap 土地利用现状图制图综合 ……………………… 158
　　实验 5　ArcMap 专题地图制图输出 ……………………………… 164

第 6 篇　计算机地图制图 ………………………………………………… 170

　　实验 1　图幅的裁切、纠正和接边 ………………………………… 170
　　实验 2　境界线及其色带的绘制、图例符号的设计与建库 ……… 173
　　实验 3　利用贝塞尔曲线进行等高线分层设色的绘制 …………… 178
　　实验 4　利用楔形工具进行水系图的绘制 ………………………… 180
　　实验 5　利用晕线填充城市居民地 ………………………………… 182
　　实验 6　利用贝塞尔工具、形状工具绘制县域行政区划图 ……… 184
　　实验 7　面状类型地图符号的绘制（以旱地为例）……………… 186
　　实验 8　动态线图的绘制 …………………………………………… 189
　　实验 9　立体专题地图符号的绘制 ………………………………… 192
　　实验 10　点值法制作人口密度图 ………………………………… 196

实验 11　分区统计专题图的绘制 …………………………………………… 199
实验 12　土地利用现状图的绘制——以永寿县仪井镇为例 ……………… 203

第7篇　地图学实习 ………………………………………………………… 205

实习 1　地图制图综合实习 …………………………………………………… 205
实习 2　地图设计与编制课程设计 …………………………………………… 214

参考文献 ………………………………………………………………………… 216

第1篇 认识实验

实验1 地图编制及印刷系统参观

日常的工作、科研活动均会涉及地图编制与印刷。地图编制是地图设计、编绘与清绘、制印的总称。一般包括地图设计和编辑准备、地图编稿和编绘(原图编绘)、地图清绘和整饰(出版准备)以及地图制印4个阶段。依获取数据源的差异、任务的不同地图编绘过程及成果而不同。

本实验通过对地图制作、出版部门以及气象部门的参观,学习地图制作的方法和过程,以及遥感影像的应用领域。

1 目的与要求

(1)了解地图应用的主要领域;
(2)了解地形图各要素提取的过程;
(3)了解地图编绘的过程与原理;
(4)了解地图印刷系统;
(5)了解气象要素的获取与天气预报的形成。

2 实验内容与过程

(1) 地图编制过程

目前,我国常用的地图编制方法有三种:计算机地图制图、常规编制和遥感制图。而进行大量复制地图的手段,则主要通过胶印方法获得。具体编制过程如下:

① 计算机地图制图成图过程

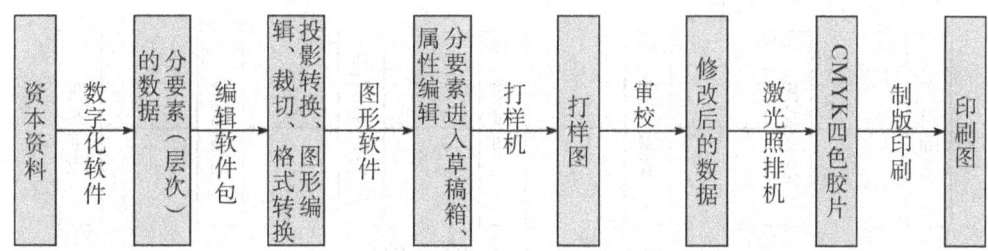

图1-1-1 计算机地图制图成图过程

② 常规方法编制地图过程

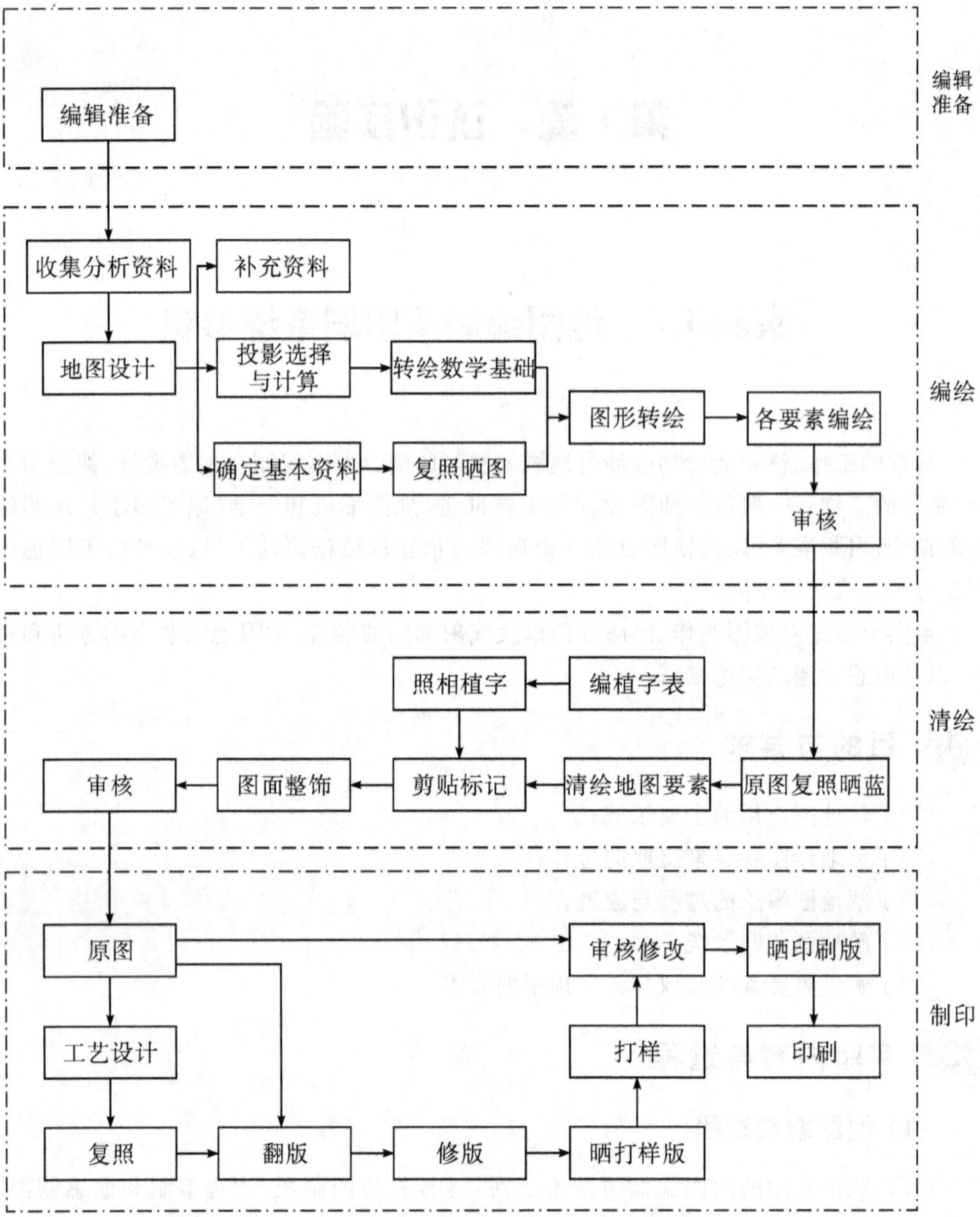

图 1-1-2　常规方法编绘地图过程

③ 遥感资料成图过程

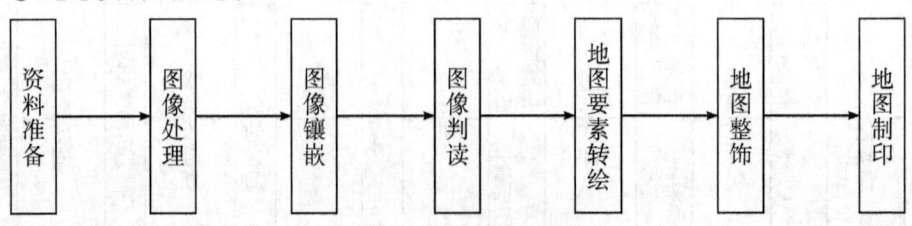

图 1-1-3　遥感资料成图过程

④ 专题地图编绘过程

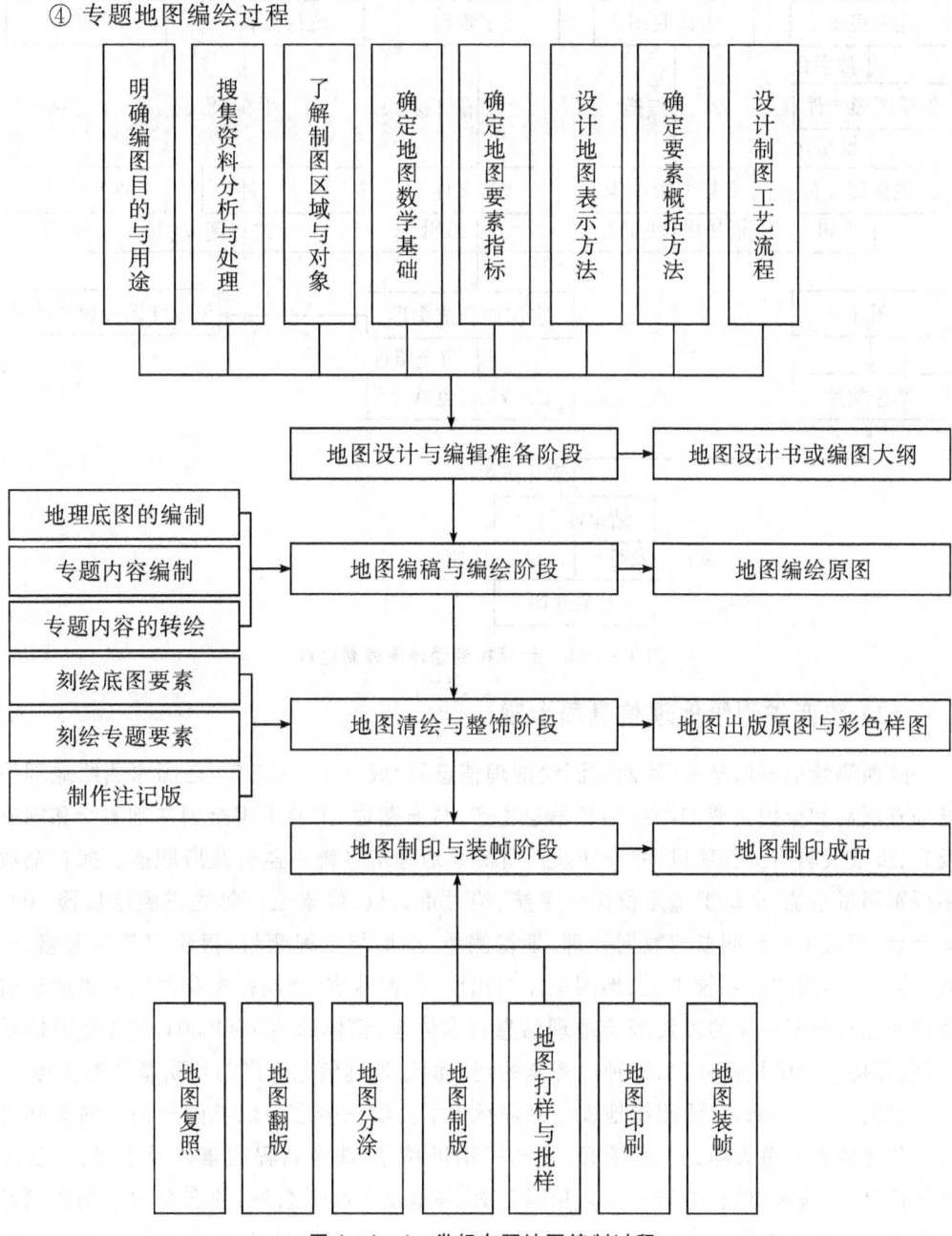

图1-1-4 常规专题地图编制过程

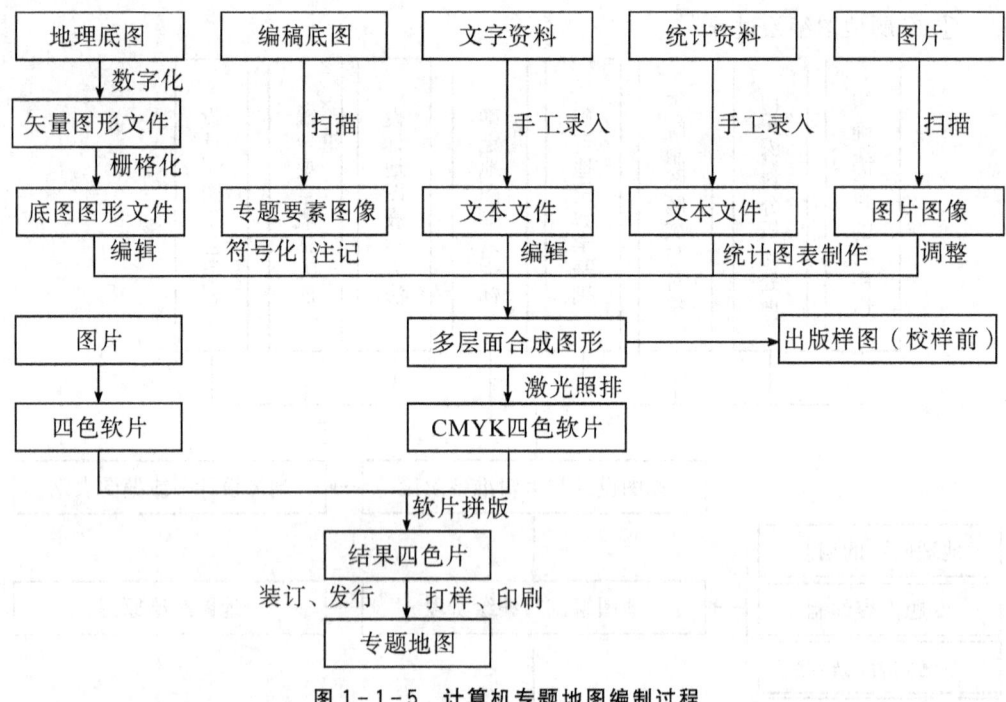

图1-1-5　计算机专题地图编制过程

(2) 陕西省测绘地理信息局参观

陕西测绘地理信息局(陕西省测绘地理信息局)成立于1957年,是国家测绘地理信息局直属局和全国重要的测绘地理信息生产、科研基地,主要承担全国基础测绘和国家及省、市重大测绘工程项目,并行使陕西省测绘地理信息统一监管政府职能。拥有全数字摄影测量系统、全球卫星定位接收系统、绝对重力仪、像素工厂等先进测绘仪器1000多台套,形成了大地测量与数据处理、地籍测量、地形与工程测量、摄影测量与遥感、全数字测图、地理信息系统工程、地图编制与出版、仪器鉴定,测绘标准化研究等集地理信息产业和科研于一体的现代测绘地理信息技术体系,整体通过ISO9001质量管理体系认证,保持着全国规模最大、工种最齐全的现代测绘地理信息生产与科研基地的优势。

建局50多年来,陕西测绘地理信息局承担了全国三分之一以上国土面积的基础测绘任务和数百项重大测绘工程项目,参与了南极科考、珠峰高程测量以及中尼、中巴边界联检测绘,编制出版《中华人民共和国全图》等地图产品千余种,并在全国率先建成省级基础地理信息数据库,向社会各界提供了数以万计的各种比例尺地理信息图件和技术服务,为国家和陕西经济社会发展做出了重要贡献。陕西省测绘地理信息局依据不同的工作内容与性质分成十五个直属单位。我们结合本专业的培养目标进行了相关部门的参观学习,主要参观部门为陕西测绘地理信息局的五院和六院。主要从信息采集、数据处理、成果展示以及地图出版与印刷等方面进行学习。

国家测绘地理信息局第一航测遥感院(陕西省第五测绘工程院):内设国情监测中心、遥感应用中心、三维数据中心、影像处理中心、技术研发中心、系统开发中心、项目开发部、成果资料中心、航测一室、航测二室、遥感一室、遥感二室、制图室。主要承担国家、地方基础测绘与重点测绘工程,先后完成西部测区基础地理信息动态更新,秦岭测图,灾后重建和国情普查项目;在应用服务方面,担负影像快速处理,灾情遥感解译,服务与数字城市,农村规划,国土资源,水利电力,能源交通;科研方面承担信息化测绘生产基地构建技术研究与应用示范等重点科研专项,构建自动化影像集群处理,三维数据建模和遥感解译分析。

国家测绘地理信息局第一地理信息制图院(省第六测绘地理信息工程院):内设地图工程一分院、地图工程二分院、地图工程三分院、基础测绘一分院、基础测绘二分院、地理国情监测分院、基础测绘三分院、开发中心、应用中心、工程中心十个生产部门,建立了从设计、开发、数据采集、数据加工、数据库建库到数据应用一套完整的现代测绘生产技术体系,在地图开发、地理信息系统建设、地籍测绘、摄影测量、国情监测等方面已形成特色,主要承担大型测绘地理信息工程的生产。

(3) 陕西省气象局参观

近年来,在气象现代化、信息化以及气象数据集约化建设的不断推进下,省气象信息中心各项工作蓬勃发展。在陕西省气象信息中心的主导下,全省气象骨干通信网络进行了升级改造,我省通信网络的传输速率与稳定性得到了极大的提升;建成了全省高清视频会商系统,省、市实现了高清视频联通;陕西气象数据中心机房、"陕西气象私有云"建成并投入业务试运行,为我省气象部门打下了集约化计算资源管理基础。与此同时,陕西省气象信息中心致力于气象数据产品的开发与利用,多年来不断推进历史气象资料的数字化工作,气象档案的数字化率达到历史新高;从历史到实时资料一体化投入业务运行,极大地提高了气象数据入库时效,规范了数据入库流程;推进全国综合气象信息共享平台(CIMISS)系统的建设、维护与应用,建成了陕西省气象数据共享平台,及时发布各类气象数据产品,为我省各级气象部门提供准确、及时、权威的气象数据。此次参观主要从气象数据获取、数据处理、天气预报形成以及科研应用等方面进行学习。

3 实验应交成果

依据地图的编制过程,结合野外参观,进行现场小结,并撰写参观报告。主要分析以下几个问题:

(1)地图数据采集的方法与手段主要有哪些?
(2)地图数据的处理过程主要有哪些方面?
(3)地图编制所需要使用的仪器设备有哪些?它们的主要作用是什么?
(4)地图印刷所使用的设备主要有哪些?
(5)地图产品及其显示主要有哪些?
(6)气象数据的获取、分析、处理过程有哪些?
(7)天气预报的形成与播报是怎么完成的?
(8)陕西测绘地理信息局和陕西省气象局与外界相联系的科研工作主要包括哪些?

实验 2　几种制图软件简介

随着计算机制图技术的不断深入与发展，以及编制各种类型地图对计算机制图技术的要求不断深入与提高，国内外已经研制了多种制图软件，这些软件各有特点、长处与不足，在使用的功能上也各有差异，有的已经相当成熟，并成为各制图单位人员熟悉与经常使用的制图软件。计算机制图系统由硬件、软件和数据三部分组成，缺一不可。下面介绍几种我们在教学和科研中经常使用的制图软件。

1　ArcGIS10.2 概述

ArcGIS10.2 是美国环境系统研究所（Environment System Research Institute，ESRI）开发的新一代 GIS 软件，是世界上使用最广泛的 GIS 软件之一。ArcGIS 可以用来创建和使用地图、编辑地理数据、管理数据库中的地理信息、分析地理信息、共享和显示地理信息，在一系列应用程序中使用地图和地理信息。自 1978 年以来，ESRI 相继推出了多个版本系列的 GIS 软件，其产品不断更新扩展，构成适用各种用户和机型的系列产品。ArcGIS 是 ESRI 在全面整合了 GIS 与数据库、软件工程、人工智能、网络技术及其他方面的计算机主流技术之后，是一个全面的，可伸缩的 GIS 平台，为用户构建一个完善的 GIS 系统并为其提供完整的解决方案。

2013 年全新推出的 ArcGIS 10.2 能够全方位服务于不同用户群体的 GIS 平台。组织机构、GIS 专业人士、开发者、行业用户甚至大众都能使用 ArcGIS 打造属于自己的应用解决方案。

（1）ArcGIS 10.2 体系结构

ArcGIS 10.2 有一个完整的产品体系，其中主要的产品如下：

① ArcGIS for Desktop

ArcGIS for Desktop 是 ArcGIS 的桌面端软件产品，为 GIS 专业人士提供对空间信息进行创建、编辑、存储、分析及制图平台，利用它可以实现各种从简单到复杂的 GIS 任务。ArcGIS for Desktop 根据用户的伸缩性需求，提供了三个不同的产品供用户选择购买，每个产品提供不同层次的功能水平（图 1-2-1）。

因为三个版本的结构都是统一的，所以地图、数据、符号、地图图层、报表和元数据等，都可以在这三个产品中共享和交换使用。此外，通过一系列可选的扩展模块，这三个级别产品的能力还可以进一步得到扩展，比如网络分析（Network Analyst）、空间分析（Spatial Analyst）扩展、三维分析（3D Analyst）扩展等（图 1-2-2）。

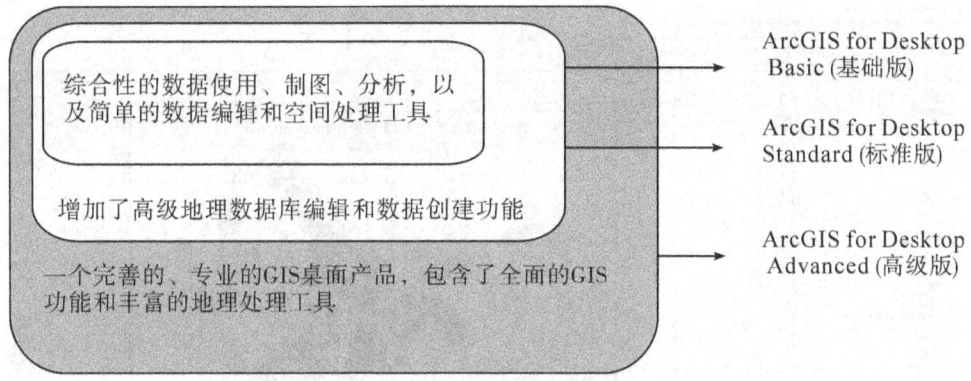

图 1-2-1 ArcGIS for Desktop 三个不同层次产品

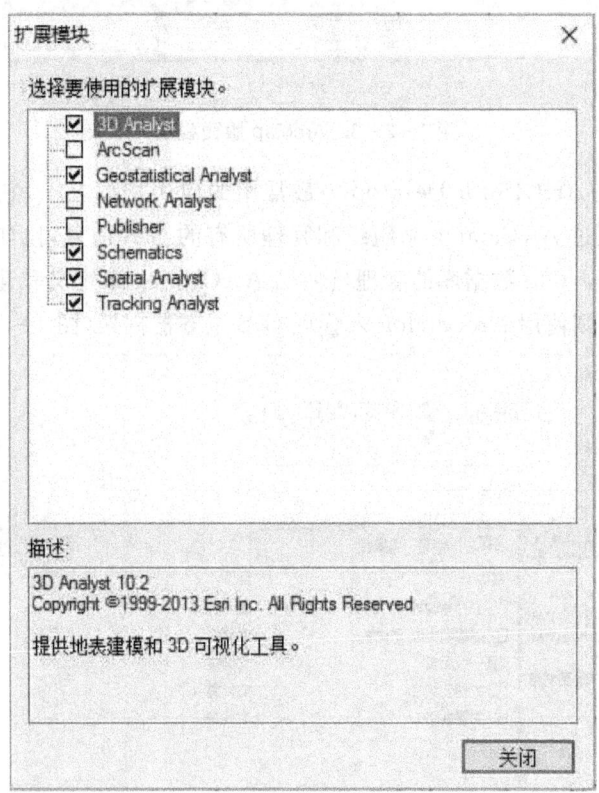

图 1-2-2 扩展模块

ArcGIS for Desktop 是一个系列软件套件,它包含了一套带有用户界面的 Windows 桌面应用:ArcMap,ArcCatalog,ArcGlobe,ArcScene,ArcToolbox 和 ModelBuilder,每一个应用都具有丰富的 GIS 工具,其中最常用的是 ArcMap 和 ArcCatalog。

ArcMap 是 ArcGIS for Desktop 中一个主要的应用程序,具有基于地图的所有功能,包括地图制图、编辑、数据分析和出版等。ArcMap 提供两种类型的地图视图:数据视图和版面视图。在数据视图中,可以对空间数据进行采集、编辑、符号化、分析等。在版面视图中(图 1-2-3),可以进行地图出图排版,添加地图元素,如比例尺,图例,指北针等。

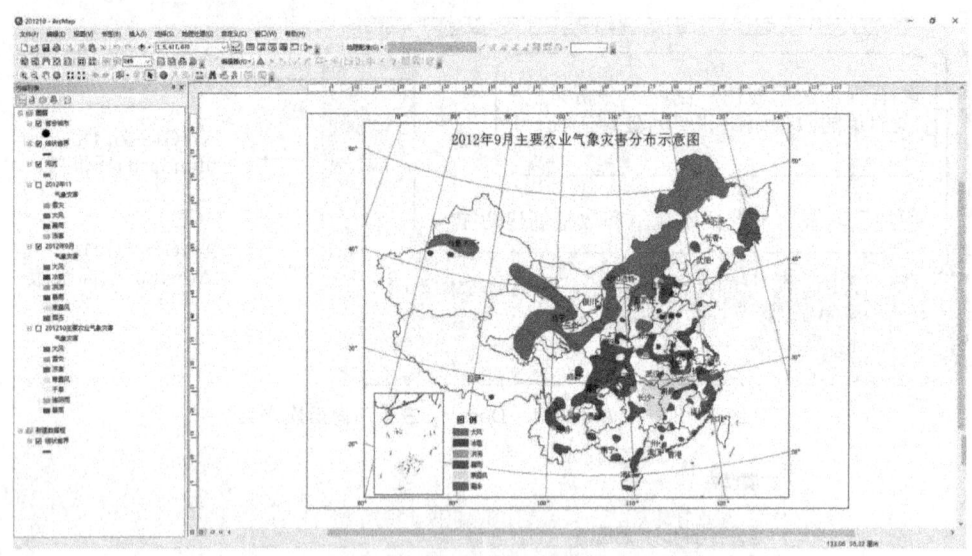

图1-2-3 ArcMap 版面视图

ArcCatalog 是 ArcGIS for Desktop 中最常用的应用程序之一，它是地理数据的资源管理器。用户通过 ArcCatalog 来组织和管理所有的 GIS 信息，比如地图、数据集、模型、元数据、服务等。GIS 数据库的管理员使用 ArcCatalog 来定义和建立 Geodatabase。GIS 服务器管理员则使用 ArcCatalog 来管理 GIS 服务器框架(图1-2-4)。

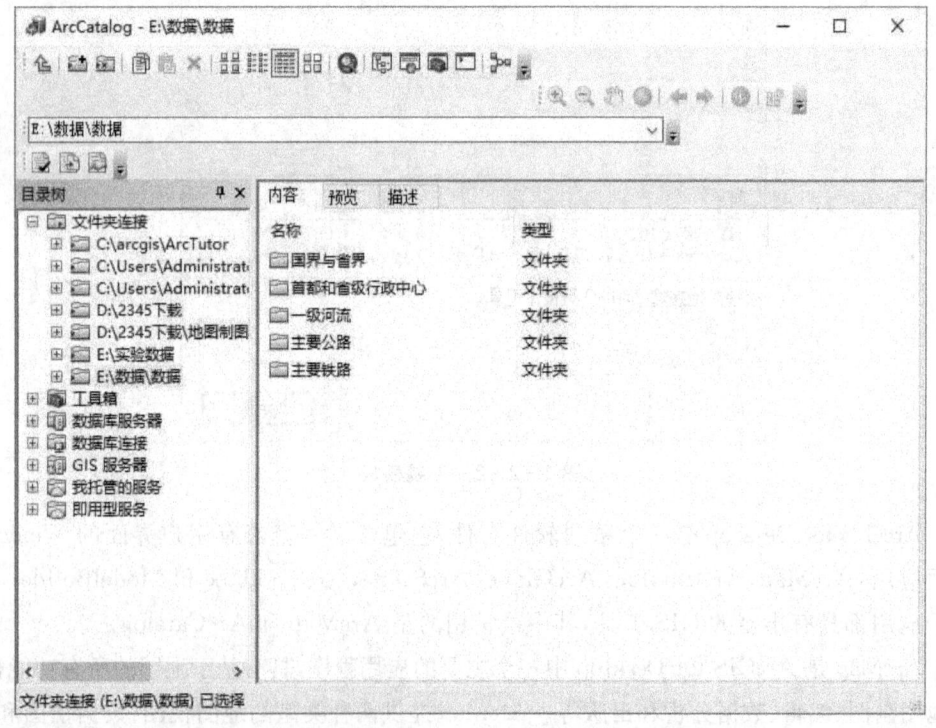

图1-2-4 ArcCatalog

② ArcGIS 云平台

云计算时代带来了全新的互联网服务模式，提升了 GIS 软件应用水平。ArcGIS 云平台是 ArcGIS 与云计算技术相结合的最新产品，可通过 ArcGIS 云平台来为用户提供地理信息服务。ArcGIS 云平台产品系列主要包括公有云 ArcGIS Online 和服务于 Office 的地图插件 Esri Maps for Office。ArcGIS Online 是 Esri 建设的第一个云 GIS 平台，集中了所有 ArcGIS 的在线资源，如在线底图资源、在线 Web 制图等。Esri Maps for Office 可直接在微软 Office 软件中创建和共享交互式地图，使更多的用户群体和机构享用到地图和基于地图的地理空间分析功能。

③ ArcGIS 服务器平台

ArcGIS for Server 是基于服务器的 ArcGIS 工具，可提供面向 Web 空间数据服务的一个企业级 GIS 软件平台，提供创建和配置 GIS 应用程序和服务的框架，这样可以满足不同客户的各种需求。ArcGIS for Server 不但可以在本地还可以在云基础设施上配置运行。在 Server 的 10.2 版本中还新增了两个扩展模块：Geoevent Processor for Server(实时数据处理分析)和 Portal for ArcGIS(综合性的 GIS 门户)。

④ ArcGIS 移动平台

ArcGIS for Mobile 将 GIS 从办公室延伸到了野外。用户通过轻便灵活的智能终端和便携设备(如平板电脑、智能手机)等移动设备就能够随时随地的查询和搜索空间数据。除了可以使用常用的定位、测量、上传等基本功能，还可以执行路径分析、决策分析等高级空间分析功能。另外 ArcGIS 云平台的构建，让用户直接在移动端就能快速的发现、使用和分享 ArcGIS Online 和 Portal for ArcGIS 中的丰富资源。

⑤ ArcGIS 开发平台

Esri 为开发者提供了灵活多样的扩展方案。ArcGIS Engine 是一套完备的嵌入式 GIS 组件库和工具库，可以让程序员创建自定义的 GIS 桌面程序。ArcGIS Engine 支持多种开发语言，包括 COM、NET 框架、Java 和 C++，能够运行在 Windows、Linux 和 Solaris 等平台上。ArcGIS Engine 可以实现从简单的地图浏览系统到复杂的 GIS 编辑、分析系统的开发；Web APIs 和 Runtime SDKs 可实现基于移动设备和桌面的、轻量级应用的开发。同时，Esri 还为开发者提供了各种在线开发资源，方便用户建构具有独立界面和特定功能的 GIS 程序。

⑥ CityEngine 三维建模产品

EsriCityEngine 是 Esri 公司推出的应用于城市三维建模的软件，可应用于数字城市、城市规划、管理、交通、电力、国防、仿真、游戏开发和电影制作等领域。CityEngine 的特点是基于规则建模，用户可以根据 GIS 数据中建筑物和设施的各种属性(如建筑物的高度、楼层数、层高、样式等)快速、批量、自动的创建三维模型，用户还可以直接在三维场景中进行规划设计，并对其他建模软件建立的模型进行规则定义和修改，降低了三维 GIS 建模、规划、更新的人力物力成本，极大地提高了工作效率。

(2) ArcGIS10.2 软件特色

ArcGIS10.2 是 ESRI 发布的功能比较强大而又完善的版本，标志着 Esri 又进入了一个新的里程碑。在 ArcGIS10.2 中，ESRI 充分利用了 IT 技术的重大变革，来提高和扩大GIS的影响力和适用性。ArcGIS 10.2为不同的用户群体提供了更丰富的内容和工具,在地图制图功能方面也更加高效便捷。

① ArcGIS 10.2为用户提供更丰富的地图资源

ArcGIS 10.2基于云平台打造了全新的地图生态系统,积累了大量免费的地图资源,主要包括地理底图、高分辨率遥感影像、地理编码、空间分析等,从而为用户使用GIS数据和快速开发应用系统提供了强有力的支持。

② ArcGIS 10.2制图编辑的高度一体化

在ArcGIS 10.2中,ArcMap提供了一体化的完整地图绘制、编辑、显示、输出的集成环境。在ArcGIS for Desktop中,通过使用系统提供的地图模板、符号库、高级编辑工具等,用户无须复杂设计就能够生产出高质量的地图。

③ ArcGIS 10.2强大的空间分析能力

强大的空间分析功能是GIS软件与普通制图软件的一个分水岭。空间分析模块是ArcGIS的一个扩展模块,在ArcGIS Desktop、ArcGIS Engine、ArcGIS Sever中均可调用。ArcGIS 10.2的空间分析模块包含上百个分析工具,可支持对所有栅格和矢量格式文件进行分析,支持动态投影,能够对地图进行代数运算,为地图制图提供强有力的数据处理手段。

④ ArcGIS 10.2多源数据管理和共享能力

ArcGIS 10.2支持130余种数据格式的读取、80余种数据格式的转换,用户可以轻松集成所有类型的数据进行可视化和分析。提供了一系列的工具用于几何数据、属性表、元数据的管理、创建以及组织。ArcGIS与Hadoop集成,实现了对大数据的处理和分析。在ArcGIS for Desktop中,用户不用离开ArcMap界面就可以充分使用ArcGIS Online,如导入底图、搜索数据或要素、向个人或工作组共享信息。为用户提供了一个统一的、多部门协同合作的平台。

⑤ ArcGIS 10.2灵活多样的开发扩展能力

Esri为开发者提供了灵活多样的开发扩展能力,同时在云中平台developers.arcgis.com开放了更多立即可用的资源。ArcGIS Engine是组件跨平台应用的核心集合,它提供多种开发的接口,可以实现从简单的地图浏览到复杂的GIS编辑、分析系统的开发;Web APIs和Runtime SDKs可实现基于移动设备和桌面的、轻量级应用的多样化开发;ArcGIS REST API提供了简单、开放的接口来访问和使用ArcGIS Server发布的服务。

⑥ ArcGIS 10.2实时数据处理和分析能力

在ArcGIS 10.2 for Server中,架构更加优化,增加了对实时数据的分析处理、大数据的支持。GeoEventProcessor是10.2新推出的Server扩展模块,通过连接常用传感器、车载GPS、移动设备、环境监控设备和社交媒体等,可对产生的海量流数据进行实时连续的展示、过滤和处理分析,实现实时态势感知,从而更好地进行辅助决策支持。

2 CorelDRAW 简介

CorelDRAW Graphics Suite 是加拿大 Corel 公司的平面矢量图形制作工具软件。它融合了绘画与插图、文本操作、绘图编辑等高品质的矢量图形输出于一体,具有强悍的版面设计能力,在商标设计、标志制作、模型绘制、插图描画、排版及分色输出等诸多领域都有广泛应用(图 1-2-5)。该软件界面设计友好,操作精微细致,不仅包括标准绘图工具(各种直线、曲线、图形的绘制和塑形、各种模式的调色以及专色的应用、渐变、位图、底纹填充),而且提供一整套的图形精确定位和变形控制方案,给图形设计和排版等需要准确尺寸的设计工作带来极大便利。常见历史版本有 CorelDRAW 9、10、11、12、X3、X4,官方普及版本 X5、X6、X7,目前最新版本为 X8,MAC 平台上有 11 版本。

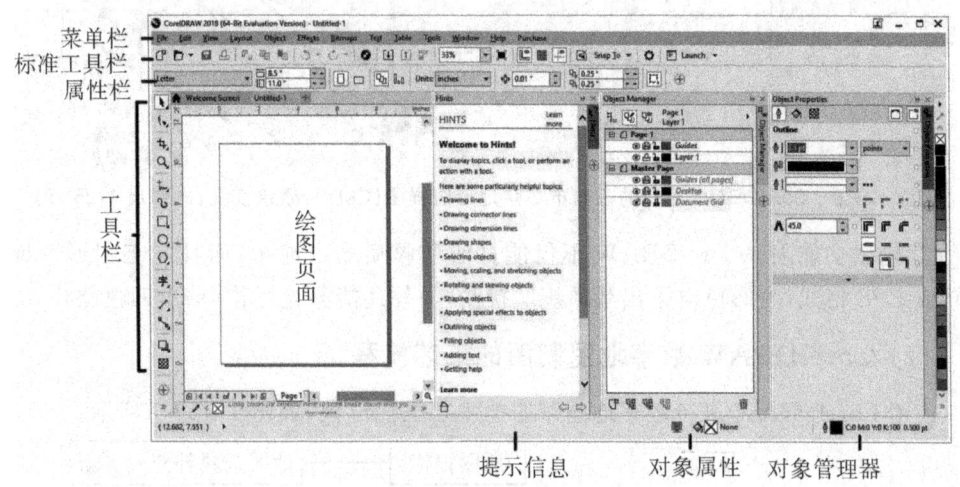

图 1-2-5 CorelDRAW X8 运行界面

在数字地图制图领域,近年来随着 GIS 技术的发展和广泛应用,地图的表现形式也发生了巨大的变化。尽管 ArcGIS 软件作为 GIS 平台的重要组成部分,拥有完整的地图制图功能(包括制图数据的处理、符号化、注记的制作与输出等),但其制图效果与以 CorelDRAW 为代表的专业平面设计软件相比还存在较大差距,因此数字地图制图作业中,往往将两者结合使用。首先应用 ArcGIS 软件完成制图数据的处理后,再使用 CorelDRAW 完成制图效果的调整、修正、美化,以快捷高效地完成数字地图制图工作(图 1-2-6)。

(1) CorelDRAW 数字地图制图的突出特点

① 原图数字化。CorelDRAW 软件的贝塞尔曲线工具代替了 AutoCAD 和 MapGIS 的跟踪数字化和扫描矢量化。可将原图扫描后只作为原图图层临时存放在最底层,等到贝塞尔曲线工具跟踪矢量化完成后再删除扫描原图。

② 图文混合排版。CorelDRAW 是集图形、文本和图像编辑、处理、排版于一体的综合性制图软件。

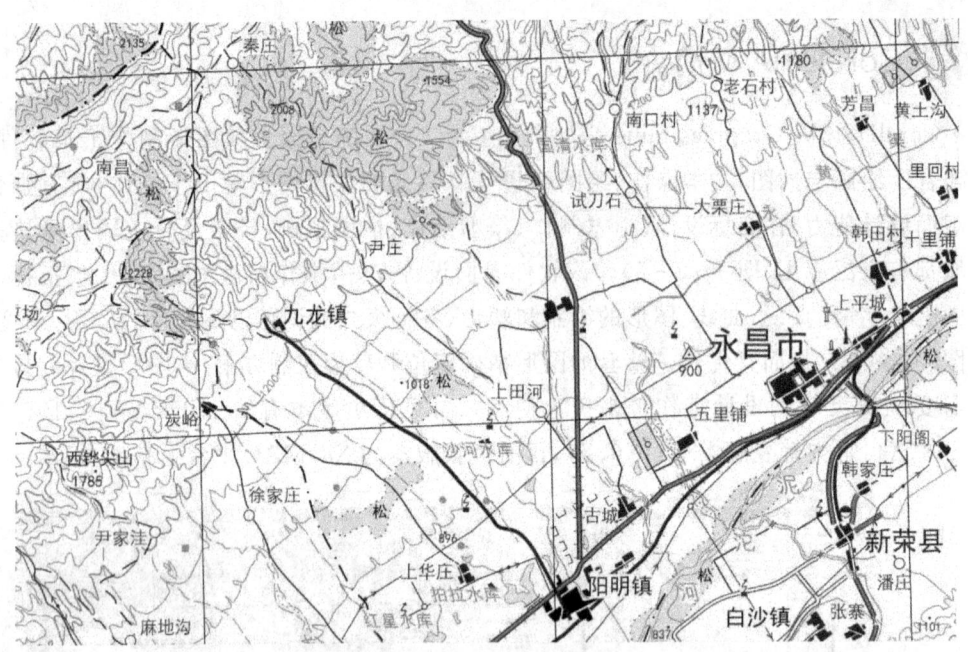

图1-2-6 CorelDRAW绘制的永昌市数字地形图样图(CMYK颜色模式,比例尺1∶25万)

③ 输出功能强。CorelDRAW不仅能打印和彩喷输出地图,而且能将图形图像文件转成EPS格式,为彩色电子出版系统所接受,另外还能激光照排,输出四色软片。

(2) CorelDRAW数字地图制图的工艺流程

使用CorelDRAW进行数字地图制图的主要工艺流程,如图1-2-7所示。

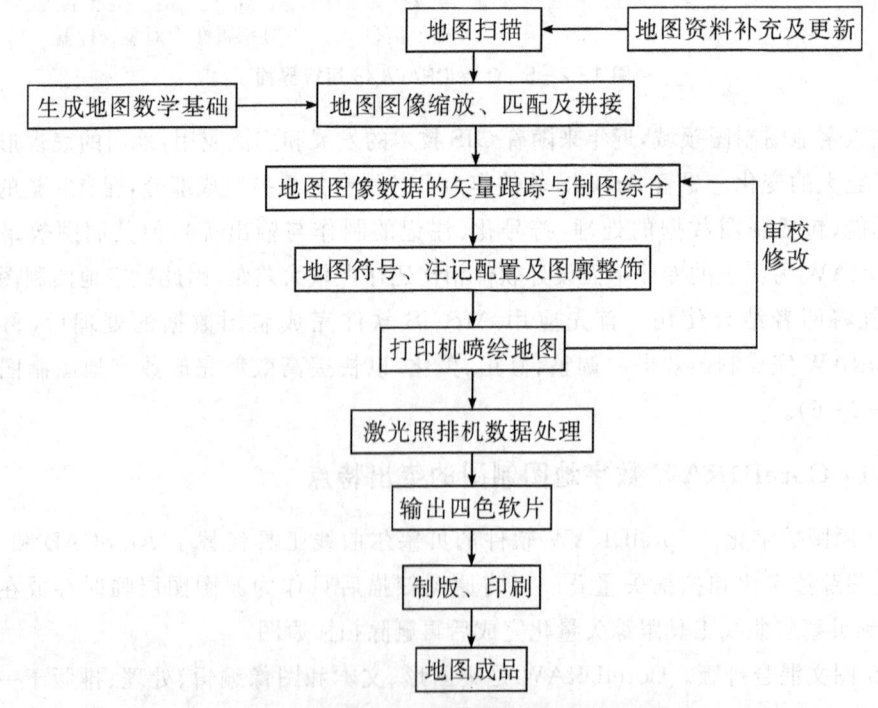

图1-2-7 CorelDRAW数字地图制图的主要工艺流程

① 纸质地形图扫描

首先把纸质地形图扫描成位图格式文件建立工作底图。扫描分辨率的确定根据纸质地形图的尺寸与成图尺寸的比例关系而定。

② 建立 CorelDRAW 制图文件

打开 CorelDRAW 软件,建立一个新的制图绘图文件。设定各种绘图参数,包括页面设置、编辑精度、显示设置、长度单位设置、注记尺寸单位设置和图形输出设置等(图1-2-8)。

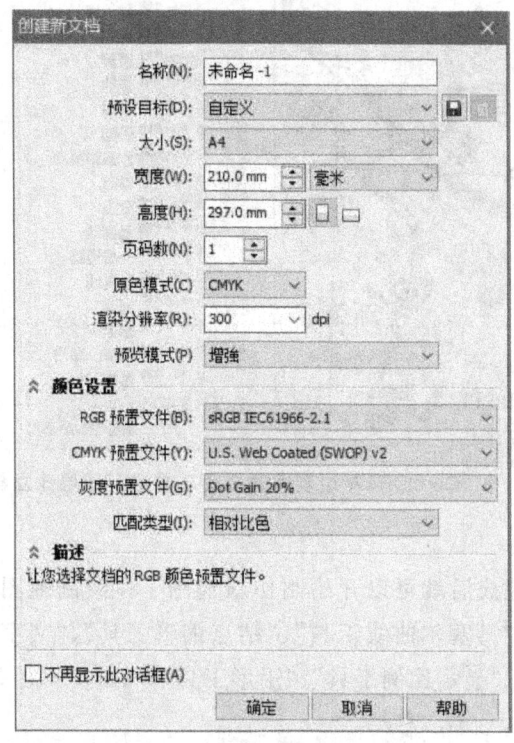

图 1-2-8 建立 CorelDRAW 制图文件界面

③ 建立制图图层

图层应按照制图顺序来建立,原则是面积色在下,符号和线划在上,最下层为底图图层,放置扫描地形图的图层,然后向上依次是水域面积色、街区式居民地、水渠、水涯线、等高线、管线、小路、乡村路、大车路、公路、铁路、桥梁、独立房屋、地貌符号、独立地物符号、高程点、其他说明注记、高程注记、水系注记、居民地注记、图廓图名(图1-2-9)。

④ 扫描地形图的处理

扫描地形图的图形文件可以直接导入底图图层。然后确定制图范围,确定制图范围的方法有三种:

a. 扫描前裁去图廓外内容。

b. 扫描后用裁剪功能裁去图廓外内容。

c. 用 CorelDRAW 工具框里的矩形工具暂时框出制图范围,这种方法最为方便,而且留有扩充余地。

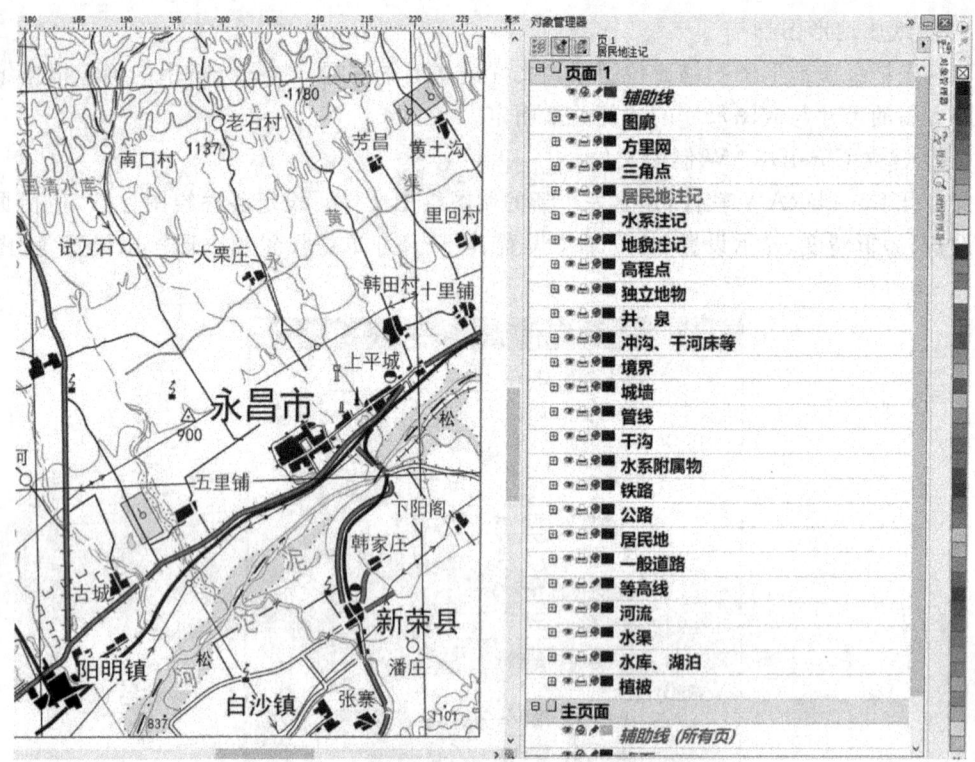

图1-2-9　CorelDRAW中利用对象管理器进行图层建立与管理

⑤ 地图制作

地形图底图图层建成后就可以开始制作新地图了。绘制地图最常用的工具是"选取工具"、"手绘工具"、"贝塞尔曲线工具"、"结点编辑工具"、"文字工具"、"轮廓线对话框"和"填充色对话框"、"显示比例工具"、"矩形工具"等（图1-2-10）。

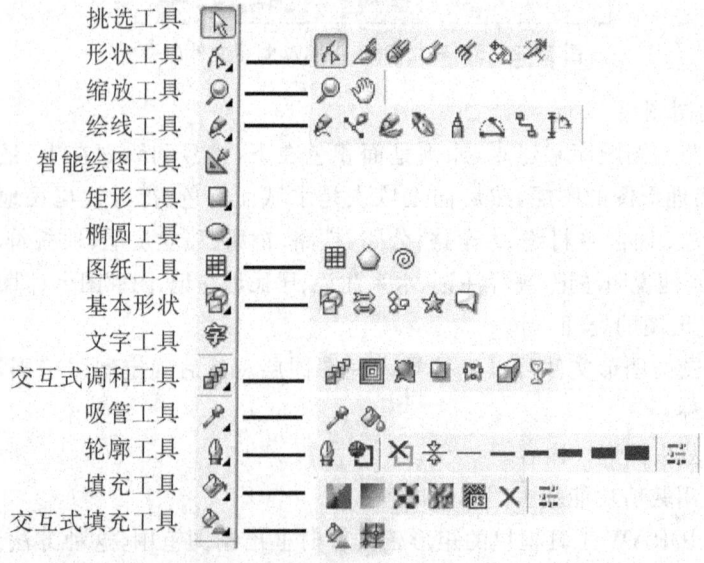

图1-2-10　CorelDRAW主要绘制工具

(3) CorelDRAW 数字地图制图的常用操作

① 输入对象

a. 打开输入：从"文件"菜单的"打开"选项打开"打开绘图"对话框，在同一个工作区只能打开输入一个文件；

b. 对象导入：从"文件"菜单的"导入"选项打开"导入"对话框，点击"文件类型"旁的下箭头，选择要输入的文件格式。如果同时选中多个文件，那么，在同一工作区里就能同时导入多个文件。对象导入不仅能导入矢量文件，也能导入位图文件。

② 主要文件格式

在数字地图制图作业中，CorelDRAW 常用的输入格式有以下几种：

a. *.cdr 格式：*.cdr 是 CorelDRAW 的基本格式，能同时支持矢量文件和位图文件，没有输入和输出限制。

b. *.dwg 格式：*.dwg 是 AutoCAD 的基本矢量文件格式。

c. *.dxf 格式：*.dxf 是 AutoCAD 的基本矢量文件格式。

d. *.jpg 格式：*.jpg 是位图的压缩格式，也是 CorelDRAW 最畅通的位图导入格式之一，没有输入和输出限制。

e. *.pdf 格式：*.pdf 是 Adobe Portable Document 文件格式。

f. *.psd 格式：*.psd 是 Photoshop 的位图格式。

g. *.tif 格式：*.tif 是位图的基本格式，是 CorelDRAW 最畅通的位图导入格式之一。

此外，CorelDRAW 也可读取 *.ai 格式、*.bmp 格式、*.eps 等文件格式。

③ 群组和取消群组

群组是把多个对象组合（图 1-2-11-a）在一起，其主要功能是防止意外移动某个对象，更重要的是，有些工作（如图幅裁剪）只能在对象群组后才能进行（图 1-2-11-b）。群组命令可以在"排列"菜单里找到，或在选中要素组的对象后，点击属性栏里的 按钮。

④ 合并和拆分

与"群组"不同，多对象合并后，是将所有对象合并成具有相同属性的单一对象，不仅失去了原来的对那个上下堆积顺序，而且后来绘制的对象的颜色也都变成了和第一个对象相同的颜色（图 1-2-11-c）。

对象拆分后虽然可以成为独立对象，但不能恢复原来的状态，不仅改变了原来的堆积顺序，而且颜色也恢复不到原来的颜色了（图 1-2-11-d）。

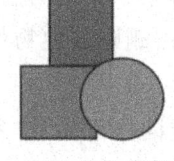 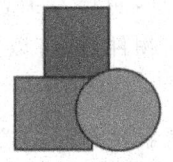  

(a) 原始多个对象　　　(b) 群组结果　　　(c) 合并结果　　　(d) 拆分结果

图 1-2-11　CorelDRAW 多对象群组、合并及拆分结果

合并命令可以在"排列"菜单里找到，或在选中要素合并的对象后，点击属性栏里的按钮。

⑤ 锁定和解锁对象

锁定对象是把对象固定在页面的某一个位置，防止发生意外的移动，在数字地图制图中经常用到锁定功能，比如锁定某个要保留的对象后，可以用框选法删除其他对象。

⑥ 复制对象

除了常用的复制方法外，CorelDRAW 还有一个更简单的复制方法，用户选中对象后，只要在数字键盘区（小键盘）的"＋"键上敲击即可，敲几次就复制几个。另外 CorelDRAW 还提供了"克隆"工具，凡是克隆出来的对象都将随着主对象的变化而变化，这对专题地图的图例符号注记用处很大。"克隆"命令可以在"编辑"菜单下找到。

⑦ 对象的排列顺序

在屏幕上最先绘制的对象总是在排在最后面，最后绘制的对象总是在最前面。对象的排列次序是指同一图层而言的。在计算机地图制图中除了使用图层功能外，也经常会通过调整对象的排列顺序来处理地图地物要素的前后关系。

对象的排序功能可以从"排列"菜单里的"顺序"子菜单中调出。灵活利用这七种不同方式来改变同一图层地图地物要素的排列次序，就能很好地解决同一图层地图地物要素的前后关系（图 1-2-12）。

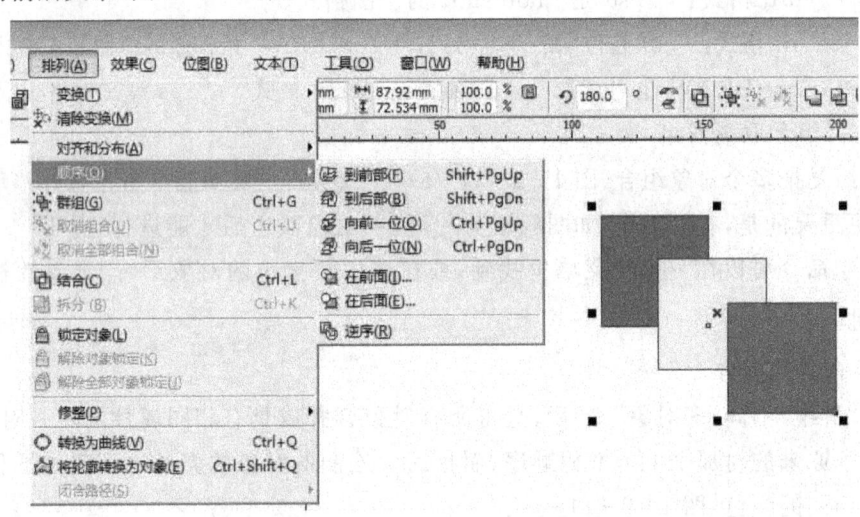

图 1-2-12　CorelDRAW 对象的排列顺序

⑧ 对象的锁定与解锁

锁定对象是把对象固定在页面的某一个位置，防止发生意外的移动。在地图制图中经常用到锁定功能，比如说锁定某个要保留的物件后，可以用框选法删除其他物件。锁定对象功能在"排列"菜单里可以找到（图 1-2-13）。

对象锁定后就不能再编辑了，要再编辑就得解除锁定。解锁功能同样可在"排列"菜单里找到。解锁功能也可以在选中要解锁的对象后，在对象上单击右键，在弹出的菜单里选择"解除对象锁定"命令，进行解锁（图 1-2-13）。

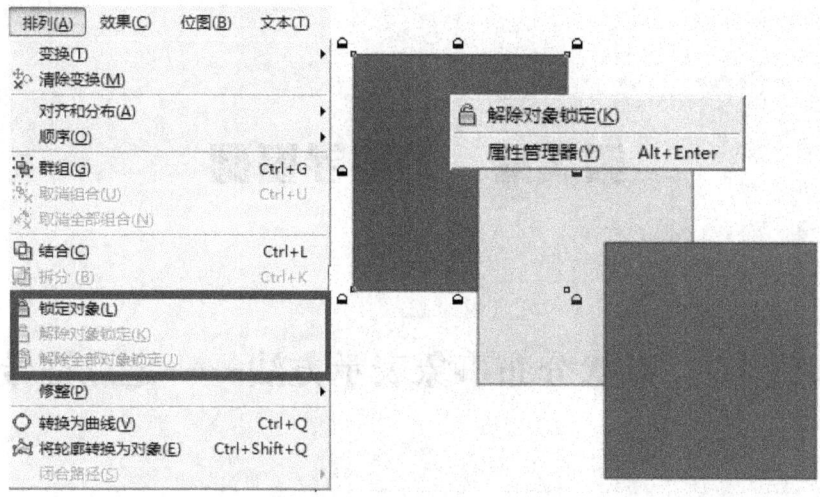

图 1-2-13 CorelDRAW 对象的锁定与解锁

(4) CorelDRAW 的常用工具栏

① 形状工具(Shape Tool):选择、编辑曲线(Curves)以及节点(Node),以及调整文本的字、行间距(图 1-2-14-a);

② 刻刀工具(Knife Tool):把一个对象按照所画曲线切割开(图 1-2-14-b);

③ 手绘工具(Freehand Tool):徒手绘制曲线(图 1-2-14-c);

④ 贝塞尔曲线工具(Bezier Tool):通过调节曲线、节点的位置、方向以及切线来绘制精确光滑的曲线(图 1-2-14-d)。

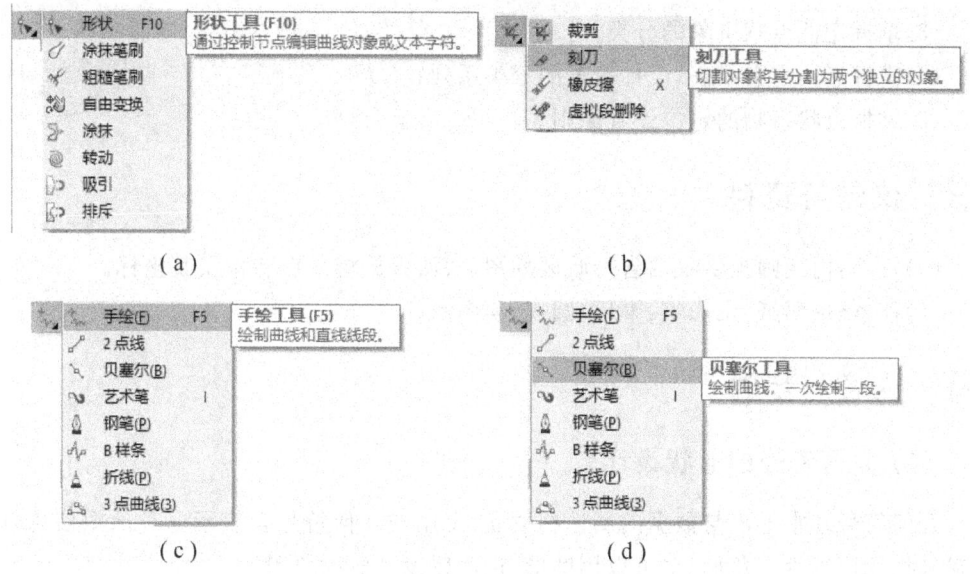

图 1-2-14 CorelDRAW 常用工具栏

第 2 篇　地图学基础

实验 1　点状分布事象表示方法——定点符号法

点状事物是指存在于一个独立位置上的事物、离散的空间现象，如一个测量控制点、一座城市等。定点符号法是用各种不同大小、形状、颜色和结构的符号，表示事象的点状分布及其数量和质量特征。该方法通常以符号的位置表示事象的位置，大小表示数量的差别，形状和颜色表示质量的差别。适用于表示集中分布于点上的事象，如工矿企业、电站、温泉、地震震中等。

1　目的与要求

(1) 了解点状符号设计的方法和原则；
(2) 掌握针对不同的事象，设计不同形状的符号表示；
(3) 掌握定性点状事象的分类；
(4) 掌握运用定名量表，设计符号的分类系列；
(5) 掌握点状事物的定位设置原则。

2　仪器与资料

(1) 资料：由老师提供陕西省行政区划图、陕西省旅游景点名称及其坐标。
(2) 仪器：透明纸、水彩笔、直尺、圆规、绘图笔。

3　内容与步骤

(1) 几何符号的形状设计

几何符号基本上不与数据的属性相关联；常用的几何符号在表示一种地图信息（如金矿）时，既可以用三角形、也可以用圆形，也可以设计成抽象图形。

  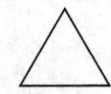 

图 2-1-1　几何符号的形状设计

（2）几何符号的颜色设计

常用的几何符号的色相变量可以用大红色、纯绿色、蓝色；符号的设色尽量与实物的固有色相似；多用原色、间色，少用复色；常用的几何符号的网纹可填充于几何符号的图形内。

图 2-1-2　几何符号的色彩设计

（3）间隔/比率量表用于几何符号的设计

间隔/比率量表可以和几何符号相结合，用于表示地图信息的强度，使得事物从具有可比变化的数据，简单地转化为多与少或者大与小的关系。

表达顺序采用尺寸变量构成对象的强度变化，而亮度、彩度或网纹变量的配合只是增加专题要素表示的丰富度，因此，采用亮度和彩度、疏密网纹辅助尺寸变量来表示强度是可取的方案。

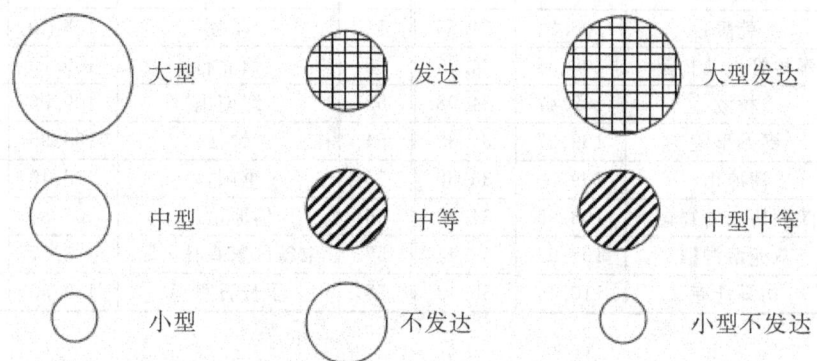

图 2-1-3　间隔/比率量表在几何符号中的应用

（4）定性信息数据的分类

以陕西省旅游景点专题信息为例，旅游景点分为两大类，一为人文景观，二为自然景观。针对这两类数据的分类，选择恰当的几何符号进行有区别的表示。具体景点及其坐标信息见表 2-1-1 所示。

表 2-1-1　陕西省旅游景点名称及位置信息（单位：度）

编号	景点	经度	纬度	编号	景点	经度	纬度
1	半坡遗址博物馆	109.05	34.27	7	大明宫	108.97	34.28
2	宝塔山	109.50	36.60	8	大雁塔	108.97	34.23
3	碑林	108.95	34.25	9	丹凤花庙	110.33	33.69
4	笔架山	108.98	32.87	10	法门寺	107.90	34.44
5	兵马俑	109.28	34.38	11	佛坪大熊猫保护区	107.98	33.51
6	翠华山	109.02	33.99	12	古城墙	108.95	34.25

续表

编号	景点	经度	纬度	编号	景点	经度	纬度
13	鼓楼	108.94	34.26	36	太白山	107.77	33.95
14	广仁寺	108.93	34.27	37	天台山	106.44	32.84
15	红石峡	109.73	38.33	38	天柱山	108.91	32.61
16	壶口瀑布	110.45	36.15	39	瓦窑堡革命旧址	109.48	36.60
17	华清宫	109.21	34.36	40	万花山	109.40	36.56
18	华山	110.08	34.48	41	王家湾毛主席旧居	109.29	33.35
19	黄帝陵	109.27	35.58	42	武关	110.63	33.60
20	回民街	108.95	34.26	43	武侯祠	106.64	33.15
21	开明寺塔	107.55	33.22	44	西安事变纪念馆	108.97	34.26
22	骊山	109.28	34.33	45	香山	108.78	32.66
23	龙门风景名胜区	110.60	35.66	46	香溪洞风景区	109.00	32.66
24	毛乌素沙漠	108.88	37.66	47	洋县朱鹮保护区	107.55	33.26
25	茂陵	108.59	34.34	48	药王山	109.00	34.91
26	米脂李自成行宫	110.19	37.77	49	耀州窑遗址	109.02	34.99
27	南湖风景区	106.91	32.95	50	柞水溶洞	109.17	33.59
28	乾陵	108.24	34.56	51	昭陵	108.49	34.63
29	秦岭野生动物园	108.85	34.05	52	镇北台	109.73	38.33
30	桥陵	109.47	34.98	53	终南山	109.06	33.95
31	秦始皇陵	109.27	34.38	54	钟楼	108.95	34.26
32	清凉山	109.50	36.60	55	重阳宫	108.49	34.11
33	陕西历史博物馆	108.96	34.22	56	周原遗址	107.84	34.49
34	双龙溶洞群	108.94	32.44	57	朱雀国家森林公园	108.57	33.78
35	司马迁祠	110.46	35.42	58	子长石宫寺	109.53	37.17

（5）定性信息数据的定位及符号布置

依据点状符号的名称、经纬度位置，确定各点在地理底图中的位置，根据景点的分类及其符号的设计，进行各景点图面的分布。陕西省地理底图如图图2-1-4所示。

4 实验应交成果

本实验要求每人提交1份实验报告。实验报告应包括的信息有：定性信息的分类，点状符号制作、视觉变量选择、定位的原理，定点符号法制作专题地图的过程，以及最终陕西省旅游景点分布图。

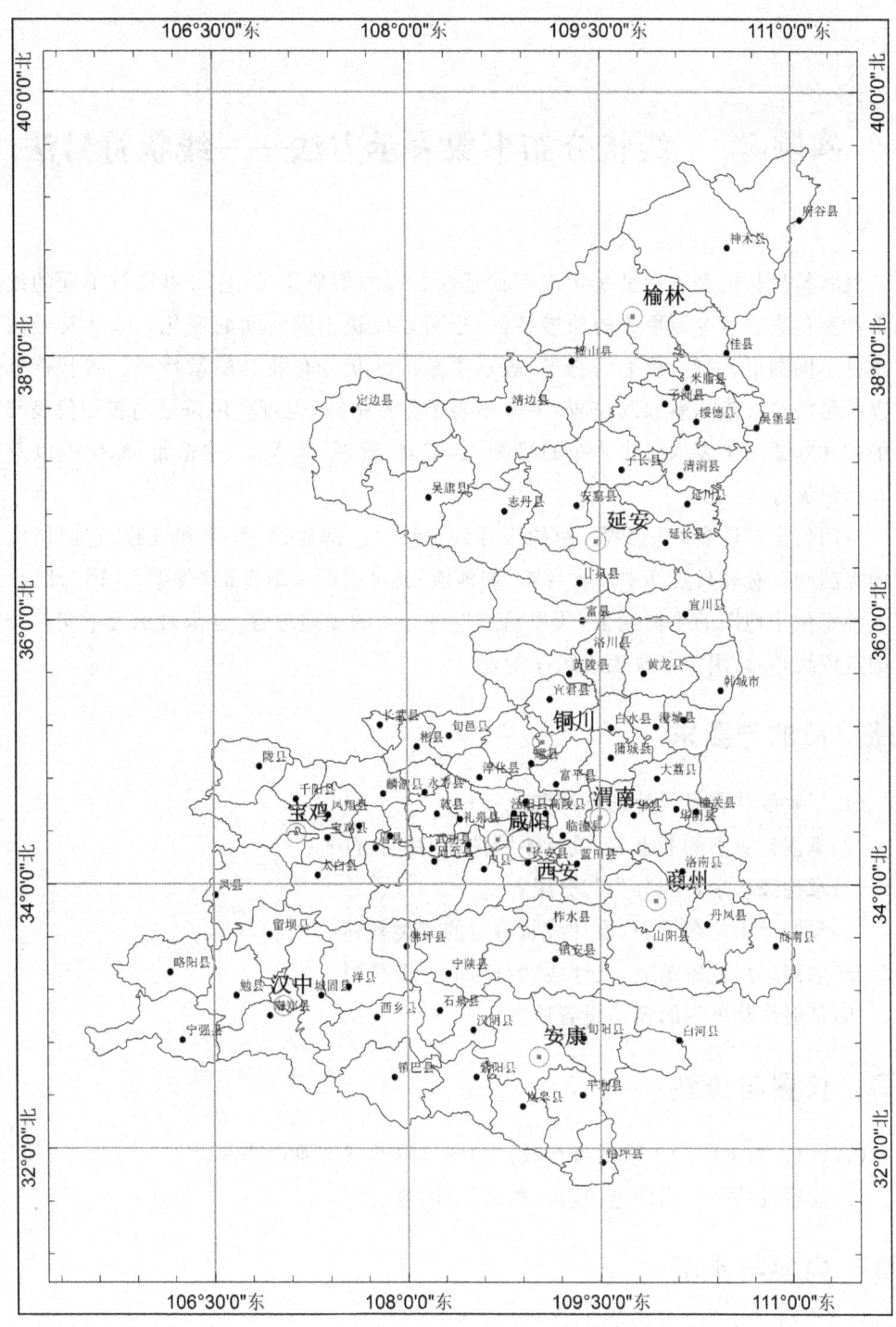

图 2-1-4 陕西省地理底图

实验 2　线状分布事象表示方法——线状符号法

线状符号指的是表示呈线状或带状延伸分布的事象符号,它可以通过不同的线状图形和颜色来表示专题事象的质量特征,也可以反映不同时间的变化。线状符号法指用各种不同图形、颜色、粗细的符号,表示事象的线状分布及其质量特征。线状符号通常以符号的位置表示事象的位置,一般不表示数量指标,但可利用符号的粗细代表其等级的差异。适用于表示线状分布的事物,如道路、管网、境界线、构造带、海岸线以及单线表示河流等。

空间信息有许多线状要素,例如坐标线、境界线、海岸线、河流和道路,它们构成地图的控制网。有时只要其中一种要素(如河流)就可以形成地图的"骨架"。因为线状要素大都定位于地图的坐标网上,所以沿线连续分布的专题内容,也都表示为不同符号宽度的定位线,并采用定名量表或顺序量表。

1　目的与要求

(1)了解线状符号设计的方法和原则;
(2)掌握针对不同的事象,设计不同图形的线状符号;
(3)掌握线状事象的分类与分级;
(4)掌握运用定名量表,设计线状符号的分类系列;
(5)掌握运用顺序量表,设计线状符号的分级系列;
(6)掌握线状事物的定位设置原则。

2　仪器与资料

(1)资料:由老师给出陕西省行政区划图和陕西省交通道路图。
(2)仪器:透明纸、水彩笔、直尺、圆规、绘图笔。

3　内容与步骤

(1) 线状符号的图形设计

线状符号可以用图形(形状)表示专题要素的质量特征,如区分不同级别道路及道路的扩充与更改,区分海岸类型及其变化,表示湖岸线或河床的变迁等。

专题地图中运用的线状符号图形设计主要如图 2-2-1 所示。

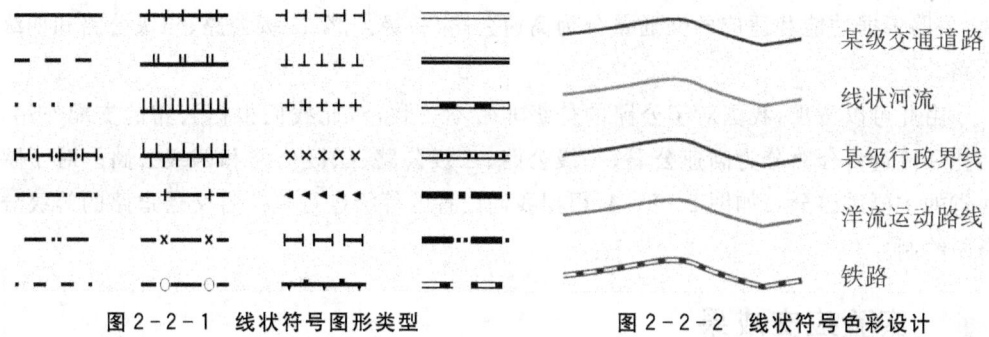

图 2-2-1　线状符号图形类型　　　图 2-2-2　线状符号色彩设计

（2）线状符号的色彩设计

线状符号的颜色（色彩）与点状符号类似，符号的设色尽量与实物的固有色相似，设色多用原色、间色，少用复色。如图 2-2-2 所示。

（3）线状符号的量表表示

线状符号又叫半依比例符号，这种符号在多数情况下不能依比例表示其宽度，只能依比例表示长度。因此，在图上只可量测其长度（其准确位置是符号的中心线或底线），不能量测宽度，此缺点可由说明注记或顺序量表用于道路等线状地物的分级表示。如图 2-2-3 所示。

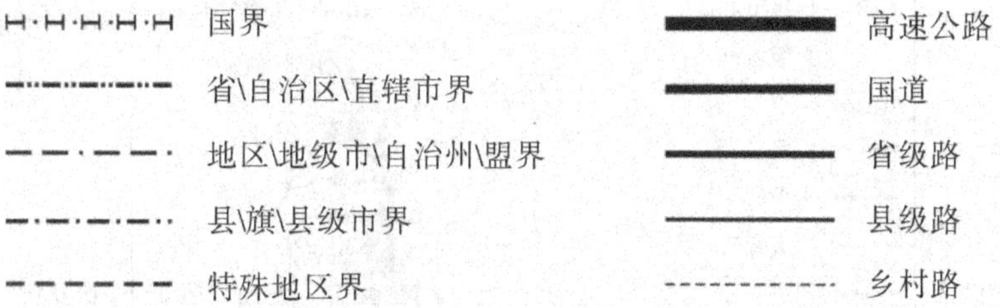

图 2-2-3　线状符号量表表示

（4）线状符号的定位

在专题地图上，有的线状符号描绘于被表示物体的中心线，如交通路线、地质构造线，有的将其描绘于线状物体的某一边，形成一定宽度的颜色带或晕线带，如海岸潮汐性质等。

（5）线状符号的分类与分级

线状符号一方面需要根据其表示地物性质的差异进行分类，不同的类型表示为不同形状或不同颜色的线状符号；另一方面，同一类型的线状地物可以根据其等级或重要程度设置不同宽度的符号（顺序量表表示的宽度）。

我国的公路按照不同的分类标准有不同的划分办法，如城市道路的等级按城市道路系统的地位、交通功能和对沿线建筑物的服务功能分为快速路、主干路、次干路和支路；公路按其行政等级分为国道、省道、县道、乡道，通常情况下，高速公路属于国道、省道;公路根据功能和适应的交通量分为高速公路、一级公路、二级公路、三级公路和四级公路。

由此可以看出,我国对于公路的分级非常不一致,对此我们根据公路的支配作用、功能和流量将公路分为高速公路、一级公路、二级公路、三级公路和四级公路。对于陕西省的主要道路分布如图 2-2-4,根据我们设置的等级进行陕西省交通道路的等级分布图绘制。

4 实验应交成果

本实验要求每人提交 1 份实验报告。实验报告应包括的信息有:交通道路的分类与分级、线状符号制作、视觉变量选择、线状符号法制作专题地图的过程,以及最终陕西省交通路线状况分布图。

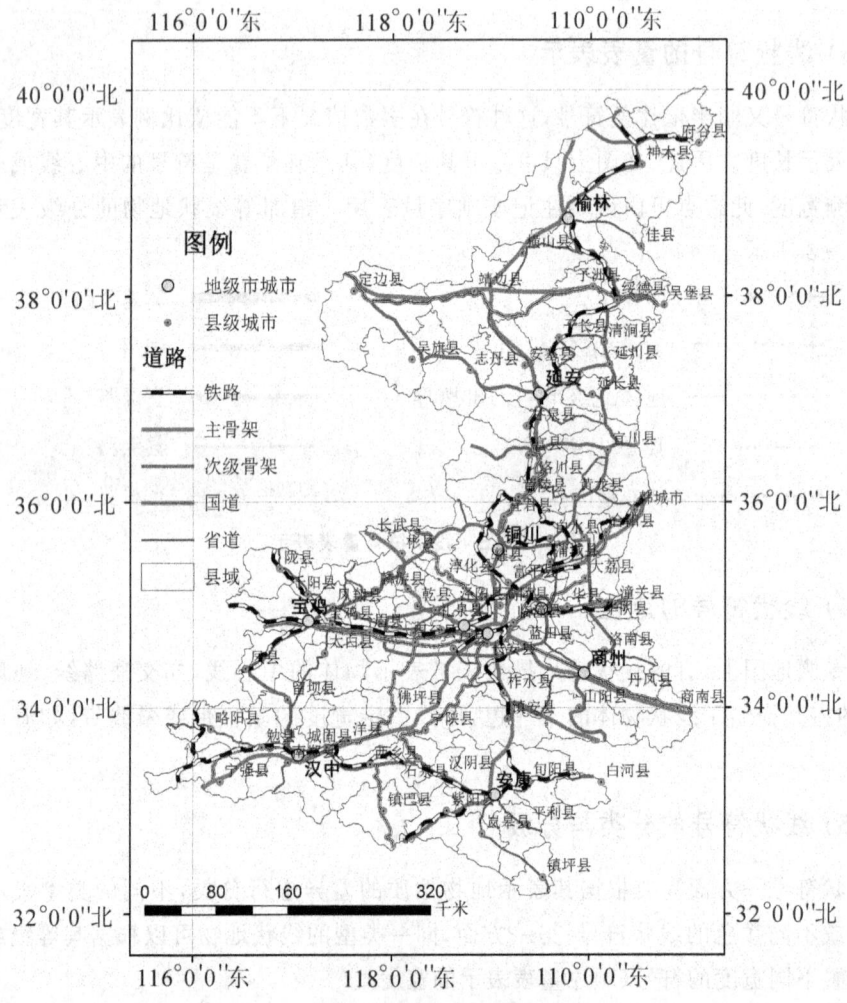

图 2-2-4 陕西省交通路线分布状况

实验 3　布满制图区域事象表示方法——质别底色法

地球表面的许多物质是以定性的、面状形式分布在大地上的,这种面积数据,常常很难确定其数量指标,这种地图主要表示物质的位置。在自然界或社会现象上,随处存在定性数据的连续分布,如地貌类型、土地利用、气候、土地覆盖等的分布。对布满制图区域的现象,其表示方法有两种,即质底法和等值线法。质底法偏重于表示现象的质量特征,可以称它为定性数据的表示方法。等值线法偏重于表示现象的数量特征,称之为定量数据的表示方法。

质底法是把全制图区域按照专题现象的某种指标划分区域或各种类型的分布范围,在各界线范围内涂以颜色或填绘晕线、花纹(乃至注以注记),以显示连续而布满全制图区域的现象的属性差别(或区域间的差别)。因为该方法侧重于表现质的差别,一般不表示数量差异,故称其为质别底色法(简称质底法)。常用于绘制各种类型图和区划图,如地貌类型图、土地利用现状图、地质图、行政区划图、自然区划图、经济区划图等。它们多数以定名量表表示。

1　目的与要求

(1)了解连续成片分布的事象类型与特征;
(2)了解质别底色法的专题地图类型——类型图、区划图的应用范围;
(3)掌握不同地物类型或区划划分的标准与依据;
(4)掌握类型图或区划图的制作过程;
(5)掌握运用定名量表,设计专题事象的分类系列;
(6)掌握定性信息面状符号的图形要素表达。

2　仪器与资料

(1)资料:由老师给出长武县王东沟 1990 年和 2015 年土地利用类型图。
(2)仪器:透明纸、水彩笔、直尺、圆规、绘图笔。

3　内容与步骤

(1) 土地利用的分类、分级

2017 年 11 月 1 日,由国土资源部组织修订的国家标准《土地利用现状分类》(GB/T 21010—2017),经国家质检总局、国家标准化管理委员会批准发布并实施。新版标准秉持满足生态用地保护需求、明确新兴产业用地类型、兼顾监管部门管理需求的思路,完善了地类含义,细化了二级类划分,调整了地类名称,增加了湿地归类,将在第三次全国土地调查中全面应用。

新版标准规定了土地利用的类型、含义,将土地利用类型分为耕地、园地、林地、草地、商服用地、工矿仓储用地、住宅用地、公共管理与公共服务用地、特殊用地、交通运输用地、水域及水利设施用地、其他用地等12个一级类,72个二级类,适用于土地调查、规划、审批、供应、整治、执法、评价、统计、登记及信息化管理等。具体分类定义情况见表:

表2-3-1 土地利用现状分类

一级类		二级类		含义
类别编码	类别名称	类别编码	类别名称	
01	耕地			指种植农作物的土地,包括熟地,新开发、复垦、整理地,休闲地(含轮歇地、休耕地);以种植农作物(含蔬菜)为主,间有零星果树、桑树或其他树木的土地;平均每年能保证收获一季的已垦滩地和海涂。耕地中包括南方宽度<1.0 m,北方宽度<2.0 m固定的沟、渠、路和地坎(埂);临时种植药材、草皮、花卉、苗木等的耕地,临时种植果树、茶树和林木且耕作层未破坏的耕地,以及其他临时改变用途的耕地
		0101	水田*	指用于种植水稻、莲藕等水生农作物的耕地。包括实行水生、旱生农作物轮种的耕地
		0102	水浇地*	指有水源保证和灌溉设施,在一般年景能正常灌溉,种植旱生农作物(含蔬菜)的耕地。包括种植蔬菜的非工厂化的大棚用地
		0103	旱地*	指无灌溉设施,主要靠天然降水种植旱生农作物的耕地,包括没有灌溉设施,仅靠引洪淤灌的耕地
02	园地			指种植以采集果、叶、根、茎、枝、汁等为主的集约经营的多年生木本和草本作物,覆盖度大于50%或每亩株数大于合理株数70%的土地,包括用于育苗的土地
		0201	果园*	指种植果树的园地
		0202	茶园*	指种植茶树的园地
		0203	橡胶园*	指种植橡胶树的园地
		0204	其他园地*	指种植桑树、可可、咖啡、油棕、胡椒、药材等其他多年生作物的园地
03	林地			指生长乔木、竹类、灌木的土地,及沿海生长红树林的土地。包括迹地,不包括城镇、村庄范围内的绿化林木用地,铁路、公路、征地范围内的林木,以及河流、沟渠的护堤林
		0301	乔木林地*	指乔木郁闭度≥0.2的林地,不包括森林沼泽
		0302	竹林地*	指生长竹类植物,郁闭度≥0.2的林地
		0303	红树林地*	指沿海生长红树植物的土地
		0304	森林沼泽*	以乔木森林植物为优势群落的淡水沼泽
		0305	灌木林地*	指灌木覆盖度≥40%的林地,不包括灌丛沼泽

续表

一级类		二级类		含义
类别编码	类别名称	类别编码	类别名称	
03	林地	0306	灌丛沼泽*	以灌丛植物为优势群落的淡水沼泽
		0307	其他林地	包括疏林地(指树木郁闭度≥0.1、林地郁闭度<0.2的林地)、未成林地、迹地、苗圃等林地
04	草地			指生长草本植物为主的土地
		0401	天然牧草地*	指以天然草本植物为主，用于放牧或割草的草地，包括实施禁牧措施的草地，不包括沼泽草地
		0402	沼泽草地	指以天然草本植物为主的沼泽化的低地草甸、高寒草甸
		0403	人工牧草地*	指人工种牧草的草地
		0404	其他草地**	指树林郁闭度<0.1，表层为土质，生长草本植物为主，不用于放牧的草地
05	商服用地			指主要用于商业、服务业的土地
		0501	零售商业用地	以零售功能为主的商铺、商场、超市、市场和加油、加气、充换电站等的用地
		0502	批发市场用地	以批发功能为主的市场用地
		0503	餐饮用地	饭店、餐厅、酒吧等用地
		0504	旅馆用地	宾馆、旅馆、招待所、服务型公寓、度假村等用地
		0505	商务金融用地	指商务服务用地，以及经营性的办公场所用地。包括写字楼、商业性办公场所、金融活动场所和企业厂区外独立的办公场所；信息网络服务、信息技术服务、电子商务服务、广告传媒等用地
		0506	娱乐用地	指剧院、音乐厅、电影院、歌舞厅、网吧、影视城、仿古城以及绿地率小于65%的大型游乐等设施用地
		0507	其他商服用地	指零售商业、批发市场、餐饮、旅馆、商务金融、娱乐用地以外的其他商业、服务业用地。包括洗车场、洗染店、照相馆、理发美容店、洗浴场所、赛马场、高尔夫球场、废旧物资回收站、机动车、电子产品和日用产品维修网点，物流营业网点，居住小区及小区级以下的配套服务设施等用地
06	工矿仓储用地			指主要用于工业生产、物资存放场所的土地
		0601	工业用地	指工业生产、产品加工制造、机械和设备修理及直接为工业生产等服务的附属设施用地
		0602	采矿用地	指采矿、采石、采砂(沙)场，砖瓦窑等地面生产用地，排土(石)及尾矿堆放地

续表

一级类		二级类		含 义
类别编码	类别名称	类别编码	类别名称	
		0603	盐田	指用于生产盐的土地，包括晒盐场所、盐池及附属设施用地
		0604	仓储用地	指用于物资储备、中转的场所用地，包括物流仓储设施、配送中心、转运中心等
07	住宅用地			指主要用于人们生活居住的房基地及其附属设施的土地
		0701	城镇住宅用地	指城镇用于生活居住的各类房屋用地及其附属设施用地，不含配套的商业服务设施等用地
		0702	农村宅基地	指农村用于生活居住的宅基地
08	公共管理与公共服务用地			指用于机关团体、新闻出版、科教文卫、公用设施等的土地
		0801	机关团体用地	指用于党政机关、社会团体、群众自治组织等的用地
		0802	新闻出版用地	指用于广播电台、电视台、电影厂、报社、杂志社、通讯社、出版社等的用地
		0803	教育用地	指用于各类教育用地，包括高等院校、中等专业学校、中学、小学、幼儿园及其附属设施用地，聋、哑、盲人学校及工读学校用地，以及为学校配建的独立地段的学生生活用地
		0804	科研用地	指独立的科研、勘察、研发、设计、检验检测、技术推广、环境评估与监测、科普等科研事业单位及其附属设施用地
		0805	医疗卫生用地	指医疗、保健、卫生、防疫、康复和急救设施等用地。包括综合医院、专科医院、社区卫生服务中心用地；卫生防疫站、专科防治所、检验中心和动物检疫站等用地；对环境有特殊要求的传染病、精神病等专科医院用地；急救中心、血库等用地
		0806	社会福利用地	指为社会提供福利和慈善服务的设施及其附属设施用地。包括福利院、养老院、孤儿院等用地
		0807	文化设施用地	指图书、展览等公共文化活动设施用地。包括公共图书馆、博物馆、档案馆、科技馆、纪念馆、美术馆和展览馆等设施用地；综合文化活动中心、文化馆、青少年宫、儿童活动中心、老年活动中心等设施用地
		0808	体育用地	指体育场馆和体育训练基地等用地，包括室内外体育运动用地，如体育场馆、游泳馆、各类球场及其附属的业余体校等用地。溜冰场、跳伞场、摩托车场、射击场，以及水上运动的陆域部分等用地，以及为体育运动专设的训练基地用地，不包括学校等机构专用的体育设施用地
		0809	公用设施用地	指用于城乡基础设施的用地。包括供水、排水、污水处理、供电、供热、供气、邮政、电信、消防、环卫、公用设施维修等用地
		0810	公园与绿地	指城镇、村庄范围内的公园、动物园、植物园、街心花园、广场和用于休憩、美化环境及防护的绿化用地

续表

一级类		二级类		含 义
类别编码	类别名称	类别编码	类别名称	
09	特殊用地			指用于军事设施、涉外、宗教、监教、殡葬、风景名胜等的土地
		0901	军事设施用地	指直接用于军事目的的设施用地
		0902	使领馆用地	指用于外国政府及国际组织驻华使领馆、办事处等的用地
		0903	监教场所用地	指用于监狱、看守所、劳改场、戒毒所等的建筑用地
		0904	宗教用地	指专门用于宗教活动的庙宇、寺院、道观、教堂等宗教自用地
		0905	殡葬用地	指陵园、墓地、殡葬场所用地
		0906	风景名胜设施用地	指风景名胜景点(包括名胜古迹、旅游景点、革命遗址、自然保护区、森林公园、地质公园、湿地公园等)的管理机构,以及旅游服务设施的建筑用地。景区内的其他用地按现状归入相应地类
10	交通运输用地			指用于运输通行的地面线路、场站等的土地。包括民用机场、汽车客货运场站、港口、码头、地面运输管道和各种道路以及轨道交通用地
		1001	铁路用地	指用于铁道线路及场站的用地。包括征地范围内的路堤、路堑、道沟、桥梁、林木等用地
		1002	轨道交通用地	指用于轻轨、现代有轨电车、单轨等轨道交通用地,以及场站的用地
		1003	公路用地	指用于国道、省道、县道和乡道的用地。包括征地范围内的路堤、路堑、道沟、桥梁、汽车停靠站、林木及直接为其服务的附属用地
		1004	城镇村道路用地	指城镇、村庄范围内公用道路及行道树的用地。包括快速路、主干路、次干路、支路、专用人行道和非机动车道,及其交叉口等公共停车场,汽车客货运输站点及停车场等用地
		1005	交通服务场站用地	指城镇、村庄范围内交通服务设施用地,包括公交枢纽及其附属设施用地、公路长途客运站、公共交通场站、公共停车场(含设有充电桩的停车场)、停车楼、教练场等用地,不包括交通指挥中心、交通队用地
		1006	农村道路*	在农村范围内,南方宽度1.0 m≤南方宽度≤8 m,北方宽度2.0 m≤北方宽度≤8 m,用于村间、田间交通运输,并在国家公路网络体系之外,以服务于农村农业生产为主要用途的道路(含机耕道)
		1007	机场用地	指用于民用机场、军民合用机场的用地
		1008	港口码头用地	指用于人工修建的客运、货运、捕捞及工程、工作船舶停靠的场所及其附属建筑物的用地,不包括常水位以下部分
		1009	管道运输用地	指用于运输煤炭、矿石、石油、天然气等管道及其相应附属设施的地上部分用地

续表

一级类		二级类		含义
类别编码	类别名称	类别编码	类别名称	
11	水域及水利设施用地			指陆地水域,滩涂、沟渠、沼泽、水工建筑物等用地。不包括滞洪区和已垦滩涂中的耕地、园地、林地、城镇、村庄、道路等用地
		1101	河流水面**	指天然形成或人工开挖河流常水位岸线之间的水面,不包括被堤坝拦截后形成的水库区段水面
		1102	湖泊水面**	指天然形成的积水区常水位岸线所围成的水面
		1103	水库水面*	指人工拦截汇积而成的总设计库容≥10万立方米的水库正常蓄水位岸线所围成的水面
		1104	坑塘水面*	指人工开挖或天然形成的蓄水量<10万立方米的坑塘常水位岸线所围成的水面
		1105	沿海滩涂**	指沿海大潮高潮位与低潮位之间的潮侵地带。包括海岛的沿海滩涂。不包括已利用的滩涂
		1106	内陆滩涂**	指河流、湖泊常水位至洪水位间的滩地;时令湖、河洪水位以下的滩地;水库、坑塘的正常蓄水位与洪水位间的滩地。包括海岛的内陆滩地。水库、坑塘的正常蓄水位与洪水位间的滩涂。包括海岛内内陆滩地。不包括已利用的滩地
		1107	沟渠*	指人工修建,南方宽度≥1.0 m,北方宽度≥2.0 m用于引、排、灌的渠道,包括渠槽、渠堤、护堤林及小型泵站
		1108	沼泽地**	指经常积水或渍水,一般生长湿生植物的土地。包括草本沼泽、苔藓沼泽、内陆盐沼等。不包括森林沼泽、灌丛沼泽和沼泽草地
		1109	水工建筑用地	指人工修建的闸、坝、堤路林、水电厂房、扬水站等常水位岸线以上的建(构)筑物用地
		1110	冰川及永久积雪**	指表层被冰雪常年覆盖的土地
12	其他土地			指上述地类以外的其他类型的土地
		1201	空闲地	指城镇、村庄、工矿范围内尚未使用的土地。包括尚未确定用途的土地
		1202	设施农用地*	指直接用于经营性畜禽养殖生产设施及附属设施用地;直接用于作物栽培或水产养殖等农产品生产的设施及附属设施用地;直接用于设施农业项目辅助生产的设施用地;晾晒场、粮食果品烘干设施、粮食和农资临时存放场所、大型农机具临时存放场所等规模化粮食生产所必需的配套设施用地
		1203	田坎*	指梯田及梯状坡地耕地中,主要用于拦蓄水和护坡,南方宽度≥1.0 m,北方宽度≥2.0 m的地坎
		1204	盐碱地**	指表层盐碱聚集,生长天然耐盐植物的土地
		1205	沙地**	指表层为沙覆盖、基本无植被的土地。不包括滩涂中的沙地
		1206	裸土地**	指表层为土质,基本无植被覆盖的土地
		1207	裸岩石砾地**	指表层为岩石或石砾,其覆盖面积≥70%的土地

注:农用地标注*,建设用地不标注,未利用地标注**。

表 2-3-2 土地利用现状分类与三大类对照

三大类	土地利用现状分类		三大类	土地利用现状分类	
	类型编码	类型名称		类型编码	类型名称
农用地	0101	水田	建设用地	0801	机关团体用地
	0102	水浇地		0802	新闻出版用地
	0103	旱地		0803	教育用地
	0201	果园		0804	科研用地
	0202	茶园		0805	医疗卫生用地
	0203	橡胶园		0806	社会福利用地
	0204	其他园地		0807	文化设施用地
	0301	乔木林地		0808	体育用地
	0302	竹林地		0809	公用设施用地
	0303	红树林地		0810	公园与绿地
	0304	森林沼泽		0901	军事设施用地
	0305	灌木林地		0902	使领馆用地
	0306	灌丛沼泽		0903	监教场所用地
	0307	其他林地		0904	宗教用地
	0401	天然牧草地		0905	殡葬用地
	0402	沼泽草地		0906	风景名胜设施用地
	0403	人工牧草地		1001	铁路用地
	1006	农村道路		1002	轨道交通用地
	1103	水库水面		1003	公路用地
	1104	坑塘水面		1004	城镇村道路用地
	1107	沟渠		1005	交通服务场站用地
	1202	设施农用地		1007	机场用地
	1203	田坎		1008	港口码头用地
建设用地	0501	零售商业用地		1009	管道运输用地
	0502	批发市场用地		1109	水工建筑用地
	0503	餐饮用地		1201	空闲地
	0504	旅馆用地	未利用地	0404	其他草地
	0505	商务金融用地		1101	河流水面
	0506	娱乐用地		1102	湖泊水面
	0507	其他商服用地		1105	沿海滩涂
	0601	工业用地		1106	内陆滩涂
	0602	采矿用地		1108	沼泽地
	0603	盐田		1110	冰川及永久积雪
	0604	仓储用地		1204	盐碱地
	0701	城镇住宅用地		1205	沙地
	0702	农村宅基地		1206	裸土地
				1207	裸岩石砾地

表 2-3-3 湿地包含用地类型

湿地类	土地利用现状分类	
	类型编码	类型名称
湿地	0101	水田
	0303	红树林地
	0304	森林沼泽
	0306	灌丛沼泽
	0402	沼泽草地
	0603	盐田
	1101	河流水面
	1102	湖泊水面
	1103	水库水面
	1104	坑塘水面
	1105	沿海滩涂
	1106	内陆滩涂
	1107	沟渠
	1108	沼泽地

注：此表仅作为"湿地"归类使用，不以此划分部门管理范围。

各区域具体的分类分级数量需要根据实际情况确定。

（2）确定分类、分级的界限

土地利用可以构成二或三级分类，其分类分级采用如上表所示的层状结构。航空遥感图像是类型调查最直接的空间数据，编制类型图最佳的资料是 2～3 年内进行航空摄影所得到的航空像片。利用航空像片进行类型调查的最佳时机是航测调绘的期间，因为可以和测图行业同步进行。在航空像片进行正射纠正的同时，也纠正了由于像片倾斜和地形起伏引起的类型图斑的误差。

航测调绘的成果大部分都可以供类型图编绘界线的绘制。主要步骤如下：

① 利用航空像片和卫星像片调查类型界线：至少要有 10% 面积进行实地调查和野外判读，建立类型判断标志，才有可能转入对大部分地区的室内判读，而且判读结果还要进行野外检验。交错的类型区：即两种或三种类型在这个区域中均占有 1/2 或 1/3，因此很难判断它们之间谁有绝对优势，即存在复域图斑。

② 图斑划分以后，类型图的编绘工作基本完成，转入绘图员的清绘作业，清绘类型界线。

当然，也可以用卫星遥感影像进行类型调查，以及利用地形图进行野外填图。

(3) 确定图例

和分类相对应的是图例系列的确定。在质底法图上,图例说明要尽可能详细地反映分类的指标、类型的等级及其标志,并注意分类标志的次序和完整性。选用颜色时,力求使在质量方面类型相近的制图现象采用相近的颜色。

类型图的表示首选图形要素为色相变量的设计,其次为密度变量的选择。一般设计为如下三个层次:

① 通常第一层分类的面状符号采用色相变量表示。不同类型要从美学观点出发,进行图幅的整体设色。

② 第二层分类的面状符号通常采用色相相同但彩度或亮度不同的颜色,这样做就可以形成分类的系统性,而不至于采用过多的色相。

③ 第三层分类,采用密度叠加在色相上,而密度的颜色可以和第二层的色相不同。密度变量受图幅的尺寸影响很大。

表 2-3-4 即为常用的土地利用现状分类图例颜色设计。

表 2-3-4　常用土地利用现状分类图例颜色设计

一级类	颜色	二级类	颜色
耕地	黄色	水浇地	深黄色
		旱地	浅黄色
林地	绿色	乔木林地	深绿色
		灌木林地	绿色
		其他林地	浅绿色
草地	黄绿	天然牧草地	黄绿色
		其他草地	浅黄绿色
水域及水利设施用地	蓝色	河流水面	浅蓝色
		内陆滩涂	蓝色
		水工建筑用地	深蓝色
建设用地	棕色	城镇住宅用地	棕色
		农村宅基地	浅棕色
特殊用地	品红色	风景名胜	品红色
其他土地	青色	设施农用地	青色
		裸土地	浅青色

(4) 填绘符号

各用地类型按图例填绘颜色和制作网纹。如果认为初始设计的代码不可废弃,还要将代码标绘注出。

(5) 地图整饰

该类型的专题地图整饰主要是进行图面配置设计。一幅完整的专题地图包括主图、图名、图例、比例尺、文字说明及附图。图面配置设计就是要将这些要素摆布成一个和谐的整体，表现出空间分布的逻辑秩序，在充分利用有效空间面积的条件下使地图达到匀称和谐。专题地图内容复杂多变，图面配置没有固定板式，但总体上要求主题突出，构图要美。具体要求如下：

① 在排版构图时应突出主题。即主图幅面要大、位置优、色彩突出。

② 包括主图、图名、图例、比例尺、图表、文字说明及照片等各要件的位置安排要恰当合理，不能太空也不能太密，应疏密有致、条理清楚。特别是整个版面的四周应留出适当空白。

③ 地图排版时还应注意使得整个版面重心平衡。一方面是要调整主图和图表的色彩，使主图内部与主图之间色差降低，取得色彩平衡；另一方面是要调整主图、图名、图例、比例尺、图表、文字说明及照片等各要素的位置，使图面重心落在版面中间或附近。

4 实验应交成果

本实验要求每人提交 1 份实验报告。实验报告应包括的信息有：长武王东沟流域土地利用类型的分类与分级，面状符号制作，视觉变量选择，质底法制作专题地图的过程，以及进行不同阶段土地利用对比的简要分析（以图 2-3-1 长武王东沟 1990 和 2015 年土地利用类型图为例）。

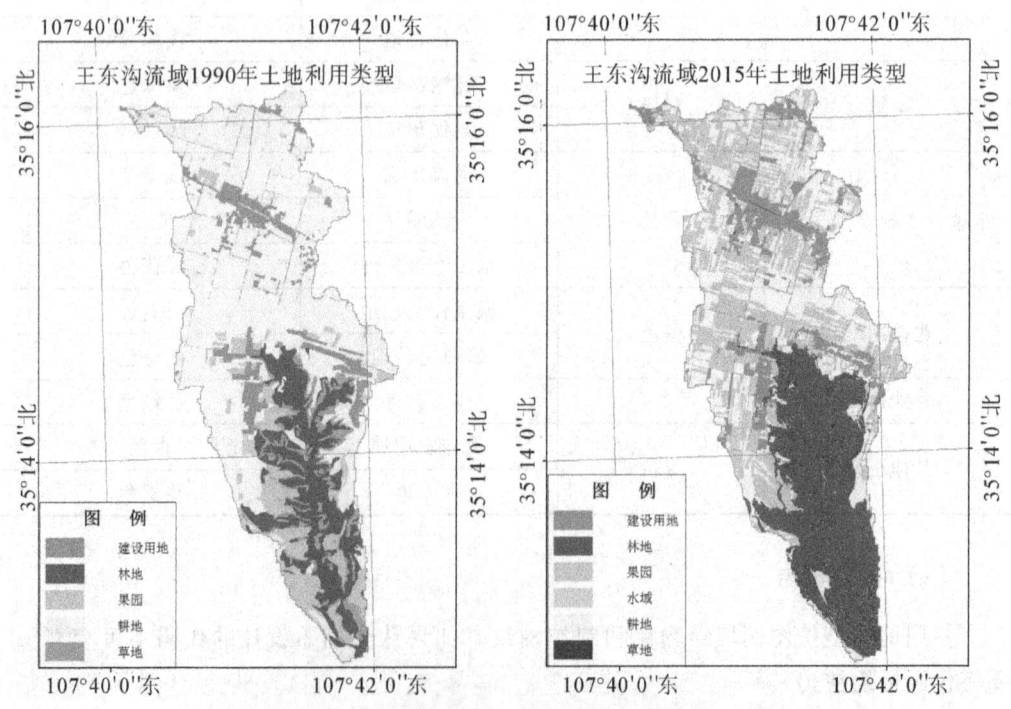

图 2-3-1 长武王东沟土地利用现状分类设计

实验 4　布满制图区域事象表示方法——等值线法

等值线是指连接某种事象的各等值点所成的平滑曲线。等值线常用于表示地面上连续分布而逐渐变化的事象,并说明这种事象在地图上任一点的数值和强度,它适用于表示地势、气候、水文等自然现象,不适合表示某些社会经济现象(如人口总数、经济生产总值)。

等值线法不仅可以反映事象的数量,而且可以反映事象的质量和发展变化。等值线按照数据的特征,可以分为等值线和等密度线两类,其区别在于三个方面,其一,等值线的制图数据是定位点的测量值或派生的数值;其二,用等值线表示数据的分布,说明它的容量;其三,等密度线是由显示在区域单元上(图斑)的平均值数据产生的。

1　目的与要求

(1) 正确理解等值线如等高线的概念和特征;
(2) 深入了解野外测定等高线的过程;
(3) 掌握等高距的确定及其作用;
(4) 掌握依据等高距进行点与点间等高距倍数值的插入方法与过程;
(5) 掌握等值点相连的原则与方法;
(6) 掌握山脊线、山谷线与等高线之间的关系;
(7) 掌握地形与等高线变化之间的关系,并且能够依据等高线判断地形的变化趋势;
(8) 掌握首曲线与计曲线的区分与确定。

2　仪器与资料

(1) 资料:由老师给出高程实测点的分布图。
(2) 仪器:铅笔、计算器、直尺、两脚规。

3　内容与步骤

(1) 深入学习野外测定等高线的过程与原理

① 野外测量是针对地形特征点高程的测量。地形特征点一方面包括山脊和山谷上的坡度转折点;另一方面山顶、鞍部(山垭口)、山脚也是坡度转折点(图 2-4-1)。因为所选点间的坡度比较一致,测定这些转折点后便能控制全局。

② 经过测量,地形特征点的高程值如图 2-4-2 所示。既然沿山谷线或山脊线的转折点之间是等坡度的,我们就可以用内插法插入等高距的整数倍数值如图 2-4-3 所示。

③ 掌握等高距的确定。对于大、中比例尺地形图的基本等高距,图面上两点间距离视觉精度为 0.2 mm,称比例尺精度。地面的坡度为 45°时,两点的高差和图上距离相等,比例尺为 1∶10 000 的地形图,两点视觉精度——图上实地距离为 2 m,两点高差为 2 m。所以地形图上的等高距常定为比例尺分母×0.2 mm。

④ 了解什么情况下采用基本等高距,什么情况下需要增加助曲线和间曲线。

(2) 连接所有山顶与山脊线、山谷线

所有的山顶必然与山脊线和山谷线相连接,这些连接线是控制地形显示的基本骨架。一方面,等高线要与山脊线、山谷线垂直通过;另一方面,山脊处的等高线凸向低处,而山谷处的等高线凸向高处,绘图时这种趋势尽量能够体现出来。

(3) 内插高程点

插入数值前,先要明确该幅地形图等高线的等高距,插入的数值必为等高距的整数倍。以图 2-4-3 为例,假如该幅图等高线的等高距为 5 m,那么在 A 点(高程 445.4 m)与 B 点(高程 462.8 m)之间应该插入的高程数值为 450 m、455 m 和 460 m,要明确这三个点在 A、B 两点之间的插入位置,还需要量出 AB 线段的长度,进而计算实际单位高差代表图上的实际距离,然后根据这个数值计算插入的 1 号、2 号和 3 号点距离 A 点的图上距离和位置(如图 2-4-3),计算公式为:

$$\frac{\text{图上 } AB \text{ 两点之间的距离}}{AB \text{ 两点的高程差}} \times (\text{插入点高程} - A \text{ 点高程})$$

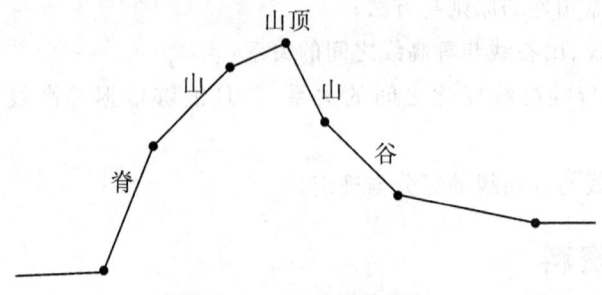

图 2-4-1 坡度转折点

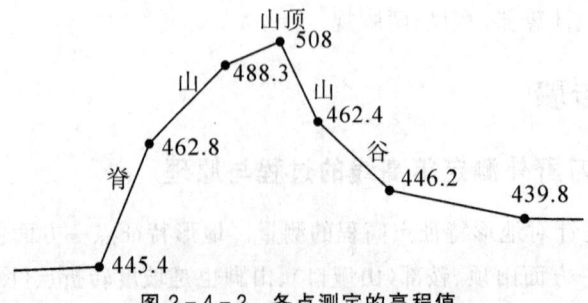

图 2-4-2 各点测定的高程值

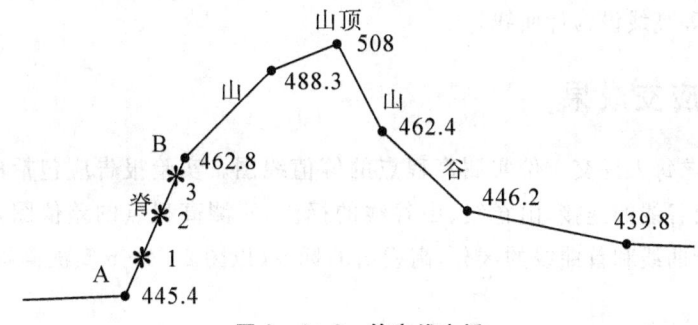

图 2-4-3 等高线内插

其他各点的插入方法与之类似。

(4) 勾绘等高线

根据在野外对山体地势的了解,将高程相等的相邻点各点依次用平滑曲线相连接(图 2-4-4)。在绘画等高线时,我们还要注意到山脊线、山谷线、山顶、山脚的特征,才能使等高线与地形相吻合。等高线时刻与山脊线、山谷线相垂直。

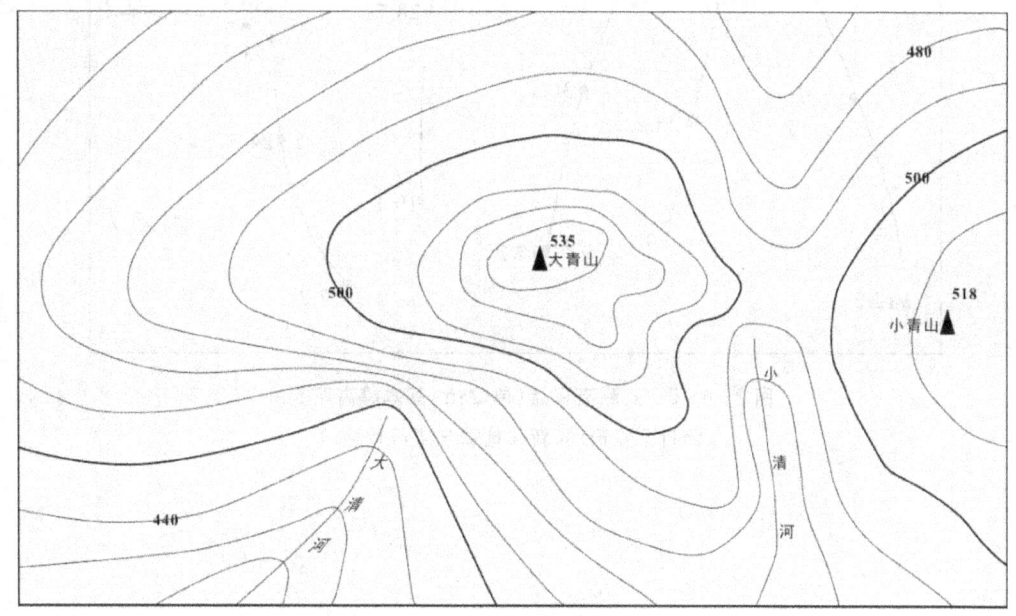

图 2-4-4 等高线连接

(5) 高程注记的标注

高程注记的标注主要是为了快速判断等高线高程而对等高线所做的高程备注。一般情况下,最高点和最低点的等高线要求进行标注,中间可以略作挑选进行标注。

(6) 区分首曲线和计曲线

首曲线是基本等高线,用细实线绘出;计曲线是每隔四条首曲线会有一条计曲线,用粗实线绘出,相邻两条计曲线的高差为基本等高距的 5 倍。因此,可以将 5 倍等高距的倍数高程的等高线设为计曲线。

4 实验应交成果

本实验要求每人提交 1 份实测高程点的等值线图。实验报告应包括的信息有：山顶与山脊线、山谷线的连接，山脊线、山谷线的标注，实测高程点的差值图，高程等值点的平滑连接，计曲线和首曲线的区分，高程值的标注（以图 2-4-5 实测高程点为实验材料）。

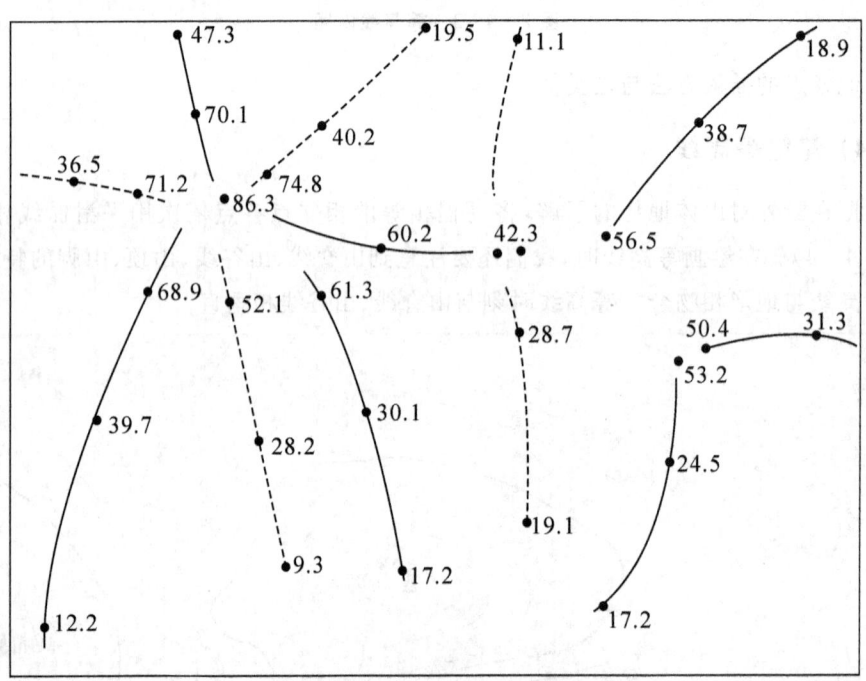

图 2-4-5 实测高程点（单位：m；基本等高距 5 m）
（摘自蔡孟裔的《新编地图学实习教程》）

实验 5　布满制图区域事象表示方法——定位图表法

定位图表法是将某些地点的统计资料,用图表形式绘在地图的相应位置上,以表示该地和全区周期性事象的数量特征或变化。定位图表法是表示典型的固定点位对象季节/周期性数量变化的方法,也叫定点统计图表法。常用的统计图表形式很多,主要有柱状(含叠置组合/立体)、曲线、放射线/玫瑰形、圆/扇形、等值块状等图表。将不同图表放在图内相应处,即成了定位统计地图;也可置于图外作附图/附表用,说明与外界/总体联系、相互比较等不便表示的内容。

定位图表法中各点的数量指标是根据各地较长时间记录的观测值的平均而得的,从形式看,好像是反映某些"点"上的现象,实际上是通过这些"点"说明整个片上的对象分布特征,故正确选择典型点位很重要。可以说它是由点到面的过渡表示方法。各种气象数据的制图均采用此方法。

1　目的与要求

(1)正确理解定位图表法的概念、特征和应用范围;
(2)深入了解定位图表法制作专题地图的过程;
(3)掌握定位图表符号的设计与表达;
(4)掌握数据的分类、分级表达方式;
(5)掌握定位图表符号在图中的定位处理;
(6)掌握专题符号与其他要素的关系处理。

2　仪器与资料

(1)资料:由老师给出气象站点周期性气象数据和相应地理底图。
(2)仪器:铅笔、计算器、直尺、两脚规。

3　内容与步骤

(1) 气象数据的分类、分级

气象数据依据需要显示的效果、各因素之间的关系进行分类。在定位图表法中,能够表达的气象数据较为有限,基本能够表达的为气温和降水因子,有时为了表达数据的丰富度会添加其他因子,如平均湿度、年无霜期日数等。由于气象数据是各测站点的长期实测数据,因而基本采用比率量表进行数据的实际显示,不需要进行有限级别的划分。

(2) 气象数据的符号化表达

对于气温、降水等需要表示某年连续 12 个月或连续多年的数据,符号化的显示可以采用柱状图的方式表达(如图 2-5-1 所示);对于多年平均或总和的气象数据,则可以采用测站点数据差值形成的等值线的方式进行表达;而对于只需表达测站点基本信息可以用多年平均数据在柱状图下面进行显示(如图 2-5-2 所示)。对每个测站点的数据(表 2-5-2 2008 年陕西省各气象站逐月气象数据)都可以形成这样的柱状图符号。

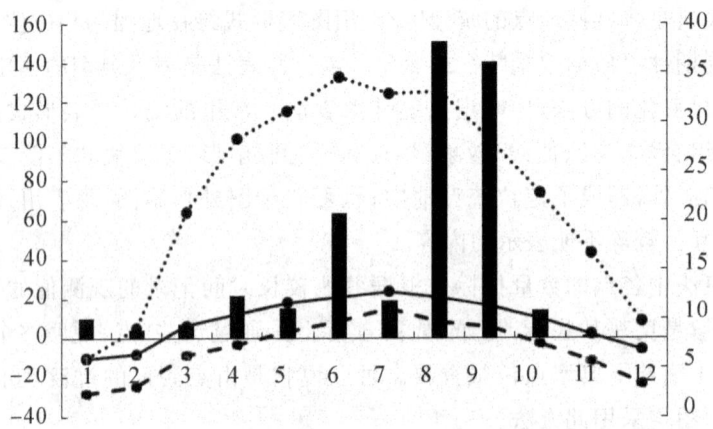

图 2-5-1 极端最低、最高、平均气温以及降水量的柱状图表达

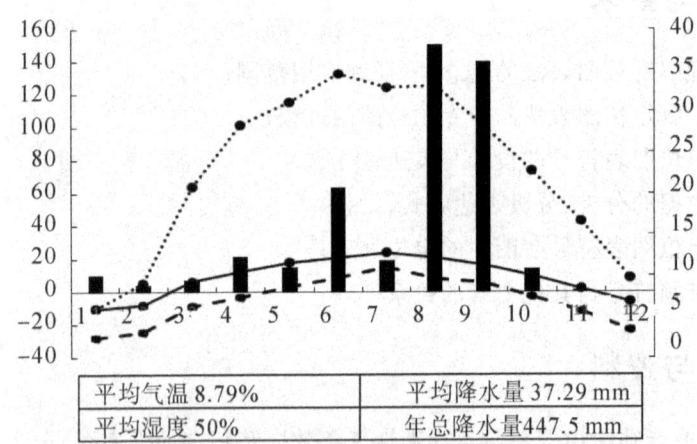

图 2-5-2 添加基本信息的柱状图表达

表 2-5-1 陕西省各气象站位置信息(单位:度)

区站	纬度	经度	区站	纬度	经度	区站	纬度	经度	区站	纬度	经度
榆林	38.23	109.7	武功	34.25	108.22	凤翔	34.52	107.38	石泉	33.05	108.27
定边	37.58	107.58	西安	34.3	108.93	宝鸡	34.35	107.13	镇安	33.43	109.15
吴旗	36.92	108.17	耀州	34.93	108.98	铜川	35.08	109.07	商州	33.87	109.97
横山	37.93	109.23	华山	34.48	110.08	洛川	35.82	109.5	佛坪	33.53	107.98
绥德	37.5	110.22	略阳	33.32	106.15	长武	35.2	107.8	泾河	34.26	108.58
延安	36.6	109.5	汉中	33.07	107.03	安康	32.72	109.03	——		

表 2-5-2 2008年陕西省各气象站逐月气象数据（数据来自陕西省气象局）

区站	月份	极端最低气温	平均最低气温	平均最高气温	平均气温	极端最高气温	平均相对湿度	降水量	区站	月份	极端最低气温	平均最低气温	平均最高气温	平均气温	极端最高气温	平均相对湿度	降水量
榆林	1	-278	-156	-45	-104	60	60	103	武功	1	-121	-55	10	-29	113	78	197
	2	-244	-147	-10	-81	90	57	42		2	-108	-39	64	5	173	69	53
	3	-86	0	131	62	208	36	73		3	-19	51	178	104	262	66	172
	4	-31	64	186	121	283	43	217		4	43	95	212	144	290	77	374
	5	31	109	250	178	311	29	149		5	66	141	289	207	346	64	127
	6	84	155	272	210	346	49	635		6	139	185	309	240	379	67	505
	7	149	188	297	239	329	51	191		7	166	209	311	256	352	76	669
	8	80	158	264	206	331	63	1506		8	136	198	298	240	356	79	1176
	9	56	118	213	163	282	69	1405		9	89	154	240	187	320	88	960
	10	-27	47	161	99	228	60	141		10	46	103	189	136	259	89	746
	11	-115	-36	87	21	167	52	13		11	-45	32	130	73	232	76	66
	12	-232	-115	9	-59	97	43	0		12	-88	-31	88	16	187	57	0
定边	1	-277	-159	-51	-109	75	61	93	西安	1	-89	-38	12	-17	110	64	191
	2	-268	-151	-16	-85	96	63	44		2	-70	-19	69	18	173	54	75
	3	-76	-8	140	63	237	39	33		3	16	76	189	125	265	47	217
	4	-24	53	186	119	272	42	96		4	73	117	223	164	304	58	556
	5	27	96	256	181	321	29	20		5	119	173	302	232	364	46	220
	6	60	146	293	224	348	36	14		6	170	207	322	258	397	52	598
	7	131	174	303	234	362	52	249		7	186	225	324	271	361	61	837
	8	57	145	268	204	329	59	740		8	153	216	313	261	379	60	873
	9	27	110	212	158	297	71	1086		9	102	170	253	206	336	71	831
	10	-40	33	172	97	242	58	109		10	67	119	197	150	264	74	731
	11	-107	-35	89	22	172	47	9		11	-29	51	136	88	227	62	123
	12	-231	-114	25	-50	123	42	19		12	-87	-7	94	33	188	52	0
吴旗	1	-238	-138	-29	-94	96	60	162	耀州	1	-123	-63	-4	-40	113	66	290
	2	-217	-137	9	-75	100	59	35		2	-108	-49	45	-9	141	59	97
	3	-98	-20	140	49	226	50	101		3	-7	48	169	101	244	47	154
	4	-52	31	188	104	273	49	149		4	32	90	204	141	287	58	425
	5	5	79	254	164	312	37	145		5	71	137	279	204	322	44	48
	6	40	130	276	200	343	49	393		6	130	175	292	230	344	56	1277
	7	104	160	295	222	333	58	164		7	165	197	298	246	330	65	615
	8	50	141	268	194	329	65	1237		8	122	192	296	237	347	62	545
	9	56	102	208	148	300	78	1070		9	83	146	237	186	314	69	607
	10	-46	31	172	87	239	73	88		10	23	93	186	132	255	70	479
	11	-128	-49	101	12	183	60	0		11	-57	27	123	66	219	58	87
	12	-224	-123	45	-56	134	50	8		12	-128	-33	78	11	177	38	0
横山	1	-264	-154	-41	-104	75	58	82	华山	1	-199	-119	-53	-92	104	72	282
	2	-235	-146	-2	-81	117	58	82		2	-194	-101	-26	-68	84	61	107
	3	-94	-9	147	62	248	37	43		3	-75	6	80	39	152	51	285
	4	-46	52	197	121	288	43	175		4	-43	45	112	75	208	62	592
	5	17	97	266	181	325	30	61		5	8	98	181	137	239	53	415
	6	69	147	291	218	361	45	1196		6	79	129	201	161	260	67	630
	7	142	178	305	239	342	54	221		7	97	146	211	174	257	78	1147
	8	69	155	276	208	350	63	1184		8	74	139	199	163	234	76	1098
	9	55	111	225	162	311	71	1150		9	32	105	162	129	226	78	698
	10	-37	35	174	96	247	67	132		10	-37	55	121	83	172	68	572
	11	-102	-40	101	21	184	52	8		11	-117	-14	47	13	140	59	198
	12	-239	-115	22	-58	120	42	5		12	-207	-61	19	-27	99	41	2

续表

区站	月份	极端最低气温	平均最低气温	平均最高气温	平均气温	极端最高气温	平均相对湿度	降水量	区站	月份	极端最低气温	平均最低气温	平均最高气温	平均气温	极端最高气温	平均相对湿度	降水量
绥德	1	−216	−124	−37	−86	61	65	106	略阳	1	−87	−26	36	1	149	72	126
	2	−199	−125	2	−68	98	62	37		2	−64	−9	89	31	190	64	127
	3	−62	10	146	71	212	44	178		3	−9	62	190	115	271	63	263
	4	−20	63	201	129	291	50	215		4	30	97	221	149	315	70	358
	5	37	110	265	187	325	35	32		5	84	140	281	201	332	67	657
	6	92	158	284	218	349	54	474		6	131	172	302	225	350	74	942
	7	153	189	313	250	343	54	236		7	151	197	307	243	346	79	1270
	8	91	169	295	224	355	60	569		8	139	187	293	229	334	79	538
	9	76	122	227	167	304	76	1224		9	110	159	242	191	338	85	1882
	10	−23	49	173	102	235	70	180		10	52	116	196	145	266	86	608
	11	−94	−33	99	24	183	56	1		11	−45	45	136	79	218	80	234
	12	−221	−107	25	−50	107	40	0		12	−58	−6	98	36	170	69	10
延安	1	−200	−105	−18	−68	108	69	101	汉中	1	−55	−6	44	15	134	75	134
	2	−177	−102	26	−46	138	66	49		2	−44	7	92	43	179	71	89
	3	−54	16	163	80	246	49	176		3	28	83	189	124	255	74	379
	4	−7	66	208	131	294	52	354		4	78	122	223	163	299	77	572
	5	33	111	269	185	327	42	111		5	117	172	282	220	326	70	637
	6	79	153	282	210	333	60	1115		6	166	202	299	245	351	76	621
	7	140	182	308	239	343	63	390		7	176	222	312	262	349	82	2458
	8	91	167	291	217	345	67	906		8	162	213	291	244	336	85	1931
	9	76	123	231	169	310	75	956		9	120	181	245	207	304	90	1304
	10	−15	56	195	112	271	66	152		10	84	135	193	157	276	92	1115
	11	−82	−11	124	44	211	52	8		11	−13	70	132	93	223	91	490
	12	−199	−85	58	−27	162	39	0		12	−24	13	93	46	155	83	7
长武	1	−246	−115	−28	−75	74	71	282	泾河	1	−110	−49	6	−26	101	77	168
	2	−228	−113	15	−52	129	67	130		2	−91	−29	60	10	159	64	56
	3	−50	12	146	72	214	57	181		3	1	61	177	112	261	56	164
	4	−6	48	182	114	264	63	233		4	66	111	219	160	299	69	505
	5	−2	85	249	171	315	58	59		5	105	163	298	225	362	56	167
	6	54	137	265	198	330	72	1036		6	163	200	323	254	388	58	709
	7	119	163	269	211	320	84	1433		7	181	220	315	263	350	67	712
	8	57	146	256	196	302	84	592		8	146	207	302	249	359	69	1115
	9	49	108	201	148	293	91	1127		9	96	163	245	199	332	76	740
	10	−27	43	161	96	223	86	213		10	46	110	190	145	251	79	688
	11	−102	−22	93	26	179	74	106		11	−29	40	130	80	224	66	93
	12	−159	−81	54	−25	141	53	0		12	−105	−23	83	23	177	46	0
洛川	1	−188	−101	−27	−68	96	64	303	佛坪	1	−91	−35	38	−5	142	69	73
	2	−159	−91	18	−40	107	55	181		2	−78	−26	86	19	175	62	141
	3	−37	22	146	79	210	42	180		3	−13	47	180	101	240	67	445
	4	0	67	186	122	274	52	249		4	38	84	205	135	274	75	799
	5	45	113	248	177	309	43	103		5	58	122	270	186	314	67	444
	6	84	148	263	201	315	61	1517		6	117	166	282	214	337	76	708
	7	142	173	274	221	302	69	600		7	152	189	300	235	358	80	1584
	8	92	159	265	207	317	68	893		8	108	179	276	216	319	86	1612
	9	63	117	205	158	290	77	1161		9	103	154	231	184	297	88	1421
	10	−8	60	170	109	237	68	215		10	36	101	186	134	246	89	978
	11	−80	−5	104	43	197	54	95		11	−47	38	134	73	230	82	344
	12	−216	−73	54	−15	154	34	0		12	−64	−11	105	33	177	65	0

续表

区站	月份	极端最低气温	平均最低气温	平均最高气温	平均气温	极端最高气温	平均相对湿度	降水量	区站	月份	极端最低气温	平均最低气温	平均最高气温	平均气温	极端最高气温	平均相对湿度	降水量
铜川	1	−149	−83	−15	−57	100	66	275	商州	1	−116	−51	23	−22	132	68	199
	2	−133	−71	27	−31	121	61	120		2	−103	−42	75	7	194	55	102
	3	−32	27	151	81	232	49	156		3	−34	42	179	100	259	56	343
	4	4	67	186	121	280	60	314		4	25	77	208	136	307	63	429
	5	43	110	259	180	308	47	55		5	51	126	281	196	335	59	442
	6	102	153	275	209	333	59	1230		6	111	162	289	219	353	67	660
	7	149	178	282	225	317	70	735		7	151	195	298	238	357	76	1246
	8	100	171	278	216	325	67	641		8	120	181	282	223	332	77	836
	9	66	125	218	166	308	75	838		9	87	147	234	182	318	82	754
	10	−4	73	171	113	242	75	372		10	35	92	196	134	267	79	672
	11	−97	5	105	45	191	67	96		11	−43	33	132	73	219	66	266
	12	−155	−54	64	−8	169	47	0		12	−77	−27	102	27	174	44	0
宝鸡	1	−106	−43	13	−20	140	69	246	镇安	1	−87	−30	49	1	159	64	93
	2	−96	−30	60	9	178	59	87		2	−83	−32	105	24	212	55	85
	3	10	64	179	114	262	52	84		3	−16	53	203	115	281	55	321
	4	51	105	216	153	311	64	315		4	38	86	223	145	310	67	555
	5	95	159	295	220	384	47	236		5	54	128	292	199	338	62	247
	6	149	196	311	246	386	58	886		6	131	171	300	226	362	70	601
	7	155	214	310	256	361	67	835		7	167	200	313	245	355	78	1003
	8	155	201	300	242	338	67	912		8	145	191	294	228	351	82	1180
	9	93	159	237	191	328	77	1242		9	105	161	249	194	324	84	1239
	10	59	110	192	142	261	73	597		10	56	110	204	142	263	86	678
	11	−38	42	129	77	220	62	41		11	−41	43	142	80	253	78	401
	12	−72	−17	89	26	201	45	0		12	−63	−14	117	37	186	57	0
凤翔	1	−160	−71	−4	−44	127	69	277	石泉	1	−69	−18	53	12	160	68	47
	2	−134	−55	40	−13	159	63	59		2	−56	−12	112	39	198	62	84
	3	−13	39	162	94	247	57	95		3	2	70	206	126	273	64	490
	4	9	77	192	130	286	68	346		4	56	105	233	157	310	77	519
	5	61	123	274	195	338	54	160		5	83	150	296	212	350	74	547
	6	119	169	294	227	363	59	791		6	150	186	302	234	370	80	1074
	7	132	193	291	239	347	69	791		7	184	215	318	258	366	83	494
	8	114	179	282	225	323	70	780		8	151	206	295	239	358	88	2039
	9	79	140	222	176	311	77	959		9	116	175	244	201	311	91	1383
	10	34	91	178	127	242	76	561		10	83	130	199	154	268	93	887
	11	−62	20	113	60	197	65	69		11	−37	64	146	93	234	88	351
	12	−92	−40	77	8	173	47	0		12	−35	9	112	49	178	76	6
安康	1	−51	−7	56	20	146	66	37	安康	7	202	227	324	268	361	79	2856
	2	−47	1	119	50	204	54	46		8	184	222	307	254	366	82	1642
	3	19	84	207	135	280	62	366		9	131	189	258	215	319	85	1450
	4	59	117	235	168	311	73	447		10	98	142	203	164	269	90	1136
	5	103	170	299	225	357	70	623		11	−14	79	146	103	227	88	246
	6	174	204	311	248	370	74	1238		12	−25	18	106	53	163	76	0

注：各气象因子单位为极端最低气温/0.1℃,平均最低气温/0.1℃,平均最高气温/0.1℃,平均气温/0.1℃,极端最高气温/0.1℃,平均相对湿度/1%,降水量/0.1 mm。

(3) 专题符号的定位

定位图表法的地图中专题符号的表示需要准确定位。在本实验中,依据表2-5-1给定的各站点位置信息可以进行专题要素的定位。另外,在定位时需要注意底图的显示。

(4) 图幅整饰

本次实验中气象要素专题地图的图幅整饰主要包括图例设计和图面配置。

4 实验应交成果

本实验要求每人提交1份实验报告。实验报告应包括的信息有:气候要素柱状图的设计,专题符号的视觉变量选择,地图要素的选择与显示,以及利用陕西省地理底图(图2-1-4 陕西省地理底图)、陕西省气象要素(表2-5-1 陕西省各气象站位置信息、表2-5-2 2008年陕西省各气象站逐月气象数据)制作的陕西省气候图。

实验 6　间断成片分布事象表示方法——范围法

  自然界很多呈间断成片分布的事物,如某一种土壤类型、某一种植被类型、某一种作物等的分布。范围法是指对于不连续分布、间断成片的面状事物的分布范围和质量特征,可以用某种确定的符号表示,符号的轮廓线表示其分布位置和范围,轮廓线内的颜色、网纹或说明符号表示其质量特征。范围法用于在地图上呈散列及片状分布的图斑,当表示两种以上的产业和作物时,图斑有可能互相重叠。例如煤田、森林、大片棉花或某种农作物等的分布。范围法在地图上标明的不是个别地点,而是一定面积,因此又称为面积法。

  在地图上,范围法通常用地类界、底色、说明符号以及注记等配合表示(以森林为例)。地类界是指不同类别的地面覆盖物的界限,在地图上常用细实线、虚线或点线表示;底色是指普染的面状颜色;说明符号是指只起说明作用而不定位的小符号,这些小符号可以表示森林的种类;注记是在大面积森林分布范围内,加注一些质量和数量方面的指标,如林种、树的平均高度等。范围法主要表示事象的质量特征和渐进性,一般不强调表示其数量指标。若要反映其数量差异,可借助于用按数量指标的比率关系确定的不同大小的符号(或字体),或用符号的个数,或直接注出其数量指标等方法来体现。既可以独立表示一种事象,又可与其他表示方法配合在一起,用色彩和晕线显示其几种不同事象的重合关系。

1 目的与要求

(1)正确理解范围法的概念、特征和应用范围;
(2)深入了解范围法制作专题地图的过程;
(3)掌握范围图符号的设计与表达;
(4)掌握数据的分类表达方式;
(5)掌握范围符号在图中的定位处理;
(6)掌握不同时期范围法专题图的分析。

2 仪器与资料

(1)资料:由老师给出不同时期中国主要农业气象灾害图和相应地理底图。
(2)仪器:透明纸、水彩笔、铅笔、直尺、两脚规。

3 内容与步骤

在地图上,常用一定的方式划分间断成片分布的专题要素分布的范围,并通过地类界加以限定,范围内利用底色、说明符号以及注记等配合表示要素分布的范围和性质、状态。

(1) 定性信息的分类

范围法常用一幅图体现多种不同的专题要素或指标。同一要素或指标根据其特征可以被分为不同的类,不同类别之间有明确的性质差异,如气候灾害中的霜冻与冰雹;另外,制图中不同类别之间可以相接、相离或交叉,体现不同类别在研究区的各自分布或某一地点所包含类别的多寡情况。对于定性信息的分类,需要体现作者最终需要表达的意图,并对这种意图通过性质凝练进行区分与定义。

(2) 不同要素分界线的确定与描绘

范围法分精确范围法和概略范围法。精确范围法有明确界限,而概略范围法是用虚线、点线表示轮廓界线,以散列的符号、文字或单个符号大致的表示出事象的分布范围(如图图2-6-1中棉花种植范围的标注)。采用精确范围法还是概略范围法,取决于地图的用途、比例尺、资料的详细程度,特别是事象的分布特征。

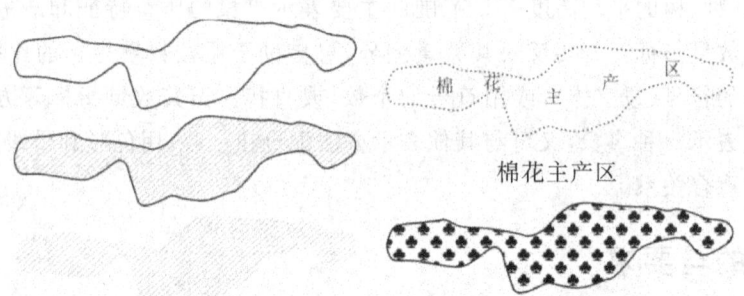

图2-6-1 精确范围法与概略范围法范围界限表达

首先,依据一定的性质对研究事象进行分类,然后,根据其发生特点进行空间范围的确定,并针对事象发生过程中范围界限定位程度确定用虚线还是实线进行表示。

(3) 不同要素图形变量的选择

范围法首选的图形变量为色彩,根据制图事象需要显示的特征、表现效果进行色彩中色相、亮度和饱和度的选择和调整,以显示制图事象的分布范围、性质;适当的时候也可以选择散列的符号、文字或单个符号大致的表示出事象的分布范围和特征、性质。

(4) 说明信息的显示与标注

范围法中也常用说明符号或注记表明制图事象的更为详细的特征。这些说明符号是指只起说明作用而不定位的小符号,这些小符号可以表示森林的种类;注记是在大面积森林分布范围内,加注一些质量和数量方面的指标,如林种、树的平均高度等。

(5) 不同信息动态变化的分析

范围法常用来表示不同时期制图事象的发生发展过程,可通过同一图幅显示,也可利用不同图幅表达。本实验希望学生能选用不同的表达手段在同一图幅上显示不同制图事象的发生发展过程,以全面了解同一要素在不同时间、不同地点的发展特征,或不同要素在同一时间、不同地点的发生差异。多时段同一制图事象的符号变量的显示主要通过密度、记号标记的形式进行显示。

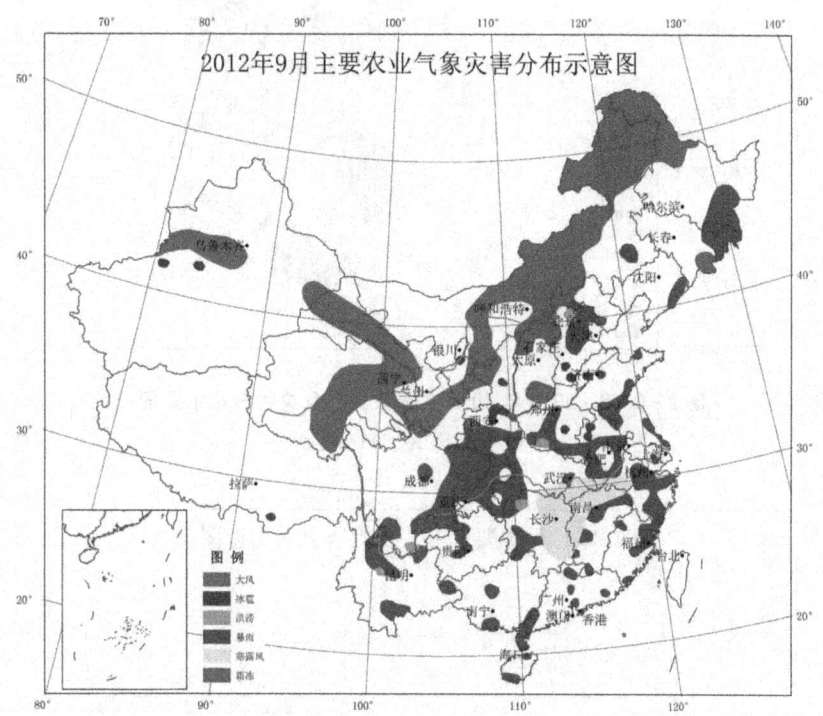

图 2-6-2 2012 年 9 月主要农业气象灾害分布示意图
审图号:GS(2016)600 号

4 实验应交成果

本实验要求每人提交 1 份实验报告。实验报告应包括的信息有:专题符号的视觉变量选择,地图要素的选择与显示,以及利用中央气象台发布的不同时期中国主要农业气象灾害分布图(图 2-6-2 2012 年 9 月主要农业气象灾害分布示意图、图 2-6-3 2012 年 10 月主要农业气象灾害分布示意图、图 2-6-4 2012 年 11 月主要农业气象灾害分布示意图)制作的中国主要农业气象灾害变化图。

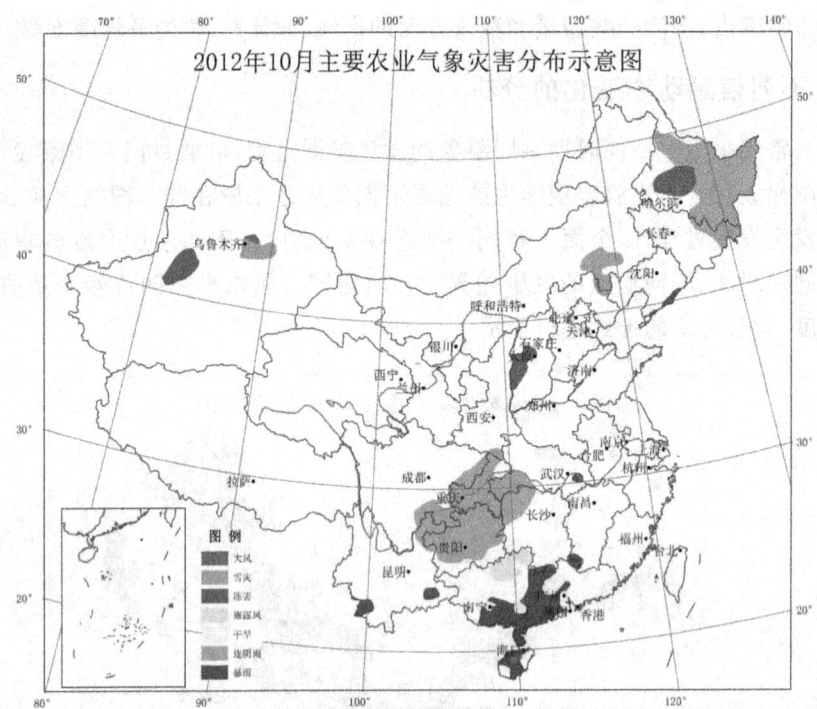

图 2-6-3 2012 年 10 月主要农业气象灾害分布示意图
审图号：GS(2016)1600 号

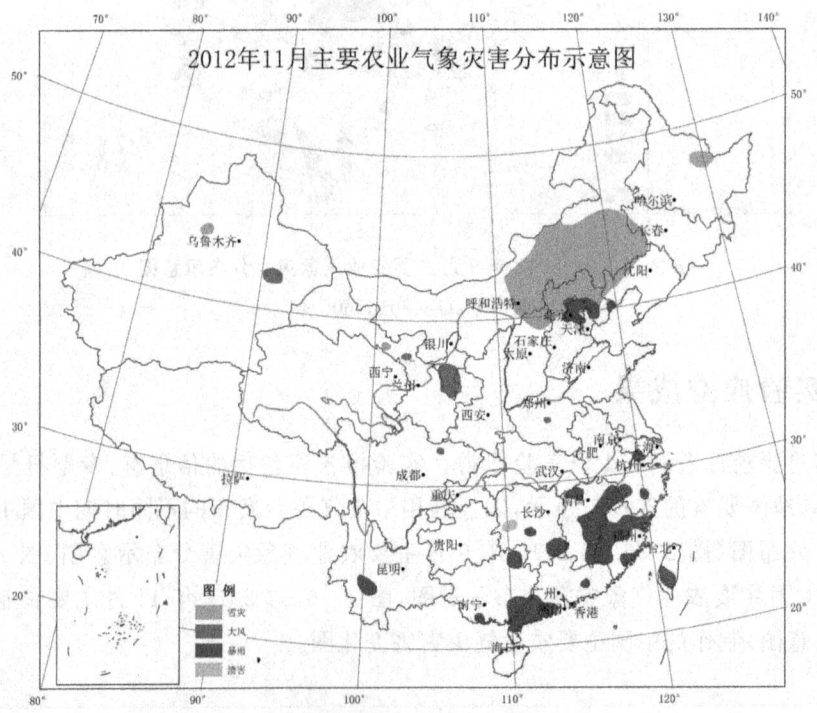

图 2-6-4 2012 年 11 月主要农业气象灾害分布示意图
审图号：GS(2016)1600 号

实验 7　分散分布事象表示方法——点值法

许多地理现象在空间的分布是分散分布的,而所获得的空间数据往往以行政单位统计。要反应统计值的离散性,比较直观的方法便是运用点值图进行表示。

点值法是指用一定大小、形状相同的点,表示事象的分布状况、数量特征和疏密程度的方法。点子的大小和所代表的数值由地图的内容确定。在用点值法表示的地图上,从点子的疏密分布可以判断出事象的集中或分散的程度。点值法亦称点数法和点法,它被广泛应用于表示人口、作物、牲畜等离散的地理现象。

点值法的优点是简单明了,适当运用多色点子,也可显示要素的多种质量特征,这是它获得广泛运用的原因。

1　目的与要求

(1)掌握空间分布是离散的地理现象的表示——点值法。

(2)了解统计数据的收集和整理工作,以及统计数据与各级行政等级之间的关系。

(3)掌握如何确定不宜表示制图对象的区域:在制图范围内,要首先分层勾绘出不宜表示制图对象的区域。例如制作人口分布图,山地、陡坡、沼泽地、林地、水稻田、水域、自然保护区、军事禁区等都不宜绘入人口分布。所以我们应首先通过地形图、土地利用图、防务图等,分别勾绘出不宜于人口分布的区域,分层叠加起来,剩余的区域方宜于分布人口。

(4)掌握如何确定点符号的尺寸和计算点值。

(5)掌握区域单元内布点的方法,主要达到反映某地区人口密度的基本分布概况的目的。一般情况下,点值图是不需要表示低一级行政界线的,例如 XX 省人口分布图,虽然统计单位是乡,但图上的行政界线可以只画到县界而不需要绘出乡界,因此布点完毕,乡界即行擦去。

2　仪器与资料

(1)资料:周至县各乡镇人口数(表 2-7-1);周至县行政区图(图 2-7-2),周至县土地利用略图(图 2-7-3),周至县坡度图(图 2-7-4)以及周至县 DEM 图(图 2-7-5)。

(2)仪器:用塑料片自制直径为 1 mm 的圆孔、彩色笔、2H 铅笔。

3 内容与步骤

(1) 点值的确定

点值法中的一个重要问题是确定每个点所代表的数值。点值的确定与地图比例尺以及点子的大小有关。若点子大小一定,地图比例尺大,相应的图面范围也越大,点子相应就多,点值就小。点值确定的过大或过小都是不合适的:点值过大,图上点子过少,不能反映要素的实际分布情况;点子过小,在现象分布的稠密地区,点子因发生重叠,现象分布的集中得不到真实的反映。因此,确定点值的方法是,以某现象分布密度最大的小范围为标准,求出一个点所代表的数值,且使点子之间相互紧靠而不重叠。

① 决定点符号的直径,本实习以直径为 1 mm 制作点符号。

② 以二曲镇计算点符号的点值。过程如下:

a. 假设点符号的尺寸 $d = 2$ mm

则点面积　　　　　　　　$p = d^2 = 4$ mm^2

b. 最小面积的二曲镇为 32.44 km^2,人口数为 58 055 人。

c. 当编制地图的比例尺为 1:230 000 时,二曲镇的图上面积

$$p = \frac{32.44 \times (1000000)^2}{(230000)^2}$$

d. 二曲镇可容纳的点符号为 N 个,$N = 613.23/4 = 153.31$ 个

每点符号代表 58 055/153.31 = 379 人。

即在本例中选定点符号的 d 值为 2 mm 时,点值 = 379 人。据此,可以计算每个乡镇用该点值所得的点的个数。

(2) 点值种类的设计

一般情况下,如果各区域研究事象数量差异极其不明显,一幅地图只用一种点值和一种图形要素的符号进行表述。但如果在同一幅地图上所表示的现象特征集中于部分地区内,其他地区则极为稀少,采用同一种点值会使最集中地区的点子相互衔接,而稀少的地区则点子极为稀少甚至少到无法表达,这样便无法反映低密度区所研究事象的分布特点。因此,为了在地图上反映出现象的地理分布,可以采用两种点值的方式,即相应地用两种大小的点子代表两种不同大小的数量指标。

(3) 点子的布设

点子的布设有两种方法:均匀布点(统计方法)与定位布点(地理方法)——即按专题地图现象的实际分布进行布点,如图 2-7-1 所示。定位布点法,即按事象的实际分布情况布点。采用定位布点时,可先按事象的分布情况,在图上划出小区域的界限,然后布点,正式清绘时再将小区域界限去掉,以提高布点精度。均匀布点法,即在一定的区划单位(省、地、县、区、乡)内均匀布点。采用均匀布点时,可在某一区划单位内按事象的总数量指标均匀布点。

定位布点与实际情况的吻合程度,主要取决于地图比例尺。在大比例尺地图上,只要有详尽的资料,就可较精确地反映现象的分布。在小比例尺地图上,为了便于利用现成的统计资料,又想尽量用点子反映要素的实地分布,可以把区域分得小一点,在小区划单元内虽然是均匀布点,但区划单元越小,点子的位置误差相对地也就越小,最后去除界限,点子在整幅图上就不是均匀布点,而是呈有差异的分布了。如在表示一个省的人口密度图上,按照统计资料在乡、村范围内布点,就可达到上述目的。

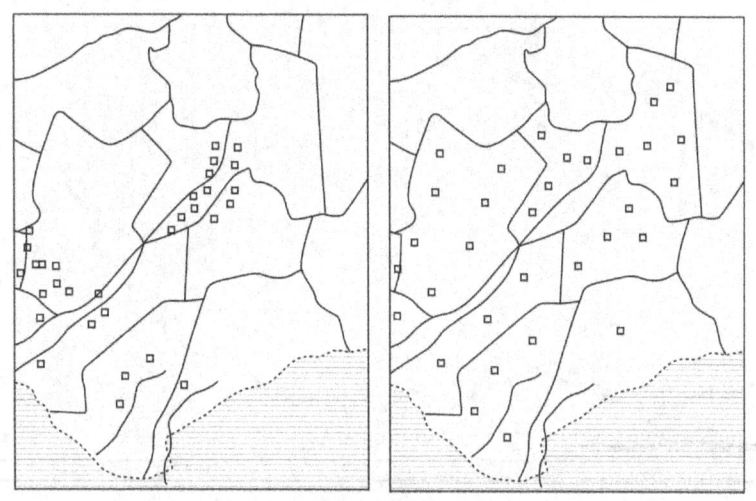

图 2-7-1 定位布点法与均匀布点法的表达

(4) 数据处理、研究事象分类与表达

对于制图数据的处理尽量做到全面、完整的表达,例如,周至县人口要素,数据中统计了总人口、农业以及非农业人口结构组成,最终结果图中就需要表达这三种数据,最基本也要表达农业和非农业人口数量关系。对于这种情况,我们可以用不同颜色或形状的点子分别表示不同类别的数据特征。

在用点值法表示的地图中,有时用不同颜色的点子分别表示几种要素的分布情况。对于几种在地理分布上都有明显的区域性或地带性(即各有自己的分布区域)的要素,由于互相干扰少,用各种颜色的点子分别表示各种要素的分布,可以获得很好的效果。对于地理分布错综复杂的要素,布点比较困难,用这种方法则会使图上的各色点子互相混杂,难以辨认,从而影响各要素分布的清晰度和易读性。

另外,用各种颜色的点子还可以表示现象的发展动态。如用绿色点子表示原有小麦地的分布范围,用蓝色点子表示新增或减少小麦地的面积,这样就可以表明小麦种植面积的扩大或减少情况。

(5) 地理底图、控制基础要素的选择

绘制一张详细的行政界线地理底图(图2-7-2)。

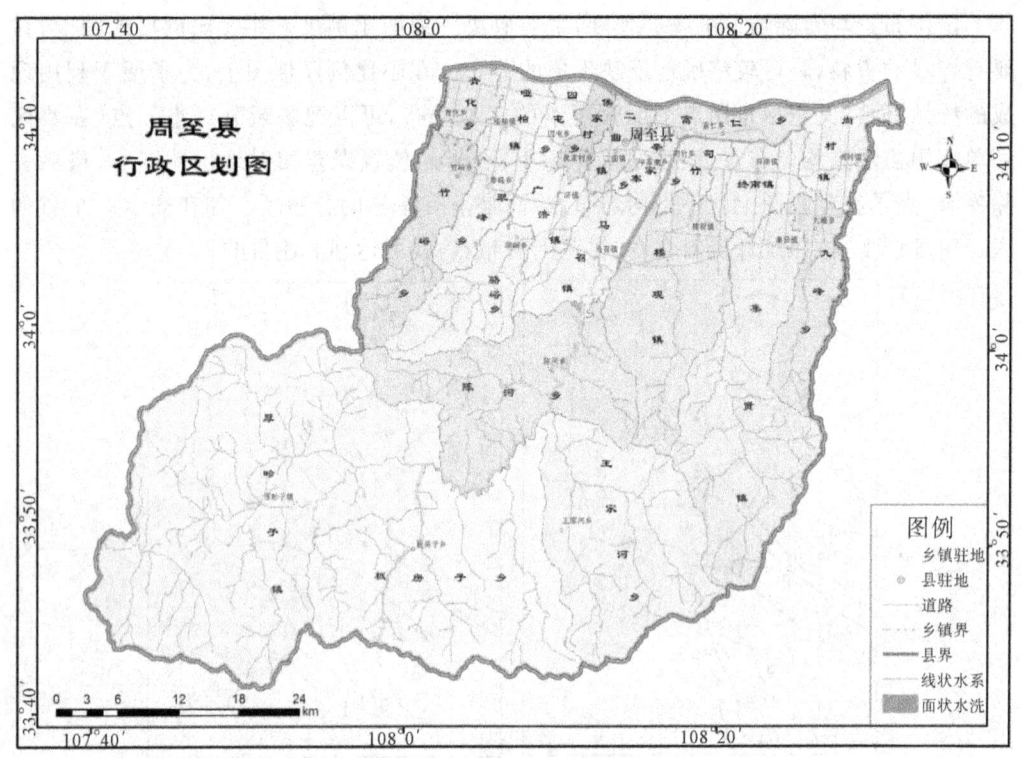

图 2-7-2 周至县行政区划图

在均匀布点法表示时,不需要在地图上详细地表示出地貌、水系、道路和小的居民点,因为用均匀布点法表示的地图,不能说明要素的实际分布状况与环境的关系,有时表示它们反而会引起误解或错觉,如认为某种要素的数量分布在山区和平原是一样的;反之,在用定位布点法表示时,则应尽可能地把有关的地理要素(地貌、水系、道路、居民点等)表示出来,因为这些地理基础要素在相当程度上可以说明点子密集或分散的原因。

根据周至县土地利用图(图2-7-3)和周至县坡度图(图2-7-4)或周至县DEM(图2-7-5),在行政图上勾绘出不宜表示或少量表示人口的区域。如将图2-7-2、图2-7-3和图2-7-4三幅图进行叠置,得到不宜布置人口的区域范围。在此区域范围进行点子的布设。

(6) 点值法专题图图形变量设计

在多色地图上,地理要素应采用较浅的颜色作为背景,点子则用鲜明而饱和的原色;多种类型的要素选用饱和的对比色分别进行表示。在单色地图上,点子应设计为醒目的形状,并应避免点子与地理要素及注记重叠。

(7) 成图

将所计算的各行政区(本例即本乡)的点符号,用以上设计的色彩、表示方法填涂到相应宜于人口分布的区域范围内即可得到点值图。

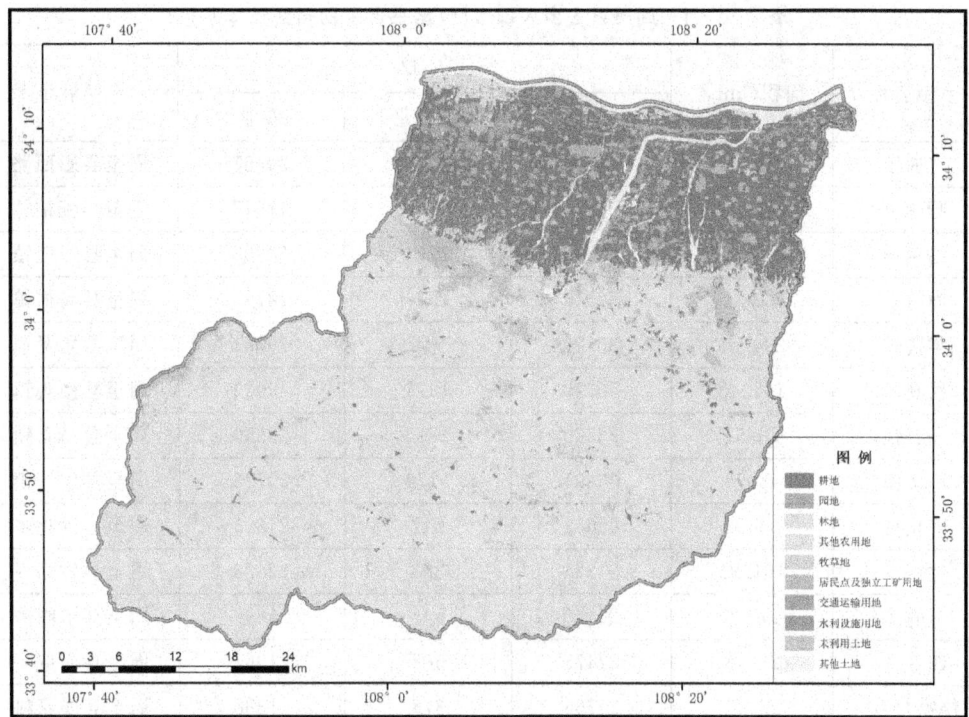

图 2-7-3 周至县土地利用类型图

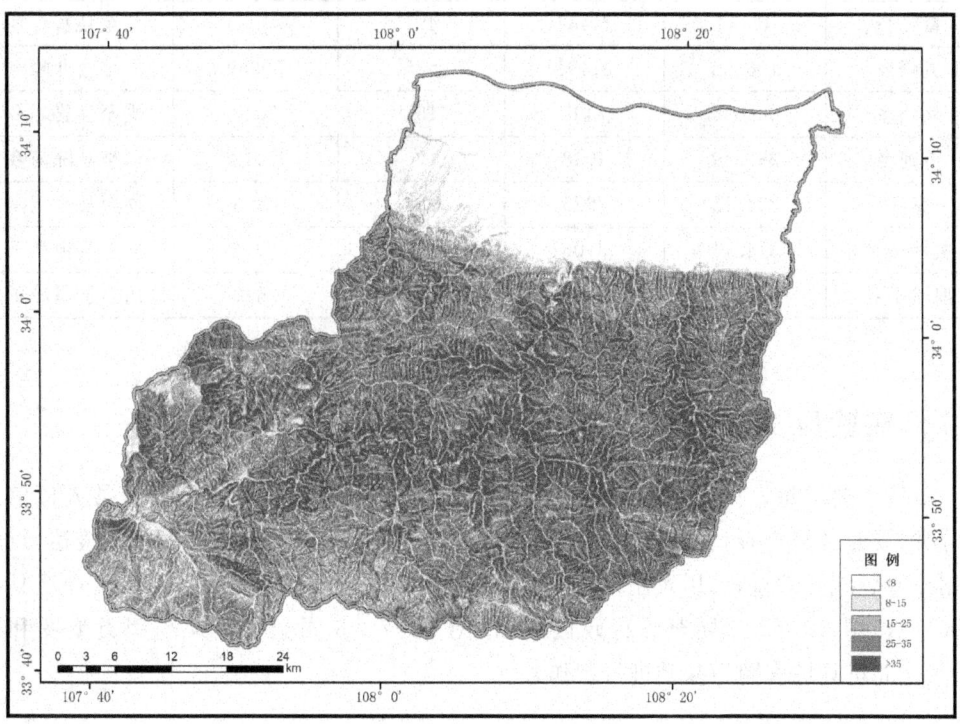

图 2-7-4 周至县坡度图

表 2-7-1 周至县各乡人口数(数据来自陕西省统计年鉴)

乡镇名称	面积(km²)	人口			乡镇驻址
		合计	非农业	农业	
二曲镇	32.44	58055	27588	30467	周至县影西路
哑柏镇	44.17	50448	2901	47547	周至县哑柏镇
终南镇	65.86	62588	2293	60295	周至县终南镇
尚村镇	62.31	50010	1227	48783	周至县尚村镇
集贤镇	294.55	30727	946	29781	周至县集贤镇
楼观镇	197.48	50996	1973	49023	周至县楼观镇
马召镇	78.67	26565	1215	25350	周至县马召镇
广济镇	48.75	36895	1770	35125	周至县广济镇
青化乡	33.92	25632	647	24985	周至县青化乡
竹峪乡	101.91	23224	388	22836	周至县竹峪乡
翠峰乡	47.36	26440	548	25892	周至县翠峰乡
四屯乡	27.48	22475	508	21967	周至县四屯乡
侯家村乡	26.40	21766	378	21388	周至县侯家村
辛家寨乡	22.64	20378	589	19789	周至县辛家寨
司竹乡	33.60	25785	700	25085	周至县司竹乡
富仁乡	46.35	21484	401	21083	周至县富仁乡
九峰乡	106.88	31494	525	30969	周至县九峰乡
骆峪乡	95.65	7495	151	7344	周至县骆峪乡
陈河乡	237.49	4038	120	3918	周至县陈河乡
王家河乡	294.12	2926	133	2593	周至县小王涧
板房子乡	374.44	3106	185	2921	周至县板房子
厚畛子乡	696.27	2834	194	2640	周至县厚畛子

4 实验应交成果

本实验要求每人提交 1 份实验报告。实验报告应包括的信息有:周至县人口信息的分类,视觉变量选择,控制人口变量分布要素的选择,适于人口分布图幅的表达,点值法制作专题地图的过程,以及制作一幅周至县人口分布点值图(以表 2-7-1 周至县各乡人口数、图 2-7-2 周至县行政区划图、图 2-7-3 周至县土地利用类型图和图 2-7-4 周至县坡度图为基础进行制作)。

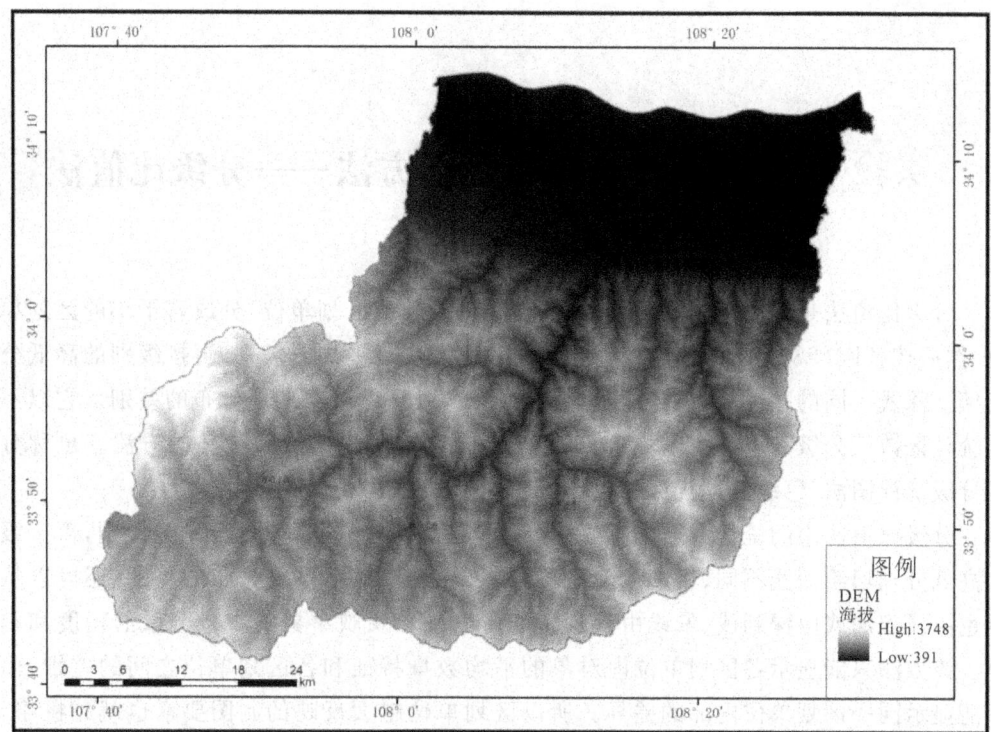

图 2-7-5 周至县 DEM

实验 8 分散分布事象表示方法——分级比值法

分级比值法是把整个制图区域按行政区划(或其他区划单位)分成若干小的区划单位,然后按各区事象集中的程度(密度或强度)或发展水平划分级别,再按级别的高低分别填上深浅不同的颜色或粗细、疏密不同的晕线,以显示事象地理分布的差别。它以不同统计区数值分级表示整个区域事象数量分布差异、集中与分散趋势的方法。也称分区分级统计图法、色级法、等值区域图法。

分级比值法中的统计数据来自各种区划单位,将数据按一定标准划分级别,再按级别高低分别填绘深浅不同、粗细或疏密不同的晕线,以显示事象分布的差别;还可以从颜色由浅到深或由深到浅、晕线由疏到密或由密到疏反映事象集中或分散的程度和趋势。该方法只能显示各区划单位内对象的平均数量特征和各区划单位之间的差别,而不能显示同一区划单位内部的差异。所以区划单位越大反映的制图要素也就越概略。从颜色由浅到深(或由深到浅)或晕线由疏到密(或由密到疏)显示出事象的集中或分散的趋势。该方法常用于以行政区划为数据统计单元的人口图、经济图的制作。

等值区域的编制在数据应用、表示方法和视觉感受方面都有一些限制。在采集的数据类型上,由于制图表示是以区域单元作为图斑单位,因此不能表示自然连续的地理数据;在表示方法上,如果数据不能用比值或比率量表处理,就不能采用等值区域法制图;在视觉感受上,要依据不同的数据类型来确定;常用的统计数据有两种:一种是总值;一种是相对值。

1 目的与要求

(1)正确理解分级比值法的概念、特征和应用范围;

(2)深入了解分级比值法制作专题地图的过程;

(3)了解统计数据的收集和整理工作,以及统计数据与各级行政等级之间的关系;

(4)掌握数据的分级,明确等值区域图的制图数据的特点,即其制图数据是同一时间、某个单一指标的数值,因此必须注意数据在时间、质量上的一致和可比,认真分析数据的特征,以决定是否分级或分级的方法及数量;

(5)掌握图形要素显示方式,掌握等值区域图的图例系统所采用的色系过渡方式,以便更能表现数据特征;

(6)掌握分级显示的面状符号在图中的定位处理。

2 仪器与资料

（1）资料：由老师给出陕西省关中某一年份中小学人口数据（表2-8-1关中中小学生人数及人口信息）和相应地理底图（图2-8-1关中地区行政区划图）。

（2）仪器：水彩笔、铅笔、直尺、两脚规、计算器。

3 内容与步骤

在地图上，分散分布的现象如人口信息在地图上常用分级的方式表示，统计单元为相应的行政区划单位，主要表示行政区划单元之间的差别。不同级别的表示方式可以多样。

（1）定量信息的选择

分级比值法基本只能表示一种地理信息，选择恰当的数据类型进行表达至关重要。该专题地图一般只能用于表示事象的相对指标。如人口密度、耕地占全区土地的百分比等。因此，针对人口、耕地等涉及的密度与比例数据便可采用该方法进行显示。这种数据不但要求有相匹配的总数，也需要包含相对应的行政区划面积，这样才能表达相应的密度或比例信息。

例如，本实验要制作关中不同县市中小学生人数占该县市总人口的比例，首先收集以各县市为统计单元的中小学生人数和总人口（表2-8-1关中中小学生人数及人口信息），这两类信息的结合才能表达关中中小学生人数所占比例的差异。

（2）定量数据的分析与处理

分级比值法在计算相对指标时，一般是将各区划单位内某项绝对指标除以该区划单位的面积；或是将某项绝对指标除以该区的人口总数，或播种面积总数。在本实验中，将各县市的中小学生人数除以相应区划范围的人口总数便可获得各县市中小学生比例。

（3）定量数据的分级

数据的分级采用序列分级，是根据数组分布特征和分级数，采用渐增或渐减的数值间隔为分级标准。如数组的数据频率符合渐变规律，则采用算术级数或几何级数使分级递变；若符合正态分布规律采用标准差计算，以决定数组的分级间隔。一般情况会采用使得分级分组统计的数据呈正态分布，这种情况下要计算制图数据的平均值和标准差，根据这两种数据进行分级界限的确定。

定量数据的分级数量需要依据选择的符号变量来确定。一般情况下，分级比值法的符号涂染每个行政区划范围，因而其分级数量不宜太多，五级为宜。本实验也可分为五级。

（4）定量信息的符号变量选择

面状符号适宜采用的视觉变量为亮度。亮度使图形的分级间隔产生数量的等级感;而形状和尺寸变量不起作用。因此,本实验分级比值法所表示的定量信息,符号变量可以选择渐变色或网纹。按照数据的分级进行符号变量的图例设计,依据图例在相应的行政区划范围内填上相应级别的颜色或晕线。也可以按同一主题、统一分级标准以及同一色级,编绘几幅不同年份的分级统计地图,借以反映事象的发展动态。

(5) 地理底图的设计

制作等值区域图要注意地理底图的设计,分级比值法符号因要覆盖在全部制图区域上,制图单元的图斑和行政界线重合,因而影响地理底图的显示。该类型专题地图上的地理要素,除了区域单元的境界线和相应居民地均应表示外,还应根据制图的目的,或强调水系的显示,或强调道路网的显示。而其他要素则不宜表示。

(6) 图幅整饰

本次实验中中小学生比例要素专题地图的图幅整饰主要包括图例设计和图面配置。其中,图例设计以矩形框内显示各级别表达的符号变量为主;图面设计依关中行政区划图的特点进行配置。

图 2-8-1 关中地区行政区划图

4 实验应交成果

本实验要求每人提交1份实验报告。实验报告应包括的信息有:中小学生比例分级,专题符号的视觉变量选择,以及利用陕西关中行政区划图(图2-8-1 关中地区行政区划图)、陕西省关中地区中小学生人数和总人口数(表2-8-1 关中中小学生人数及人口信息)制作的陕西省关中地区中小学生比例分布特征。

表2-8-1 关中中小学生人数及人口信息(数据来自陕西省统计年鉴)

县区	年份	中小学生人数(万人)	总人口数(万人)	县区	年份	中小学生人数(万人)	总人口数(万人)	县区	年份	中小学生人数(万人)	总人口数(万人)
杨陵	2000	2.43	13.27	扶风县	2000	10.59	45.53	旬邑县	2000	5.72	26.76
	2014	2.11	20.30		2014	4.34	42.05		2014	2.06	26.54
西安市市辖区	2000	46.23	326.07	眉县	2000	6.73	29.89	淳化县	2000	4.36	18.60
	2014	47.45	484.31		2014	3.03	30.29		2014	1.34	19.57
临潼区	2000	13.89	67.39	陇县	2000	5.08	25.19	武功县	2000	9.73	40.30
	2014	6.98	67.16		2014	3.00	25.14		2014	3.54	41.74
长安区	2000	17.42	89.64	千阳县	2000	2.45	12.77	兴平市	2000	10.86	55.50
	2014	9.40	110.59		2014	1.28	12.52		2014	4.75	54.87
蓝田县	2000	12.09	62.93	麟游县	2000	1.78	8.71	渭南市市辖区	2000	17.57	88.44
	2014	6.30	52.30		2014	0.84	9.16		2014	8.72	89.07
周至县	2000	14.34	62.38	凤县	2000	1.80	9.84	华县	2000	6.81	34.38
	2014	6.63	57.57		2014	0.91	10.65		2014	2.52	32.60
户县	2000	11.55	56.30	太白县	2000	0.92	5.17	潼关县	2000	3.22	14.46
	2014	6.15	56.60		2014	0.45	5.14		2014	1.54	15.79
高陵县	2000	5.17	23.30	咸阳市市辖区	2000	14.10	78.62	大荔县	2000	14.42	68.93
	2014	2.69	34.22		2014	8.94	95.54		2014	6.59	69.90
铜川市市辖区	2000	5.33	44.52	三原县	2000	8.56	39.63	合阳县	2000	7.98	43.46
	2014	2.84	42.20		2014	3.12	40.89		2014	4.45	44.02
耀州区	2000	4.97	29.39	泾阳县	2000	10.44	48.34	澄城县	2000	8.29	38.51
	2014	4.10	33.03		2014	3.56	49.50		2014	3.91	39.03
宜君县	2000	1.96	9.30	乾县	2000	11.12	54.18	蒲城县	2000	16.15	73.37
	2014	0.65	9.28		2014	6.12	53.20		2014	5.96	74.75
宝鸡市市辖区	2000	8.75	57.98	礼泉县	2000	11.31	45.56	白水县	2000	6.23	27.74
	2014	8.98	85.10		2014	4.00	45.34		2014	2.87	28.33
宝鸡市陈仓区	2000	15.18	72.40	永寿县	2000	3.97	18.28	富平县	2000	15.95	75.53
	2014	4.10	60.09		2014	1.61	18.69		2014	5.84	74.94
凤翔县	2000	10.99	50.06	彬县	2000	6.88	31.63	韩城市	2000	7.82	38.25
	2014	4.49	48.82		2014	3.23	32.79		2014	4.21	39.71
岐山县	2000	10.04	47.51	长武县	2000	3.48	17.11	华阴市	2000	4.69	25.95
	2014	4.19	46.36		2014	1.27	17.01		2014	2.12	26.13

实验9　分散分布事象表示方法——比例圆的分区图表法

分区图表法是把制图区域分成几个区划单位(通常按行政区划单位),在每个区划单位内,按其相应的统计数据,描绘不同形式的统计图形,以表示各区划单位内事象的总和、结构及其动态,也称为分区统计图表法。

采用分区图表法可以达到的目的包括:(1)可显示事象的绝对数量,以图形大小(或同样符号的个数)显示数量;(2)可显示事象的内部结构,以图形结构显示事象的结构;(3)可显示事象的发展动态,以扩张图形的大小及颜色、柱状图表、曲线图表显示事象的发展动态。分区图表的图形是代表它所在区划单位内全部同类事象的总和,图形或图表的中心或底线绘在有关区划的面积之内。

分区图表法只表示每个区划内现象的总和,而无法反映现象的地理分布,因此,它是一种非精确的制图表示法,属统计制图的一种。在制图时,区划单位愈大,各区划内情况愈复杂,则对现象的反映愈概略。可是分区也不能太小,否则会因为分区面积较小而难以描绘统计图表并表示其内部结构。

1 目的与要求

(1)正确理解分区图表法的概念、特征和应用范围;
(2)深入了解分区图表法制作专题地图的过程;
(3)了解统计数据的收集和整理工作,以及统计数据与各级行政等级之间的关系;
(4)熟练掌握比例圆组合符号的设计方法和原则;
(5)掌握数据的分级及图形要素显示方式;
(6)熟练运用间隔量表,设计一组分级的比例圆符号系列,运用比率量表,设计一组分级的组合符号;
(7)掌握比例圆点状符号在图中的定位处理;
(8)掌握图例的设计、图面配置。

2 仪器与资料

(1)资料:由老师给出陕西省关中某一年份中小学人口数据(表2-9-1关中地区各县市生产总值)和相应地理底图(图2-8-1关中地区行政区划图)。
(2)仪器:水彩笔、铅笔、直尺、圆规、计算器。

3 内容与步骤

用点状符号结合视觉变量的间距/比率量表显示,可以定量、直观表达各个区域之间数量的相对差异。而利用比例圆的结构图不仅可以直观表达不同统计区域人口等要素的数量差别,还可以表达人口结构信息。

(1) 比例圆符号的设计

比例圆是点状符号在数值对比上常采用的几何符号。这是因为在视觉感受上圆形最稳定,只有一个变量,而且在相同面积的各种形状中,圆形所占视觉空间最小。表示比例圆的数据尺度包括两种,绝对比率符号——符号的面积大小与它所代表事物的数量指标成正比关系;相对比率符号——符号的面积大小可大体表示事物数量的多少,但与所代表事物的数量并不成绝对比例关系。在经济类的统计数据中,常常不需要表示数据的绝对值,只需表示数据的相对集中程度,这就需要采用分级的方式相对表示各区划间的差别。

Meiboefer 发现了下面 10 个半径的比例圆,每个比例圆之间有很好的视觉比较而不拘泥于数据的绝对值。对于以行政区划为统计单元的数据,针对分级数据,可以选择连续几个半径的比例圆,数量对比效果明显而且相邻级别间又不显突兀。

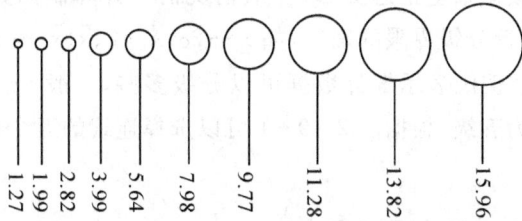

图 2-9-1 Meiboefer 设计的值域分级图

针对比例圆,还可以采用分割圆的方式表示数据的组合状况,如圆的大小代表总数量的差异级别,比例圆的各个部分分别代表研究对象的不同组成状况(图 2-9-2 分割圆统计图)。通过分割圆的表示,能更详细地表明统计数据的信息。

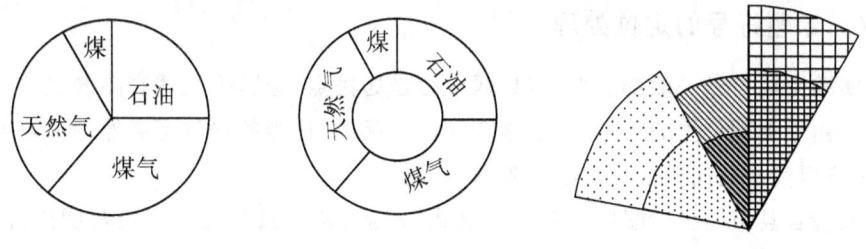

图 2-9-2 分割圆统计图

(2) 定量信息的选择

用比例圆表示的分区图表法可以表示统计数据中的多种信息,首先用比例圆的大小可以表示数据总量的大小,用比例圆的分割可以表示总量的不同组成部分所占比例,因此,选择恰当的数据类型进行表达至关重要。一般情况下,制作这种专题地图先选统计总数,再选该总数对应的各组成部分数据。如各行政单元人口总数及其组成部分数量(如性别组成、年龄组成、学历结构组成等),各行政单元农业总收入及其组成部分数量(如小麦、玉米、棉花等各种农产品收入组成)等。因此,针对人口、农业等涉及的总量与其组成部分数据便可采用该方法进行显示。这种数据不但要求有相匹配的总数,也需要包含相对应的各组成部分的数据或比例信息。

例如,本实验要制作关中不同县市生产总值及各产业所占比例,首先收集以各县市为统计单元的生产总值和第一产业、第二产业以及第三产业收入(表2-9-1关中地区各县市生产总值),这四种数据信息的结合才能表达关中各县市生产总值及各产业比例的差异。

(3) 定量数据的分析与处理

在本实验中,依据提供数据整理出各行政单元的总收入和第一、第二、第三三个不同部分的收入,并计算三个部分占总量的百分比,由此可知各部分占比例圆360°的百分比,据此计算占比例圆的角度,这就是分割圆分割的依据。

(4) 定量数据的分级及相应比例圆大小的表示

为了使得数据分级结果呈正态分布,一般情况需要计算制图数据的平均值和标准差,根据这两种数据进行分级界限的确定,如 $\bar{x}-2\delta$、$\bar{x}-\delta$、$\bar{x}$、$\bar{x}+\delta$、$\bar{x}+2\delta$ 等,$\bar{x}$ 为平均值 δ 为均方差。利用比例圆表示统计数据可以分级多些,一般5~7级,多的可以分到九级。本实验也可分为五级,根据图2-9-1可以选择连续的五个半径的比例圆作为其表示图形。

(5) 定量信息的符号变量选择

分区图表法主要是用符号的大小表达各区划间的差别,因此尺寸变量是首选变量,作为比例圆大小的表达。另外,分割圆还需要表达总数中不同部分的差异,这种分割比例要素可以选择颜色、密度变量来表示。

(6) 专题符号的定位处理

本实验专题符号一般都较大,若数据中心是居民点,会影响地理底图的显示。而且专题符号由于地理位置的接近,经常是叠置在一起的,适当的移位是必然的。有时位移过远,则应以箭头指向所代表的数据源的位置。

本实验各县市的统计图形代表整个县市,因此,符号只要放在相应范围内即可,适当的移位以避开重要地物不会影响地图的精度,也可以少部分符号穿越行政界线,相邻区域的符号也可以部分交叉。

(7) 图幅整饰

本次实验中各县市总产值及其各部分要素专题地图的图幅整饰主要包括图例设计

和图面配置。其中,图例设计包括产值总量的分级情况,用间隔量表表示;各产值的种类用色相变量区别表示。图面设计依关中行政区划图的特点进行配置。

4 实验应交成果

本实验要求每人提交1份实验报告。实验报告应包括的信息有:关中各县市生产总值分级,专题符号的视觉变量选择,以及利用陕西关中行政区划图(图2-8-1 关中地区行政区划图)、陕西省关中地区各县市生产总值和产值种类数量(表2-9-1 关中地区各县市生产总值)制作的陕西省关中地区生产总值分布特征。

表2-9-1 关中地区各县市生产总值及各产业分布(亿元)(数据来自陕西省统计年鉴)

县/市	生产总值	第一产业	第二产业	第三产业	县/市	生产总值	第一产业	第二产业	第三产业	县/市	生产总值	第一产业	第二产业	第三产业
西安市市辖区	3502.02	44.16	1447.03	2010.84	眉县	90.57	18.06	51.75	20.76	淳化县	50.25	21.39	16.85	12.01
临潼区	226.58	32.75	126.49	67.34	陇县	49.88	17.29	19.19	13.40	武功县	95.94	18.79	48.47	28.69
长安区	369.15	34.17	168.63	166.35	千阳县	31.01	9.94	15.03	6.03	兴平市	175.22	22.74	100.77	51.71
周至县	87.66	28.16	24.3	35.2	麟游县	50.59	6.69	39.66	4.25	渭南市市辖区	253.16	31.76	115.80	105.58
蓝田县	106.89	26.4	40.52	39.97	凤县	130.21	6.43	102.55	21.23	华县	105.50	8.74	78.43	18.33
高陵县	279.94	24.32	228.98	26.64	太白县	15.83	5.17	7.33	3.33	潼关县	34.66	3.24	19.11	12.31
户县	155.24	27.8	81.73	45.71	咸阳市市辖区	680.51	26.96	470.87	182.68	大荔县	96.96	28.78	25.67	42.51
铜川市市区	153.1	5.69	98.38	49.03	三原县	140.81	27.41	74.97	38.44	合阳县	66.98	16.07	21.02	29.89
耀州区	145.71	9.61	99.71	36.39	泾阳县	135.01	40.87	52.98	41.15	澄城县	82.89	18.87	39.38	24.64
宜君县	24.46	5.66	12.76	6.04	乾县	127.21	27.86	57.82	41.53	蒲城县	139.19	22.22	70.70	46.27
宝鸡市市辖区	702.98	6.50	513.93	182.55	礼泉县	127.86	46.49	46.41	34.96	白水县	53.09	20.27	14.86	17.96
陈仓区	162.91	23.72	89.93	49.26	永寿县	41.33	13.31	16.49	11.54	富平县	117.91	25.69	57.62	34.6
凤翔县	161.96	22.84	104.87	34.25	彬县	165.43	15.67	129.26	20.50	韩城市	287.20	13.24	219.00	54.96
岐山县	144.09	22.41	86.38	35.29	长武县	52.58	13.66	30.73	8.18	华阴市	73.73	5.25	38.60	29.88
扶风县	95.13	19.12	48.47	27.54	旬邑县	102.28	24.42	65.72	12.14	杨陵	85.51	6.44	46.91	32.16

实验 10 分散分布事象表示方法——分区图表法之周至县人口图的制作

分区图表法大多用来显示对象的数量分级指标,并可显示现象的内部结构和发展动态。但常常会遇到同一个研究区不同部分数据差异较大的情况,这种情况可以区别对待,如分别设计不同的符号系统区别表示,也可以设计成球状图形,以降低数据间的表现差异。本实验中周至县的人口分布就存在这种情况,北边各乡镇区域面积小、人口总数多,而南边各乡镇区域面积大却人口稀少,数据呈较为明显的极端分布。因此,设计合理的、恰当的符号级别表示以体现人口的区域差异尤为重要。

1 目的与要求

(1)掌握统计数据的分类和分级,对于不同的数据,根据其特点确定恰当的分类、分级方式。

(2)掌握地图符号的设计,如点状符号,点状符号又分为单一符号和扩展符号,根据地图底图的载重量确定符号的类型。

(3)了解结构图符号的制作和色调搭配。

(4)掌握依据统计数据的分类、分级情况确定地图符号的表示手段。

(5)掌握地图符号在地理底图上的配置,一般情况下,地图符号配置在区域单元中心位置,实在无法配置在中心位置的,可以通过连线的方式明确其归属关系。

(6)掌握依据点状符号辨别制图数据的规律,得到自然界中事物之间的相关性。

2 仪器与资料

(1)资料:由老师给出地图资料(图 2-7-2 周至县行政区划图)、数据资料(表 2-7-1 周至县各乡人口数)。

(2)仪器:水彩笔、铅笔、直尺、圆规、计算器。

3 内容与步骤

(1) 将表 2-7-1 的数据进行分类、分级

周至县人口数据可以分为两类,一为人口总数,可以表现为单纯表示人口总数的类别,也可以与各乡镇面积数据结合形成人口密度;二为人口结构数据,包括农业人口和

非农业人口,可表示为农业与非农业人口结构比例或农业与非农业人口总数。对数据的分类不同,专题要素的表示方法也会有很大差异。

针对周至县人口数特征,如果数据分级采用单一的方式,专题符号会表现为北部面积小而符号较大,南部面积大而符号很小;如果数据分为两部分,分别设置分级系统可能就会更好些,即北部设立一个分级系统南部设置另一个分级系统;也可以采用体积符号减少数据的差异,采用一个分级系统。点状符号分级一般分为5~7级,通过计算平均值和标准差设置分级间隔。

(2) 依据上面的分级进行结构图符号设计

地图上采用的统计图表有很多形式,常见的如线状统计图形——柱状或带状等,面积统计图形——正方形、正三角形、正多边形、圆等,立体统计图形——立方体、圆球、圆块等。这些统计图形也可以是结构图形,即按其内部的分类表示其组成。表示结构的统计图形还可以有很多其他图形,如多方向辐射图形(表示多种现象),星状统计图形(表示三种现象),平面与平面、平面与立方柱(表示两种现象及其关系)等(如图2-10-1)。

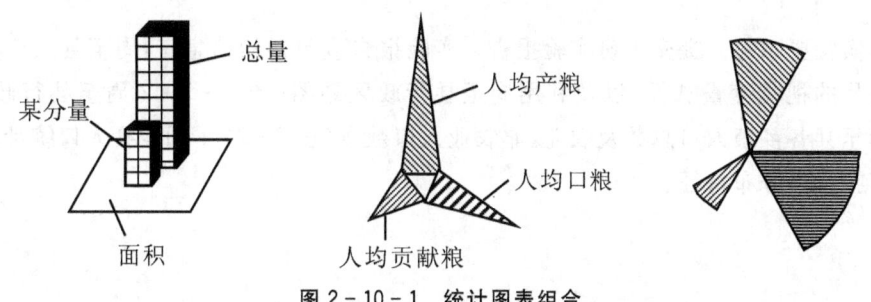

图 2-10-1 统计图表组合

统计图表设计中的一个重要问题是使读者能迅速判断数量关系,这可借助于附加的标尺来实现。在各类统计图表中,线状统计图表的长度与数量成正比,故最易判断,但这种图形的尺寸常常会超出区域界线。面积统计图形和体积统计图形占的面积较小,但图形大小的差别不显著。为了便于获得数量概念,有的统计图表用一组等值图形(圆、正方形、矩形、象形符号均可)表示,其中每一图形代表一定数量,易于阅读,这称为"维也纳法";有的统计图表采用几组不同数值的图形,通过累加获得数量值,称为"零钱"法;还有的统计图表采用立方体、尺度标注符号等(图2-10-2)。

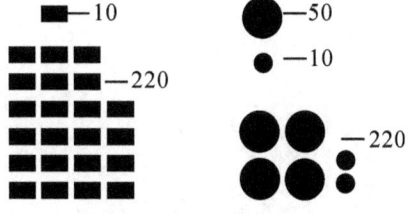

图 2-10-2 统计图表数量显示

(3) 通过多次实验进行不同要素表示方法的调整

对于周至县南北人口差异较大这一现象，必须对不同要素的表示方法进行对比显示，才能选择恰当的专题地图表示手段。

(4) 选择合适的底图（由老师提供，图2-7-2）并绘制专题符号

因为分区图表法的图形是按区划单位配置的，所以区划境界线是图形上最重要的要素之一，必须很清楚地描绘出来。其他要素（河流、道路、居民点、地貌等）则应尽量删繁就简。如有可能，可注记各区划单位的名称和统计数据。

(5) 进行地图整饰，包括图例的表示、图名的表示等

对于表示多种要素的专题地图，图例的设计与安置一定要有顺序，重要的、主要的要素先表示，其他要素也要按照重要程度分别表示；可以顺次表示，也可以分割开来分别表示。

4 实验应交成果

本实验要求每人提交1份实验报告。实验报告应包括的信息有：周至县人口分级，专题符号的视觉变量选择，以及利用周至县行政区划图（图2-7-2周至县行政区划图）、周至县各乡镇人口总数及农业、非农业人口数量（表2-7-1周至县人口统计）制作的周至县人口分布特征。

实验 11　运动事象表示方法——动线法

运动事象如自然现象中的洋流、风向,社会经济现象中的货物运输、居民迁移与行军路线等常用动线法表示其运动特征。动线法是指用各种形状、颜色、宽度的箭形符号,表示事象运动的方向、路线、数量、质量、结构以及发展动态的方法,也称走向线。走向线表示信息的移动负有的使命,其包括:(1)反映移动的起点和止点,起止点必须明显地标注在地图特定的地理位置上;(2)表示行进路线,精确表示运动路线和粗略显示运动路线;(3)流向,一般常在到达的地点前加绘箭头,或者在线路旁加绘小箭头,以表示其流向;(4)流量,对两个地点之间的输入量,对流量的表示要运用顺序的或间距/比率的量表,即首先将不同线路的流量分级,然后根据地图图幅的大小,确定输送线上最宽的尺寸;(5)流速,反映输送物品所需的期限;(6)性状指标,反映运动对象的特征,如洋流的寒流和暖流,气象中的高压气团和低压气团,保卫战中的主攻方和反击方;(7)相互联系,沟通两个地点的地图信息常需要建立相互联系。

动线法的缺陷:一方面只有将"带"绘成一定宽度,所表示的事象才能有明显反映。但是"带"绘得过宽,定位会很困难。另一方面将交通线概括为直线,而将货物往返路线的"带",分别置于交通线的两侧,并和交通沿线各主要居民地之间保持一定的间距。

动线法也可用来表示发展动态,其形式是:(1)按同样比率关系分别计算不同年份所表示的货流量"带"宽度,然后用不同颜色区分;(2)按同样的比率关系,同时编绘出不同时期的动线图,各图相互对比即可看出发展动态。

1　目的与要求

(1)掌握如何选择运用线状运动符号表达多个城市之间的经济信息交流。
(2)掌握采用顺序量表和比率量表进行分级表达货物流量。
(3)掌握流量分级与图幅尺寸及在图上的运输品种数量之间的联系和制约关系。
(4)能够设计一组若干个城市之间货流运输的走向线,以反映城市间的经济联系。

2　仪器与资料

(1)资料:由教师自行给出包括天津、沈阳、大连三城市在内的区域轮廓图;给出天津—沈阳—大连三城市之间的货流假设数据;货流大小的分级参照实例中的标准。各种货物的网纹变量符号由学生自行设计。
(2)仪器:透明纸、彩色笔、直尺。

3 内容与步骤

(1) 数据的分类与分级。根据给出太原—石家庄—郑州—洛阳四个城市间货物的月平均流量(表2-11-1),可以将数据进行分类和分级。从数据中可以看出,每两个城市之间的货流数据基本包括纺织产品、化工产品、食品、煤炭和钢铁五种信息,据此可将其分为五类地理信息;每类信息在城市间交流量又存在较大差异,但由于数据量少可以采用绝对比率来进行符号设计,不需要对数据进行分级显示。

表2-11-1 城市货物流通月报表(假设)　　　　　　　　(单位:10^4吨/月)

城市名称	流　　向			
石家庄	太原		郑州	
	纺织产品	1246	纺织产品	144
	化工产品	3173	化工产品	543
	食品	987	食品	871
			煤炭	4760
郑州	石家庄		洛阳	
	纺织产品	642	纺织产品	149
	化工产品	469	化工产品	880
	食品	1436	钢铁	745
	钢铁	745	食品	1253
洛阳	郑州		太原	
	纺织产品	2146	纺织产品	1235
	化工产品	87	化工产品	627
	食品	397	食品	1324
	钢铁	975	钢铁	717
太原	洛阳		石家庄	
	煤炭	3762	煤炭	2269
	食品	346	食品	302
	钢铁	1325	钢铁	3215
	化工产品	642	化工产品	1297

注:本表数据选自蔡孟裔等编著的《新编地图学实习教程》。

(2) 选择一张包含大连、沈阳和天津三个城市的地理底图,用透绘或复印的方法,制作一张区域略图。

(3) 为了区别事象的不同质量特征,符号常以不同颜色或形状加以区分。本实验采用设计各种货物的网纹变量符号:货物品种的网纹变量表示,即用不同的晕线或不同的颜色表示事象的结构。

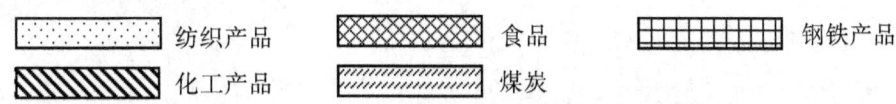

图 2-11-1　货物品种的网纹变量表示

（4）利用线条或带的宽度表示事象的数量：将各城市间的货物按照不同种类不同表示尺寸标绘在区域略图上。但是，可以根据不同货物的数量差距分别设置单位宽度代表的数量。

（5）填充网纹符号。

（6）利用针对道路的相互位置关系可以表示货流方向。在经济地图上，表示货流的条带一般绘于道路一侧，借助它们相互的位置，可判断出运动方向。如位于道路右侧表示输入，位于道路左侧表示输出。有时也可以用箭头标注流向。如图 2-11-2 所示。

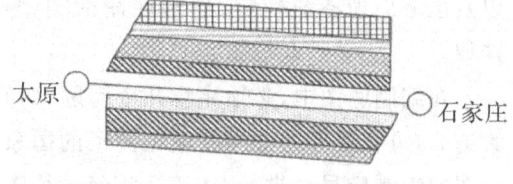

图 2-11-2　城市之间的经济联系

4　实验应交成果

本实验要求每人提交 1 份实验报告。实验报告应包括的信息有：专题符号的视觉变量选择，以及利用太原、石家庄、郑州、洛阳四个城市货流信息（表 2-11-1 城市货物流通月报表）、行政区划略图（图 2-11-3 太原、石家庄、郑州、洛阳四个城市位置略图）、货物的符号设计与流向制作的太原—石家庄—郑州—洛阳四个城市货流的经济联系图。

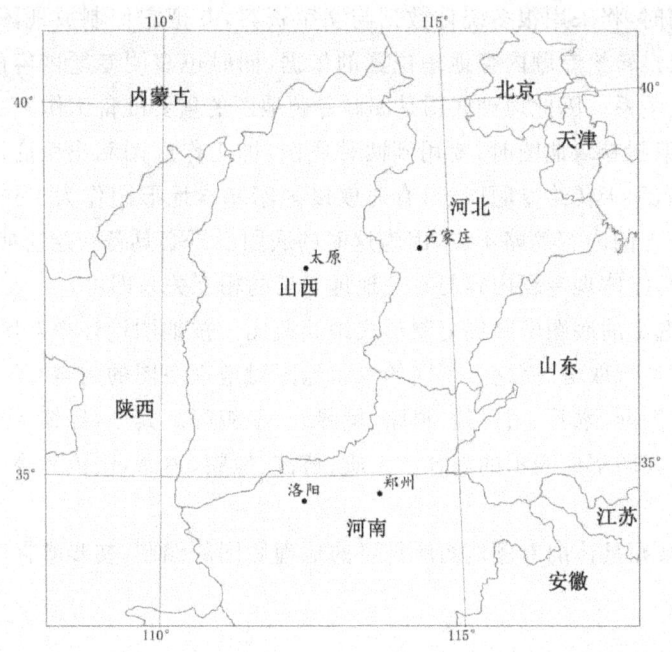

图 2-11-3　太原、石家庄、郑州、洛阳四个城市位置略图

实验 12　地理底图的编制

地理底图又称基础底图或地理基础底图,是用于编绘专题地图的基础底图。它是专题内容在地图上定向定位的地理骨架,也是转绘专题内容的控制系统,也有助于更深入地提取专题地图的信息。地理底图内容的选取由拟定专题地图的内容、用途、比例尺以及区域地理特征确定;地理底图的类型不同其表示方法也会影响地理底图内容的选取。

在编制底图中,必须注意几个问题:(1)专题内容较多或者编制专题地图的时间较紧迫时,可直接考虑选用相应比例尺的国家基本比例尺地形图作为基础底图;(2)工作底图的编制应尽早进行,初稿还需经过缜密的审校,并必须在正式编制专题地图之前将地理底图交付编图人员使用;(3)底图符号和注记的规格不宜繁杂,在保证足够的教学精度前提下,图形的综合程度宜适当加大。底图用的色彩宜浅淡些,色数要少,工作底图更以单色(如浅蓝、淡棕)为好。

1 目的与要求

(1)理解地理底图在编制专题地图中的作用和意义:地理底图是专题内容的载体。在编制专题地图时,将采用很多统计数据与文字资料,并把它们制成地图,落实到地理底图上。它不仅是转绘专题内容地理位置的依据,同时也表明专题内容的分布与地理环境要素的相互关系。因此地理底图是编制专题地图的重要准备工作。

(2)了解在编制专题地图时,要用到两种底图,即工作底图和出版底图。工作底图的内容比较详细,利于转绘专题内容,有时就以国家基本地形图作为工作底图;出版底图往往比工作底图的内容简略不少,因为这时的底图已不必具备转绘功能,只需对专题内容起定位作用,能体现专题内容与有关地理要素的相互关系即可。

(3)了解将选定的底图资料经复制形成编绘蓝图。按地图设计中对底图的要求,对编绘蓝图的内容进行取舍、简化。不同的专题地图对地理底图的内容有不同的要求,总的来看应包括制图网、水系、居民地、道路、境界线、地貌等。其中,经纬网、水系、居民地与境界线是所有底图都应表示的内容。土质、植被、地貌、道路,则依专题内容特点与编图要求而定。

(4)通过对某幅具体的专题地图所需要的地理底图的编制,初步掌握其基本方法和过程。

2　仪器与资料

（1）资料：由教师自行给出用作制作地理底图区域的地图及图像资料。
（2）仪器：透明纸、绘图纸、绘图工具。

3　内容与步骤

（1）选择比例尺大于成图比例尺的地形图或较详细的普通地理图。
（2）将选定的地图复制成蓝图，比例尺可以等于或略大于专题图的成图比例尺。
（3）在蓝图上一般可按控制网、水系、居民地、交通线、地貌、境界线、土质植被的顺序进行选取和编绘。
（4）清绘、贴字，绘制成正式底图，复制后提供给编绘专题地图时使用。

4　实验应交成果

本实验要求每人提交 1 份实验报告。实验报告应包括的信息有：地理底图各要素的视觉变量选择，依据某区域地形图编绘一幅完整的地理底图。

实验 13　根据地形图绘制断面图

地形剖面图指沿地表某一直线方向上的垂直剖面图,以显示剖面线上断面地势起伏状况。地形剖面图是在等高线地形图的基础上绘制的。

地形图上的等高线虽然可以表示地面的高低和坡度,但对缺乏读图经验的人来说,却不容易建立起地面起伏的立体感。因此,为更好地表示地面的高低起伏和倾斜缓急,利用等高线地形图绘制地形剖面图。它在平整土地、修筑渠道、建筑铁路、公路和其他工程时,可作为计算土石方量的依据。地形剖面图有水平比例尺和垂直比例尺。

1　目的与要求

通过国家基本比例尺地形图,掌握以下几个方面的知识:
(1)掌握等高线类型的识别;
(2)掌握任何一点高程的计算;
(3)掌握断面图纵向、横向比例尺的设计与选择;
(4)掌握主要地形点的连接方式;
(5)掌握特殊地形如河谷、等高线频繁穿越断面线等的绘制方法;
(6)掌握利用地形图进行断面图的设计与制作。

2　仪器与资料

(1)资料:由教师自行给出用作制作断面图的地形图。
(2)仪器:透明纸、两脚规(或圆规)、直尺、坐标绘图纸等。

3　内容与步骤

具体步骤如下(见图 2-13-1):
(1)选择需要了解地形变化趋势区域,并选择两个明显地物点,这两个点连起来必须覆盖需要了解的区域,这就是需要制作的断面线;
(2)将这两个点设为 A、B,并计算出它们的高程;
(3)将 A、B 两个点连起来并标出其与所有计曲线之间的交点,将这些交点设为 a,b,$c\cdots a_1$,b_1,$c_1\cdots a_n$,b_n,$c_n\cdots$ 等,遇到特殊地形需要多加与首曲线之间的交点,如果这条线同时穿越某一条等高线数次,均需要标出来;
(4)设计水平比例尺和垂直比例尺,水平比例尺一般与地图主比例尺一致,垂直比

例尺依情况决定,地形平坦可以设计为水平比例尺的 20 倍;

(5)设计地图的横轴和纵轴,横轴比例尺是水平比例尺,纵轴比例尺是垂直比例尺;

(6)在横轴上标出断面线与各点的交点,分别命名为 A',a',b',c'…a_1',b_1',c_1'…a_n',b_n',c_n'…,B' 等,并标出其垂直线;

(7)计算出各交点的高程,并在各垂直线上找出其确切位置,最后将这些点用平滑的曲线连接起来;

(8)将 A、B 两点的坐标或方位表示在断面图上,并进行断面图比例尺的表示和整饰。

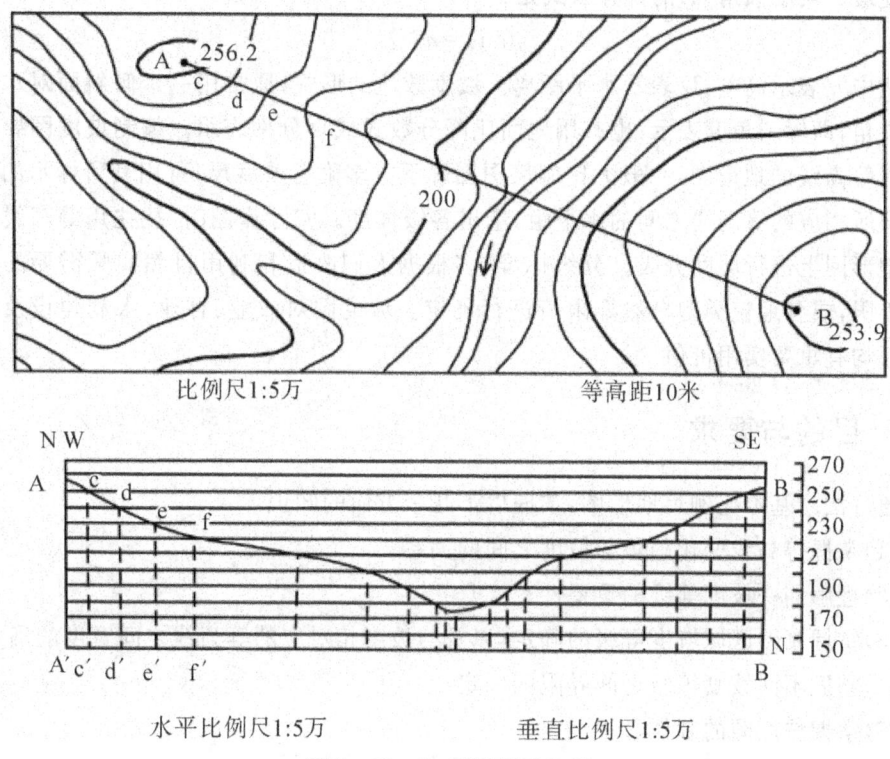

图 2-13-1　断面图的绘制

4 | 实验应交成果

本实验要求每人提交 1 份实验报告。实验报告应包括的信息有:依据地形图制作一幅断面图。

实验 14　根据地形图绘制坡度图

坡度图是表示地面倾斜率的地图。主要用晕线或颜色在图上直接表示出坡度的大小或陡缓。坡度倾角(α)的计算公式是：

$$\tan\alpha = h/D$$

式中 h 表示高差，D 表示水平距离。坡度数值的形式，通常用一个倾斜面对水平面间的夹角，即倾斜角度表示；也有用地面比降分数式或百分率表示。编制坡度图要借助于带有等高线的地形图，一般大比例尺图图廓下方多附有坡度尺，可用其所标示的各级坡度值所相应的等高线之间的水平距，量出各级坡度。实际作图时，往往用等高线密度尺在地形图上进行坡度分级。分级标准，多根据人们改造和利用自然实际需要的坡度临界极限，或各地貌类型自然界限值进行确定。坡度图对农业、林业、水利建设及军事等方面均有重要实用价值。

1　目的与要求

通过国家基本比例尺地形图，掌握以下几个方面的知识：
(1)掌握等高线变化趋势与坡度之间的关系；
(2)理解同一坡度等级的重要性；
(3)掌握制图区域坡度等级的确定，以及与坡度相对应的等高线之间宽度的确定；
(4)掌握不同坡度等级之间界限的确定；
(5)掌握坡度图的制作过程。

2　仪器与资料

(1)资料：由教师自行给出用作制作坡度图的地形图。
(2)仪器：两脚规(或圆规)、直尺、透明纸、水彩笔等。

3　内容与步骤

根据等高线绘制坡度图的步骤与方法如下：
(1)根据坡度图的用途和要求，确定坡度等级；
(2)依据等高距和坡度等级确定坡度等级相对应的水平距离间隔；
(3)按照越陡越深的原则，进行坡度等级符号变量的设定，如按照灰度进行不同坡度等级符号色彩设计，或按照密度、网纹进行坡度等级的设计；

(4) 利用坡度尺和两脚规,在地形图上量比等高线间距,依据各坡度等级相对应的水平距离间隔,确定不同坡度等级界限的点位;

(5) 利用渐变的方式连接各等值点,得等值线;

(6) 针对图例的设计进行不同分级图斑符号的填充;

(7) 地图整饰,主要包括图例的表示,图面内容的配置。

4 实验应交成果

本实验要求每人提交1份实验报告。实验报告应包括的信息有:坡度等级划分,依据地形图制作一幅坡度图(如例图2-14-1)。

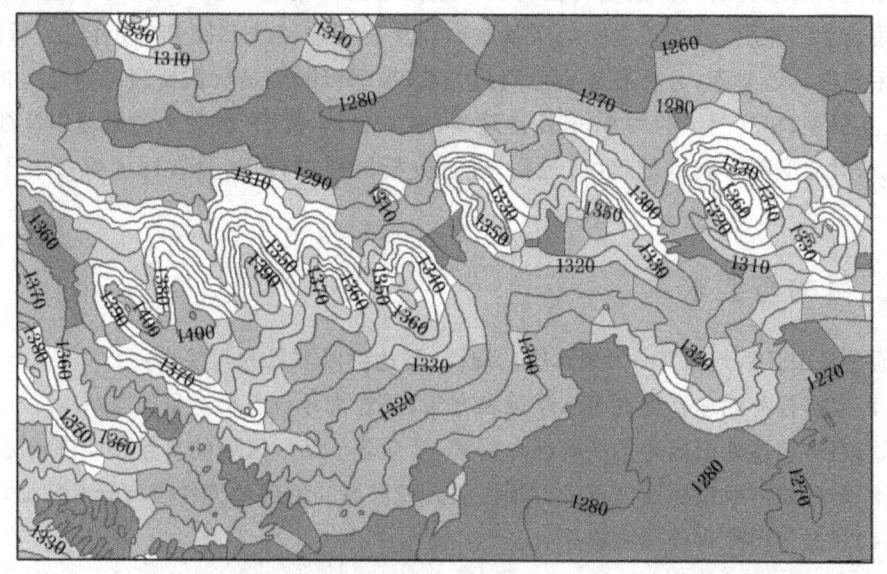

图2-14-1 坡度图

实验 15　地形图阅读

地形图的阅读依据读图的目的和要求不同,读图方法也就不同。一般分为四种方法:一般直读法即根据地形图上的地图符号,通过直接观察,了解地区情况;量算解析法即从图上了解事物的具体数量特征,例如,读图地区的精确位置、面积大小、某点高程、某河段长度和宽度,以及某居民地至某制高点最近行进路线和距离等;对比分析法,通过联系周围其他要素,分析各地物之间的关系;推理判断法是依据地理事物之间相互联系、相互依存、相互制约的关系,利用地理学、地质学、地貌学、水文学的原理以及社会实践知识,对地形图所表示的地物、地貌,经过分析推理,判断某些在图上直接看不出的情况。

1　目的与要求

通过低山丘陵地区 1∶5 万地形图的阅读,要达到以下目的与要求:
(1) 了解各种地理事物的表示手段和方法,建立符号与表示对象的联系;
(2) 通过阅读地图内容的所有图形要素,学会分析某一区域的自然和经济状况;
(3) 掌握如何通过地图阅读来详细说明研究区域的地理环境性质与分布特征;
(4) 掌握读图报告的撰写程序。

2　仪器与资料

(1) 资料:选择本地区或典型地区的 1∶5 万地形图数幅,与地形图成图年代相应的图式,还应准备好读图区域的地理背景材料。
(2) 工具:直尺,两脚规,透明纸,铅笔。

3　内容与步骤

(1) 阅读辅助要素

① 图名、图号——了解地图所表示的区域、位置、范围和主题。
② 图例——了解各种符号的图形、尺寸、颜色及不同规格注记所代表的具体内容。图例是识别地图符号的工具。
③ 坡度尺——便于量测坡度而制作。借助它可进行地貌分析阅读,一般配置在南图廓外。
④ 制图文字说明——可了解制图单位、成图时间、资料使用情况、采用的坐标系和

高程系、基本等高距等。

（2）阅读数学要素

① 地图投影——了解该地图投影的特点，帮助建立正确的位置和形状概念。识别经纬线网、方里网和控制点。

② 比例尺——了解比例尺在该图上的表示形式。比例尺决定着地图的精度和内容的详细程度。

③ 三北方向偏角图——了解三北方向偏角图的表示，根据三北方向线和偏角值定出地图方向，进行子午线收敛角、磁偏角、坐标纵线偏角的换算。

（3）阅读图形要素

① 水系——了解该区域内河流、湖泊、海洋、水库、沟渠、井泉等的分布。阅读水陆界线，搞清河流性质、河段情况等。

② 地貌——了解该区域的地形起伏情况，可根据等高线疏密、高程注记、等高线形态特征判明地形起伏和地貌类型。具体读出山头、山脊、山谷、山坡、凹地、鞍部等基本地形。

③ 土质、植被——土质主要了解地表覆盖层的性质，植被主要了解地表植被的类型及其分布。

④ 居民点——主要阅读居民地类型、形状、人口数量、行政等级、分布密度、分布特点等。

⑤ 交通网——了解交通线种类、等级，路面性质、宽度，主要站点，水上交通网，港口和航线情况等。

⑥ 境界线——了解该图区域内的政治、行政区划情况，主要境界线的种类和位置。

⑦ 独立地物——主要有文物古迹、判断方位的重要标志，具有特殊意义的工、农业地物等。

按照上面顺序，边阅读边记录。

4 实验应交成果

本实验要求每人提交 1 份实验报告。实验报告应包括的信息有：依据典型地区 1∶5 万地形图撰写一份读图报告。

实验 16　地形图的野外阅读

地形图的野外阅读是地图补测调绘、土地利用现状图制作的基础。

1 目的与要求

（1）利用 1∶10 000 地形图进行野外读图练习，练习地形图野外定向、确立站立点位置、观察周围地形地物进行对照读图，掌握地形图野外读图方法；

（2）掌握地物的分类及其表示方法；

（3）练习用简易测量方法将调查对象填绘到地形图上，基本掌握利用地形图进行野外填图的方法和步骤。

2 仪器与资料

（1）资料：杨凌 1∶10 000 地形图。
（2）工具：袖珍罗盘仪、步数计、橡皮、测针、绘图工具等。

3 内容与步骤

（1）在地形图上找到实验区域、行进路线及出发点位置。

（2）进入实验区域后，选择读图、填图的观察点。观察点应选在通视条件好，便于观察的制高点。

（3）在观察点上进行地形图定向。所谓地形图定向，是借助罗盘仪或观察范围内的地形地物，使地形图的方位和地面景物的方位完全一致。

（4）地形图定向完毕后，应根据观察点周围的地形地物来判定自己的站立点在地形图上的位置。如果观察点周围找不到明显的地形地物特征点，而在远方可以找到两个以上实地与图上对应的特征点时，则应采取后方交会法在图上确定自己的站点位置。

（5）当在图上找到持图者的站立点之后，即可以结合实地景物对照读图。在山区和丘陵区，首先应根据地形图上的等高线形态与实地对照，识别山顶、山脊、鞍部、谷地等。在观察清楚大的地貌形态之后，即可进一步观察其细部及水平方向的距离、高差、坡度、相关位置、组合关系等。在平原地区应先对照河流、道路、居民点、独立地物，观察其总体格局，然后再逐片详细对照，进一步了解细部特征。

（6）地图补测、调绘。将观察到的而在地形图上没有标绘的地物，应用简易测量方法，测定这些地物特征点的方向、距离，然后依地形图比例尺标绘在地形图上。如果是线状地物,则可按标绘在图上的特征点将其线状地物描绘出来;如果是面状地物,则根据标绘在地形图上的特征点,并对照实地将其轮廓或界线勾绘出来。

4 实验应交成果

本实验要求每人提交 1 份实验报告。实验报告应包括的信息有:依据典型地区 1∶1 万杨陵地形图提交一份杨凌野外地形图补测调绘图(行进路线由老师给定)。

实验 17　地形图分幅编号

地形图是按照经纬线分幅,分幅编号系统是以 1∶100 万地形图为基础。目前,该分幅编号系统经历了两个编号体系的变化,旧的分幅编号体系和新的分幅编号体系。1991 年制定了《国家基本比例尺地形图分幅和编号》的国家标准,规定自 1991 年起新测和更新的地形图,照此标准进行分幅和编号,这是新的分幅编号体系,之前的编号则为旧的分幅编号体系。

1 目的与要求

(1) 通过具体图幅编号的计算,掌握基本比例尺地形图的分幅和编号的方法;
(2) 掌握利用经纬度计算其不同比例尺的分幅编号;
(3) 掌握针对一个区域经纬度范围计算其不同比例尺分幅编号。

2 内容与步骤

(1) 用旧的编号体系、图解法计算某地分幅编号

① 根据某地的地理坐标,求其所在的 1∶100 万比例尺地形图的图号,以"行—列"形式表达。其行数和列数按下列公式计算,并分别以大写拉丁字母 A,B,C,D,E…V 和阿拉伯数字 1,2,3…60 表示,并注出该图幅四角点的经纬度(见图 2-17-1)。

$$行数 = \frac{\varphi N}{4°}(有余数,则加 1)$$

$$列数 = 30 + \frac{\lambda E}{6°}(有余数,则加 1)$$

② 以经差 $\Delta\lambda = 30'$,纬差 $\Delta\varphi = 20'$,将 1∶100 万图幅分成纵向 12 列,横向 12 行,计 144 幅 1∶10 万的图幅,再以该地经纬度确定 1∶10 万图幅的序号。

在 1∶100 万图幅内,1∶10 万图幅序号是按自左向右、由上而下顺序计数,以阿拉伯数字 1…144 表示。

③ 以经差 $\Delta\lambda = 15'$,纬差 $\Delta\varphi = 10'$,将该地所在的 1∶10 万图幅分成纵向 2 列,横向 2 行,共 4 幅 1∶5 万图幅,再以该地的经纬度确定 1∶5 万图幅序号。

在 1∶10 万图幅内,1∶5 万图幅序号是按自左向右、由上而下顺序计数,以大写英文字母 A,B,C,D 表示。

④ 以经差 $\Delta\lambda = 3'45''$,纬差 $\Delta\varphi = 2'30''$ 将该地所在的 1∶10 万图幅划分成纵向 8 列,横向 8 行,计 64 幅 1∶1 万的图幅,再以该地的经纬度确定 1∶1 万图幅序号。

在 1∶10 万图幅内，1∶1 万图幅序号是按自左向右、由上而下顺序计数，以加括号的阿拉伯数字(1)…(64)表示。

(2) 用新的编号体系、图解法计算某地分幅编号

① 根据某地的地理坐标计算其 1∶100 万分幅编号

国际 1∶100 万地图的标准分幅是经差 6°、纬差 4°，由于随纬度增高地图面积迅速缩小，所以规定在纬度 60°到 76°之间双幅合并，即每幅图包括经差 12°、纬差 4°；在纬度 76°到 88°之间有四幅合并，即每幅图包括经差 24°、纬差 4°；纬度 88°以上单独为一幅。

具体做法是：从赤道起，纬度每 4°为一横行，至南北纬 88°，各为 22 横行，依次用罗马字母 A，B，C，…，V 表示，列号前分别冠以 N 和 S，区别北半球和南半球；从 180°经线算起，自西向东 6°为一纵列，将全球分为 60 纵列，依次用 1，2，3，…，60 来表示。"横行—纵列"相组合，即为该图的编号。例如北京所在的 1∶100 万地图的编号为 NJ－50。高纬度的双幅、四幅合并时，图号亦合并写出。

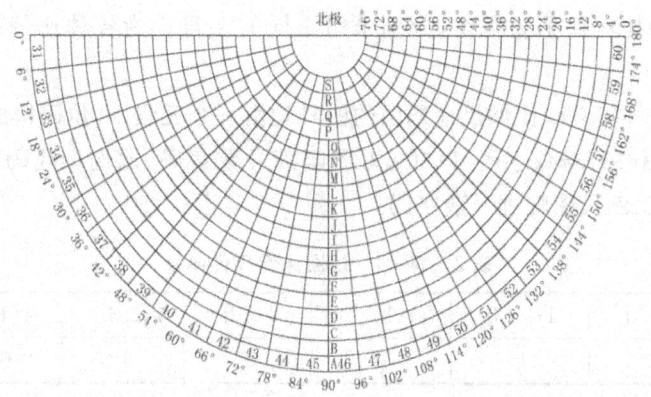

图 2-17-1　北半球东部 1∶100 万地形图的分幅与编号

1∶100 万地形图的图号是由该图所在行号与列号(数字码)组合而成。其计算方法同旧编号体系一样。采用公式为：

$$行数 = \frac{\varphi N}{4°}(有余数，则加1)$$

$$列数 = 30 + \frac{\lambda E}{6°}(有余数，则加1)$$

② 在 1∶100 万地图分幅编号的基础上进行其他比例尺编号

a. 每幅 1∶100 万地形图划分为 2 行 2 列，共 4 幅 1∶50 万地形图，每幅 1∶50 万地形图的分幅为纬差 2°、经差 3°。

b. 每幅 1∶100 万地形图划分为 4 行 4 列，共 16 幅 1∶25 万地形图，每幅 1∶25 万地形图的分幅为纬差 1°、经差 1°30′。

c. 每幅 1∶100 万地形图划分为 12 行 12 列，共 144 幅 1∶10 万地形图，每幅 1∶10 万地形图的分幅为纬差 20′、经差 30′。

d. 每幅 1∶100 万地形图划分为 24 行 24 列，共 576 幅 1∶5 万地形图，每幅 1∶5 万地形图的分幅为纬差 10′、经差 15′。

　　e. 每幅 1:100 万地形图划分为 48 行 48 列,共 2 304 幅 1:2.5 万地形图,每幅1:2.5 万地形图的分幅为纬差 5′、经差 7′30″。

　　f. 每幅 1:100 万地形图划分为 96 行 96 列,共 9216 幅 1:1 万地形图,每幅 1:1万地形图的分幅为经差纬差 2′30″、3′45″。

　　g. 每幅 1:100 万地形图划分为 192 行 192 列,共 36 864 幅 1:5 000 地形图,每幅 1:5 000地形图的分幅为经差纬差 1′15″、1′52.5″。

　　③ 1:500 000~1:5 000 地形图的编号

　　1:500 000~1:5 000 地形图的编号的经差和纬差度数见②所述,其编号均以 1:100 万地形图编号为基础,采用行列编号方法。即将 1:100 万地形图按所含各比例尺地形图的经差和纬差划分成若干行和列,横行从上到下、纵列从左到右按顺序分别用阿拉伯数字(数字码)编号。表示图幅编号的行、列代码均采用三位数字表示(不足三位时前面补 0),取行号在前、列号在后的排列形式标记,加在 1:100 万图幅的图号之后。

　　为了使各种比例尺不易混淆,分别采用不同的字符作为各种比例尺的代码(如表 2-17-1)。

　　1:500 000~1:5 000 比例尺地形图的图号均由五个元素 10 位码构成。由左向右顺序为:1:100 万图幅行号数字码、1:100 万图幅列号数字码、比例尺代码、该比例尺图幅行号数字码、该比例尺图幅列号数字码。

表 2-17-1　地图比例尺代码表

比例尺	1:50 万	1:25 万	1:10 万	1:5万	1:2.5 万	1:1万	1:5000
代码	B	C	D	E	F	G	H

3　实验应交成果

　　本实验要求每人提交 1 份实验报告。实验报告应计算杨凌经纬度范围的 1:100 万、1:50 万、1:25 万、1:10 万、1:5万、1:2.5 万、1:1万、1:5 000 比例尺的分幅编号。

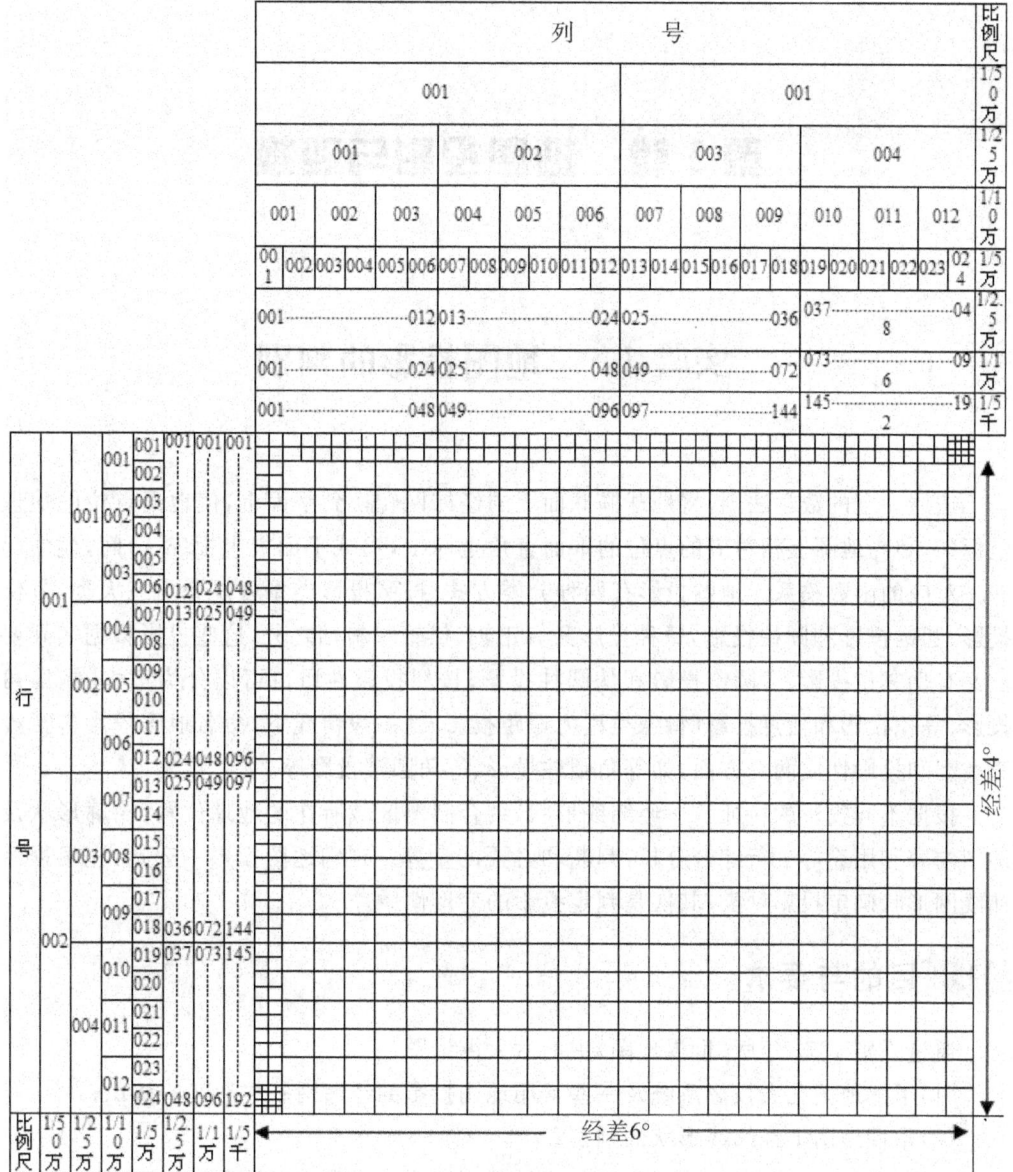

图 2-17-2　1:1 000 000～1:5 000 地形图的行、列编号

第 3 篇　地图投影与变换

实验 1　地图投影的判别

按照一定的数学法则,将地球椭球面上的经纬网转换到平面上,使地面点位的地理坐标(φ,λ)与地图上相对应的点位的平面直角坐标(x,y)或平面极坐标(δ,ρ)间,建立起一一对应的函数关系。地图投影有两种分类方式,按照投影类型可以分为三大类,方位投影、圆锥投影和圆柱投影,每种投影又有正轴、横轴和斜轴之分,这些投影根据实际要求又有伪方位投影、多圆锥投影和伪圆柱投影;按照投影性质也可以分为三大类,等角投影、等积投影和任意投影(特殊类型为等距投影)。一般情况下,命名地图投影包括投影类型和投影性质两个方面,如等角圆柱投影、等角圆锥投影等。

根据不同投影的特征——经纬线形状,结合制图区域所在的地理位置、轮廓形状及地图内容和用途等进行综合分析、判断和必要的量算。判别地图投影一般是:先根据经纬线网形状确定投影种类;其次是判定投影的变形性质。

1　目的与要求

通过识别 1972 年版《世界地图》中的六大洲地图:
(1)了解地图几大投影系统及一些常用地图投影的经纬网基本形状的认识;
(2)掌握地图上经纬线形状的判别;
(3)掌握根据地图上纬线间距变化规律判别地图投影的变形性质;
(4)掌握圆锥、圆柱投影标准纬线的确定;
(5)掌握方位投影投影中心的确定。

2　仪器与资料

(1)资料:六大洲地图资料。
(2)工具:直尺、两脚规、透明纸、铅笔等。

3　内容与步骤

(1)通过制图区域的位置、大小和形状,分析判断地图投影的大致类型。一般情况下,赤道附近采用方位投影,中纬地区多采用圆锥投影,而赤道附近多采用圆柱投影。

(2)判断经纬线的形状。一般可根据各类地图投影经纬网的形状特征去判别投影类型。首先判断是直线还是曲线,其次判断曲线是否圆弧,最后判断是同心圆弧还是同轴圆弧。

(3)利用不同投影类型中经纬线的图形特征,观察地图经纬线形状特征,判别地图大致投影类型。判断标准参考教材该部分内容。

(4)量测中央经线上的纬线间隔变化规律,确定投影中心或标准纬线。如果间距变化为以某一点为对称向两边逐渐变化,该点即为投影中心或标准纬线穿过点。

(5)根据中央经线上的纬线间隔变化规律,确定投影的变形性质。

投影的变形性质可通过测量经纬线间距的变化来判别:正轴时,只需量测经线上纬距从投影中心向外缘的变化作判别;横轴时,只能在中央经线与赤道上量测其经、纬距从投影中心向外缘的变化作判别;斜轴时,只能在中央经线上量测其纬距从投影中心向外缘的变化作判别。如果这些距离相等,一般是等距投影;逐渐放大,一般是等角投影;逐渐缩小,一般是等积投影;若迅速放大或缩小,则可能是任意投影。

4 实验应交成果

本实验要求每人提交 1 份实验报告。实验报告应包括的信息有:各大洲地图经纬线的特征,中央经线的确定,中央经线上纬距的变化,投影中心的确定,以及利用依据一定的纬线间隔变化规律确定的地图投影类型和变形性质。

实验 2　在图上量算长度比和面积比

地图投影性质的判别通过投影前后的微分线段的长度比和微分区域的面积比进行分析。如果单位经纬差形成的面积相等则为等积投影,如果不等则为等角或任意投影;如果单位纬差的子午线弧长逐渐增大,则为等角投影,反之则为等积投影,忽大忽小变化则为任意投影。

1　目的与要求

(1)掌握长度比和面积比的计算;
(2)了解投影后各种变形的大小和分布;
(3)掌握根据各种变形的大小和分布判断地图投影的性质。

2　仪器与资料

(1)计算数据
① 图幅名:长沙市
② 比例尺:1∶50 万
③ 经纬度间隔:$\Delta\varphi=2°$;$\Delta\lambda=3°$。
④ 略图

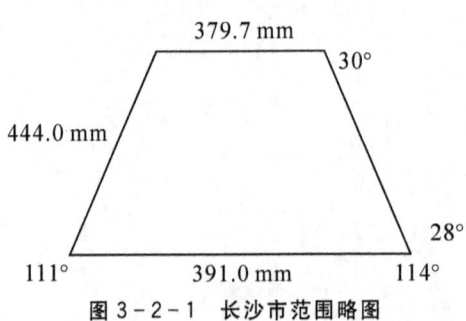

图 3-2-1　长沙市范围略图

(2)仪器:计算器、直尺、铅笔、小刀、橡皮。

3　内容与步骤

(1)在地图上直接量算的长度比是沿经纬线和长度比 m 和 n,理论上是微分弧长的投影长度 ds' 和实长 ds 之比;实际上可量取图廓四角点沿经纬线上的长度和该线段的实地长度(查表可得)之比求得,并填入计算表格 3-2-1。

(2)在地图上量算面积比是用量测工具量取在地图上选定的几块经纬网的面积与实际面积(查附录 3 可得)之比,并填入计算表格 3-2-1。

(3)变形分析:根据所算得的 m、n 和 p,初步判断此图层属于何种性质的投影,并说明理由。对应实际长度可查找附录 1 和附录 2。

4 实验应交成果

本实验要求每人提交 1 份实验报告。实验报告应包括的信息有:某一投影的变形值的大小和变形性质分析。

表 3-2-1 计算表格

	子午线弧长(km)	纬线弧长(km)		图幅范围	φ:28°～30° $\Delta\lambda=3°$ (km)²
	φ:28°－30°	$\varphi=28°,\Delta\lambda=3°$	$\varphi=30°,\Delta\lambda=3°$		
ds'				dF'	
ds				dF	
$u=ds'/ds$				$p=dF'/dF$	
$\nu_u=u-1$				$\nu_p=p-1$	

实验 3　横轴等角方位投影的计算

假想用一平面切(割)地球,然后按一定的数学方法将地球面投影在平面上,所获得的经纬线网形式即方位投影;当平面与地球球体相切于赤道某一点便为横轴方位投影;如果添加投影前后角度也不发生变形条件就形成了横轴等角方位投影,该投影常用于赤道附近、要求角度或形状不发生变形的地图。

1　目的与要求

(1)掌握横轴方位投影的经纬线网的形状。
(2)掌握如何依据给定资料计算某一经纬度的直角坐标。
(3)掌握如何计算方位投影变形值。
(4)掌握如何根据计算的直角坐标绘制投影后的经纬网。
(5)掌握根据计算的长度比、面积比绘出变形曲线,以及用变形椭圆表示某一变形规律。

2　仪器与资料

(1)计算数据
① 制图区域:$\varphi:0°\sim25°$
　　　　　　$\lambda:80°\sim140°$
② 投影中心:$\varphi_0=0°$;$\lambda_0=110°$
③ 经纬度间隔:$\Delta\varphi=\Delta\lambda=5°$
(2)仪器:直角坐标纸、计算器、直尺、铅笔、小刀、橡皮。

3　内容与步骤

(1)计算公式如下

$$\rho=2R\tan\frac{z}{2}, \delta=a$$

$$x=\rho\cos\delta, y=\rho\sin\delta$$

$$\mu_1=\mu_2=\mu=\sec^2\frac{z}{2}, p=\mu_1\cdot\mu_2=\sec^4\frac{z}{2}$$

比例尺:$\frac{1}{M_0}=1:10\ 000\ 000$

球体半径：$R=6\ 371\ 118$ m

$$\frac{2R}{M_0}\times 100=127.4224 \text{ cm}$$

$$\cos z=\sin\varphi\sin\varphi_0+\cos\varphi\cos\varphi_0\cos(\lambda-\lambda_0)$$

$$\cot a=\tan\varphi\cos\varphi_0\cos(\lambda-\lambda_0)-\sin\varphi_0\cot(\lambda-\lambda_0)$$

(2) 计算精度

z、a 为球面极坐标，以秒为单位；ρ、x、y 为极半径和直角坐标，以 cm 为单位，算至小数后三位；μ、p 为变形值，小数点后四位；所有函数值均算至小数点后七位。

(3) 根据(1)中的公式计算 x、y 和 μ、p。计算表格可采用简易表 3-3-1 和 3-3-2 记录格式。

(4) 将经纬网略图和长度比、面积比的变化曲线绘于纸上（并在经纬网交点绘上变形椭圆）。

4 实验应交成果

本实验要求每人提交 1 份实验报告。实验报告应包括的信息有，用坐标网格图纸绘制的横轴等角方位投影的经纬网略图以及长度比和面积比的变化曲线（并在经纬网交点绘上变形椭圆）。

表 3-3-1 直角坐标计算表

φ	λ	110°	105°	100°	95°	90°	85°	80°
			115°	120°	125°	130°	135°	140°
	$\Delta\lambda$	0°	5°	10°	15°	20°	25°	30°
0°	$\cos z$							
	$\sin z$							
	$\tan\frac{z}{2}=\frac{\sin z}{1+\cos z}$							
	$\delta(\Delta\lambda)$							
	$\cos\delta$							
	$\sin\delta$							
	x							
	y							
5°	$\cos z$							
	$\sin z$							
	$\tan\frac{z}{2}=\frac{\sin z}{1+\cos z}$							
	$\delta(\Delta\lambda)$							

续表

φ	λ		110°	105°	100°	95°	90°	85°	80°
				115°	120°	125°	130°	135°	140°
	$\Delta\lambda$		0°	5°	10°	15°	20°	25°	30°
5°	$\cos\delta$								
	$\sin\delta$								
	x								
	y								
10°	$\cos z$								
	$\sin z$								
	$\tan\dfrac{z}{2}=\dfrac{\sin z}{1+\cos z}$								
	$\delta(\Delta\lambda)$								
	$\cos\delta$								
	$\sin\delta$								
	x								
	y								
15°	$\cos z$								
	$\sin z$								
	$\tan\dfrac{z}{2}=\dfrac{\sin z}{1+\cos z}$								
	$\delta(\Delta\lambda)$								
	$\cos\delta$								
	$\sin\delta$								
	x								
	y								
20°	$\cos z$								
	$\sin z$								
	$\tan\dfrac{z}{2}=\dfrac{\sin z}{1+\cos z}$								
	$\delta(\Delta\lambda)$								
	$\cos\delta$								
	$\sin\delta$								
	x								
	y								

续表

φ	λ	110°	105°	100°	95°	90°	85°	80°
			115°	120°	125°	130°	135°	140°
	$\Delta\lambda$	0°	5°	10°	15°	20°	25°	30°
25°	$\cos z$							
	$\sin z$							
	$\tan\dfrac{z}{2}=\dfrac{\sin z}{1+\cos z}$							
	$\delta(\Delta\lambda)$							
	$\cos\delta$							
	$\sin\delta$							
	x							
	y							

表 3-3-2 变形值计算表

φ	λ	110°	105°	100°	95°	90°	85°	80°
			115°	120°	125°	130°	135°	140°
	$\Delta\lambda$	0°	5°	10°	15°	20°	25°	30°
0°	$\sec\dfrac{z}{2}$							
	μ							
	p							
5°	$\sec\dfrac{z}{2}$							
	μ							
	p							
10°	$\sec\dfrac{z}{2}$							
	μ							
	p							
15°	$\sec\dfrac{z}{2}$							
	μ							
	p							
20°	$\sec\dfrac{z}{2}$							
	μ							
	p							
25°	$\sec\dfrac{z}{2}$							
	μ							
	p							

实验 4　正轴等角割圆柱投影

以圆柱面作为投影面，按某种投影条件，将地球椭球面上的经纬线投影于圆柱面上，并沿圆柱的母线切开成平面的一种投影即为圆柱投影，当圆柱轴与地球椭球体的轴一致时便为正轴圆柱投影，如果添加投影前后角度也不发生变形条件就形成了正轴等角圆柱投影，再加上当该投影中圆柱与地球椭球体相割于某两条纬线即形成了正轴等角割圆柱投影。该投影常用于研究区在赤道附近、南北跨度较大、要求角度或形状不发生变形的地图。

1　目的与要求

(1) 掌握正轴等角割圆柱投影的经纬线网的形状。
(2) 掌握如何依据给定资料计算某一经纬度的直角坐标。
(3) 掌握如何计算正轴等角割圆柱投影变形值。
(4) 掌握如何根据计算的直角坐标绘制投影后的经纬网。
(5) 掌握根据计算的长度比、面积比绘出变形曲线，以及用变形椭圆表示某一变形规律。

2　仪器与资料

(1) 计算数据
① 制图区域：$\varphi:0°\sim40°,\lambda:110°\sim130°$
② 标准纬线：$\varphi_k=\pm30°$
③ 经纬网间隔：$\Delta\varphi=\Delta\lambda=5°$
④ 投影比例尺：$1:M_0=1:10\,000\,000$
(2) 仪器：直角坐标纸、计算器、直尺、铅笔、小刀、橡皮。

3　内容与步骤

(1) 计算公式

$$x=\frac{100}{M_0}\cdot\frac{\alpha}{Mod}\lg U,\quad y=\frac{100}{M_0}\cdot\frac{\alpha\Delta\lambda°}{\rho°}$$

式中：$\alpha=r_k=5\,528\,349$ m；

$\dfrac{100}{M_0}\cdot\alpha=5528.349$ cm，$M_0d=0.434\,294\,5$；

$$\rho^0 = 57°.2956, m = n = \frac{a}{r}, p = m^2.$$

(2) 计算精度

$\lg U$ 算至小数后七位；x、y 以 cm 为单位，算至小数点后三位；μ、p 小数点后四位。

本投影是为编制中国海域图而设计的，在这类投影上两点间的等角航线表现为直线。本投影无角度变形，经纬线方向长度变形相等，面积变形为长度变形的平方。

(3) 计算过程如下

① 纵坐标的计算过程见表 3-4-1，并将计算的数据填入表中：

表 3-4-1　纵坐标的计算

φ	0°	5°	10°	15°	20°	25°	30°	35°	40°
$\lg U$									
$\dfrac{\lg U}{M_0 d}$									
$x = \dfrac{100\alpha}{M_0} \cdot \dfrac{\lg U}{M_0 d}$									

注：正轴圆柱投影中同一纬线的 x 坐标值相同。

② 横坐标的计算过程见表 3-4-2，并将计算的数据填入表中：

表 3-4-2　横坐标的计算

λ	110°	115°	120°	125°	130°
$\Delta\lambda$	0°	5°	10°	15°	20°
$\dfrac{\Delta\lambda^0}{\rho^0}$					
$y = \dfrac{100\alpha}{M_0} \cdot \dfrac{\Delta\lambda^0}{\rho^0}$					

注：正轴圆柱投影中同一经线的 y 坐标值相同。

表 3-4-3　直角坐标汇总

φ	λ	110°	115°	120°	125°	130°
	$\Delta\lambda$	0°	5°	10°	15°	20°
0°	x					
	y					
5°	x					
	y					
10°	x					
	y					

续表

φ	λ	110°	115°	120°	125°	130°
	$\Delta\lambda$	0°	5°	10°	15°	20°
15°	x					
	y					
20°	x					
	y					
25°	x					
	y					
30°	x					
	y					
35°	x					
	y					
40°	x					
	y					

③ 将表3-4-1和表3-4-2汇总，填入表表3-4-3中，可利用表中的直角坐标进行绘制经纬网略图。

④ 变形值的计算过程见表3-4-4，并将计算的数据填入表中：

表3-4-4 变形值的计算

φ	0°	5°	10°	15°	20°	25°	30°	35°	40°
r									
$m=\dfrac{a}{r}$									
$p=m^2$									

⑤ 图解比例尺的计算过程见表3-4-5，并将计算的数据填入表中：

$$d = \frac{D \cdot 10\,000\,000}{m}(\text{cm})。式中，D：实地公里数\ d：图上距离$$

$$m' = \frac{D \cdot 10\,000\,000}{d}(\text{cm})$$

由于 $m=\dfrac{d}{D}$，所以 $d = m \cdot D$

表3-4-5 图解比例尺的计算和绘制

φ	D	100(km)	200(km)	300(km)	400(km)	500(km)	600(km)
0°	m						
	d						
	m'						
5°	m						
	d						
	m'						

续表

φ	D	100(km)	200(km)	300(km)	400(km)	500(km)	600(km)
10°	m						
	d						
	m'						
15°	m						
	d						
	m'						
20°	m						
	d						
	m'						
25°	m						
	d						
	m'						
30°	m						
	d						
	m'						
35°	m						
	d						
	m'						
40°	m						
	d						
	m'						

4 实验应交成果

本实验要求每人提交 1 份实验报告。实验报告应包括的信息有：用坐标网格图纸绘制长度比、面积比变化曲线和投影区域经纬网及等变形略图，并在经纬网交点上绘出变形椭圆。

实验 5　正轴等面积割圆锥投影

以圆锥面作为投影面,按某种投影条件,将地球椭球面上的经纬线投影于圆锥面上,并沿着某一条母线展开成平面的投影即为圆锥投影,当圆锥轴与地球椭球体的轴一致时便为正轴圆锥投影,如果添加投影前后面积也不发生变形条件就形成了正轴等面积圆锥投影,再加上当该投影中圆锥与地球椭球体相割于某两条纬线即形成了正轴等面积割圆锥投影。该投影常用于研究区在中纬地区、范围较大、要求面积不发生变形的地图。

1 目的与要求

(1) 掌握正轴等面积割圆锥投影的经纬线网的形状。
(2) 掌握如何依据给定资料计算某一经纬度的直角坐标。
(3) 掌握如何计算正轴等面积割圆锥投影变形值。
(4) 掌握如何根据计算的直角坐标绘制投影后的经纬网。
(5) 掌握根据计算的长度比、面积比绘出变形曲线,以及用变形椭圆表示某一变形规律。

2 仪器与资料

(1) 计算数据

制图区域:$\lambda_W = 135°$、$\lambda_E = 70°$;$\varphi_S = 18°$、$\varphi_N = 55°$

经纬线网格宽度:$\Delta\varphi = \Delta\lambda = 5°$

标准纬线:$\varphi_1 = 25°$、$\varphi_2 = 47°$

中央经线:$\lambda_0 = 105°$

制图比例尺:$M_0 = 1:400$ 万

(2) 仪器:直角坐标纸、计算器、直尺、铅笔、小刀、橡皮。

3 内容与步骤

(1) 计算公式如下

$$\alpha = \frac{1}{2} \cdot \frac{r_1^2 - r_2^2}{S_2 - S_1}, C = \frac{\alpha\varrho_1^2}{2} + S_1 = \frac{\alpha\varrho_2^2}{2} + S_2$$

$$\text{或 } C = \frac{r_1^2}{2\alpha} + S_1 = \frac{r_2^2}{2\alpha} + S_2$$

$$\rho^2 = \frac{2}{\alpha}(C-S), \delta = \alpha\Delta\lambda$$

其直角坐标以及变形计算一般公式如下:

$$x = \rho_s - \rho\cos\delta$$

$$y = \rho\sin\delta$$

$$n = \frac{\alpha\rho}{r}$$

$$m = \frac{1}{n}$$

$$p = 1$$

$$\tan(45° + \frac{\omega}{4}) = a$$

其中,S 为一弧度经差和纬差为 φ(自赤道至纬度为 φ 的纬度间的纬差)组成的球面梯形面积;ρ_s 为最低纬线的投影半径。

(2)计算精度:$\lg\alpha$、$\lg k$ 精确到对数小数点后七位;x、y 精确到 0.001 cm;δ 精度为 $1''$;m、p 算到 0.000 1。

(3)计算过程如下

① 投影常数 α、C 的计算(见表 3-5-1、表 3-5-2)

表 3-5-1 常数 α 的计算

φ	$\varphi_1(25°)$	$\varphi_2(47°)$
r		
r^2		
S		
$\frac{1}{2}(r_1^2 - r_2^2)$		
$S_2 - S_1$		
α		

表 3-5-2 常数 C 的计算

φ	$r^2(\text{km}^2)$	2α	$\frac{r^2}{2\alpha}$	$S(\text{km}^2)$	$C(\text{km}^2)$
$\varphi_1 = 25°$					
$\varphi_2 = 47°$					

② 计算极坐标 ρ 和 δ(见表 3-5-3 和表 3-5-4)

表 3-5-3 极坐标 ρ 的计算

φ	18°	20°	25°	30°	35°	40°	45°	50°	55°
$S(\text{km}^2)$									
$C-S$									

续表

φ	18°	20°	25°	30°	35°	40°	45°	50°	55°
$\dfrac{2}{\alpha}$									
ρ^2									
$\rho(km)$									

表 3-5-4　极坐标 δ 的计算

λ	105°	100°	95°	90°	85°	80°	75°	70°
		110°	115°	120°	125°	130°	135°	
$\Delta\lambda$	0°	5°	10°	15°	20°	25°	30°	35°
$\Delta\lambda''$								
$\dfrac{\Delta\lambda''}{\rho''}$								
$\delta=\dfrac{\alpha\Delta\lambda''}{\rho''}$								

注：$\rho''=206264''.81$ 为 1 弧度换算的秒。

③ 算平面直角坐标（见表 3-5-5）

表 3-5-5　平面直角坐标的计算

φ	λ	105°	100°	95°	90°	85°	80°	75°	70°
			110°	115°	120°	125°	130°	135°	
	$\Delta\lambda$	0°	5°	10°	15°	20°	25°	30°	35°
18°	δ								
	$\sin\delta$								
	$\cos\delta$								
	ρ								
	$\rho\cos\delta$								
	$\rho\sin\delta$								
	$x(km)$								
	$y(km)$								
	$x'=10^5 M_0\ x(cm)$								
	$y'=10^5 M_0\ y(cm)$								

续表

φ	λ	105°	100°	95°	90°	85°	80°	75°	70°
			110°	115°	120°	125°	130°	135°	
	$\Delta\lambda$	0°	5°	10°	15°	20°	25°	30°	35°
20°	δ								
	$\sin\delta$								
	$\cos\delta$								
	ρ								
	$\rho\cos\delta$								
	$\rho\sin\delta$								
	x(km)								
	y(km)								
	$x'=10^5 M_0\ x$(cm)								
	$y'=10^5 M_0\ y$(cm)								
25°	$\sin\delta$								
	$\cos\delta$								
	ρ								
	$\rho\cos\delta$								
	$\rho\sin\delta$								
	x(km)								
	y(km)								
	$x'=10^5 M_0\ x$(cm)								
	$y'=10^5 M_0\ y$(cm)								
…	…	…	…	…	…	…	…	…	…

④ 各变形值的计算（见表 3-5-6）

$$n=\frac{\alpha\rho}{r}, m=\frac{1}{n}, \sin\frac{\omega}{2}=\frac{|m-n|}{m+n}$$

表 3-5-6　各变形值的计算

φ	18°	20°	25°	30°	35°	40°	45°	50°	55°
ρ									
$\alpha\rho$									
r									

续表

φ	18°	20°	25°	30°	35°	40°	45°	50°	55°
$n=\dfrac{a\rho}{r}$									
$m=\dfrac{1}{n}$									
$m-n$									
$m+n$									
$\sin\dfrac{\omega}{2}$									
ω									

4 实验应交成果

本实验要求每人提交 1 份实验报告。实验报告应包括的信息有：(1)画出经纬网略图，做出等变形线，并在经纬网交点上画出变形椭圆(在一个图上作)；(2)做出面积比、长度比变化曲线(在一个图上作)。

实验 6　应用双标准纬线正轴等角圆锥投影计算新疆维吾尔自治区地图的数学基础

以圆锥面作为投影面,按某种投影条件,将地球椭球面上的经纬线投影于圆锥面上,并沿着某一条母线展开成平面的投影即为圆锥投影,当圆锥轴与地球椭球体的轴一致时便为正轴圆锥投影,如果添加投影前后角度也不发生变形条件就形成了正轴等角圆锥投影,再加上当该投影中圆锥与地球椭球体相割于某两条纬线即形成了正轴等角割圆锥投影,也称其为双标准纬线正轴等角圆锥投影。新疆维吾尔自治区范围较大(经差为 $73°40'E \sim 96°23'E$,纬差为 $34°22'N \sim 49°10'N$),且位于中纬度,故而常采用双标准纬线正轴等角圆锥投影作为其投影类型。

1 目的与要求

(1)掌握双标准纬线正轴等角圆锥投影的经纬线网的形状。
(2)掌握如何依据给定资料计算某一经纬度的直角坐标。
(3)掌握如何计算双标准纬线正轴等角圆锥投影变形值。
(4)掌握如何根据计算的直角坐标绘制投影后的经纬网。
(5)掌握根据计算的长度比、面积比绘出变形曲线,以及用变形椭圆表示某一变形规律。

2 仪器与资料

(1)计算数据

制图区域:$\lambda_W = 73°$、$\lambda_E = 97°$;$\varphi_S = 34°$、$\varphi_N = 50°$

经纬线网格密度:$\Delta\varphi = \Delta\lambda = 2°$

标准纬线:$\varphi_1 = 36°30'$、$\varphi_2 = 48°00'$

中央经线:$\lambda_0 = 85°$(东经)

制图比例尺:$M_0 = 1:1\ 000\ 000$

(2)仪器:直角坐标纸、计算器、直尺、铅笔、小刀、橡皮。

3 内容与步骤

(1) 投影计算公式

$$\alpha = \frac{\lg r_1 - \lg r_2}{\lg U_2 - \lg U_1}, \sin\varphi_0 = \alpha$$

$$k = 100 \cdot M_0 \cdot \frac{r_1 U_1^\alpha}{\alpha} = 100 \cdot M_0 \cdot \frac{r_2 U_2^\alpha}{\alpha}(cm)$$

$$\delta'' = \alpha \cdot \Delta\lambda'', \rho = \frac{k}{U^\alpha}$$

$$x = \rho_s - \rho\cos\delta, y = \rho\sin\delta$$

$$\mu = m = n = \frac{\alpha k}{rU^\alpha} = \frac{\alpha\rho}{r}, p = m^2 = n^2, \omega = 0$$

式中:$U = \dfrac{\tan(45° + \dfrac{\varphi}{2})}{\tan e(45° + \dfrac{\psi}{2})}, \sin\psi = e\sin\varphi, e = \sqrt{\dfrac{a^2 - b^2}{a^2}}$。

(2) 计算精度要求

$\lg \alpha$、$\lg k$ 精确到对数小数点后七位;x、y 精确到 0.001 cm;δ 精度为 $1''$;m、p 算到 0.0001。

(3) 计算过程如下

① 绘制制图区域略图。
② 常数 α、k 的计算(见表 3-6-1)。
③ 计算极坐标 ρ、δ(见表 3-6-2、表 3-6-3)。
④ 计算平面直角坐标 x、y,列出各交点的直角坐标表(见表 3-6-4 和表 3-6-5)。
⑤ 长度比和面积比的计算(见表 3-6-6)。

(4) 根据长度比和面积比的计算值绘制长度比、面积比的变化曲线图。

表 3-6-1 投影常数 α、k 的计算

公式符号	计算值	公式符号	φ_1	φ_2
$\lg r_1$		α		
$\lg r_2$		U^α		
$\lg r_1 - \lg r_2$		r		
$\lg U_2$		$M_0 \times 100$		
$\lg U_1$		$\dfrac{M_0 \times 100}{\alpha}$		
$\lg Uv_2 - lg U_1$		$r \cdot \dfrac{M_0 \times 100}{\alpha}$		
$\alpha = \dfrac{\lg r_1 - \lg r_2}{\lg U_2 - \lg U_1}$		$k = U^\alpha \cdot r \cdot \dfrac{M_0 \times 100}{\alpha}(cm)$		

表 3-6-2 计算极坐标 δ

λ_i / δ	85°	83°	81°	79°	77°	75°	73°
		87°	89°	91°	93°	95°	97°
$\lambda_i - \lambda_0$	0°	2°	4°	6°	8°	10°	12°
$\Delta\lambda''$							
$\delta'' = \alpha\Delta\lambda''$							

表 3-6-3 计算极坐标 ρ

符号 \ φ	34°	36°	38°	40°	42°	44°	46°	48°	50°
$\lg U$									
$\lg U^\alpha$									
U^α									
$\rho = \dfrac{k}{U^\alpha}$ (cm)									

表 3-6-4 计算平面直角坐标(以 $\varphi = 34°$ 为例)

φ	λ_i / $\lambda - \lambda_0$	85°	83°	81°	79°	77°	75°
			87°	89°	91°	93°	95°
		0°	2°	4°	6°	8°	10°
34°	δ''						
	ρ_s						
	ρ						
	$\cos\delta$						
	$\rho_s - \rho\cos\delta$						
	$\rho\sin\delta$						
	x (cm)						
	y (cm)						

表 3-6-5 平面直角坐标表(以 cm 为单位)

φ	λ	$\lambda_0 = 85°$	83°	81°	79°	77°	75°
			87°	89°	91°	93°	95°
34°	x						
	y						
36°	x						
	y						

续表

φ	λ	$\lambda_0=85°$	83°	81°	79°	77°	75°
			87°	89°	91°	93°	95°
38°	x						
	y						
40°	x						
	y						
42°	x						
	y						
44°	x						
	y						
46°	x						
	y						
48°	x						
	y						
50°	x						
	y						
51°	x						
	y						

表 3-6-6　计算长度比和面积比

φ	34°	36°	38°	40°	42°	44°	46°	48°	50°	51°
α										
ρ										
r										
$rM_0\times100$										
m										
p										

4　实验应交成果

本实验要求每人提交 1 份实验报告。实验报告应包括的信息有：(1)画出经纬网略图，做出等变形线，并在经纬网交点上画出变形椭圆(在一个图上作)；(2)做出面积比、长度比变化曲线(在一个图上作)。

附录 1

子午圈曲率半径 M、卯酉圈曲率半径 N、纬圈半径 r 与符号 U、$\lg U$ 的数值

φ	M(米)	N(米)	$r=N\cos\varphi$(米)	$\lg r$	U	$\lg U$
0°0′	6335553	6378245	6378245	6.8047012	0.0000000	0.0000000
30′	558	247	6378004	6848	1.0087060	0.0037646
1°0′	572	252	6377280	6355	1.0174885	0.0075295
30′	596	260	6376074	5533	1.0263488	0.0112950
2°0′	630	271	6374385	4383	1.0352885	0.0150614
30′	674	286	6372215	2904	1.0443087	0.0188289
3°0′	727	304	6369562	1096	1.0534111	0.0225979
30′	790	325	6366428	6.8038958	1.0625970	0.0263686
4°0′	862	349	6362812	6491	1.0718682	0.0301414
30′	944	376	6358714	3693	1.0812260	0.0339165
5°0′	6336036	407	6354135	0565	1.0906721	0.0376942
30′	137	441	6349076	6.8027015	1.1002080	0.0414748
6°0′	248	478	6343536	3314	1.1098357	0.0452587
30′	368	519	6337516	6.8019191	1.1195567	0.0490461
7°0′	498	562	6331017	4735	1.1293727	0.0528373
30′	637	609	6324039	6.8009945	1.1392856	0.0566326
8°0′	785	658	6316582	4821	1.1492973	0.0604324
30′	943	711	6308647	6.7999362	1.1594094	0.0642368
9°0′	6337110	767	6300234	6.7993567	1.1696241	0.0680463
30′	286	826	6291345	6.7987435	1.1799435	0.0718612
10°0′	471	889	6281979	6.7980965	1.1903693	0.0756817
30′	666	954	6272138	6.7974156	1.2009035	0.0795081
11°0′	869	6379022	6261822	6.7967007	1.2115484	0.0833408
30′	6338082	094	6251031	6.7959517	1.2223064	0.0871801
12°0′	303	168	6239768	6.7951684	1.2331798	0.0910264
30′	534	245	6228032	6.7943508	1.2441702	0.0948798
13°0′	773	325	6215824	6.7934987	1.2552806	0.0987408
30′	6339021	409	6203145	6.7926119	1.2665131	0.1026097
14°0′	277	495	6189996	6.7916904	1.2778704	0.1064868
30′	542	584	6176379	6.7907339	1.2893550	0.1103725
15°0′	816	675	6162293	6.7897424	1.3009692	0.1142670
30′	6340098	770	6147740	6.7887155	1.3127161	0.1181708

续表

φ	M(米)	N(米)	$r=\mathrm{N}\cos\varphi$(米)	$\lg r$	U	$\lg U$
16°0′	388	867	6132722	6.7876533	1.3245983	0.1220842
30′	687	968	6117239	6.7865554	1.3366186	0.1260075
17°0′	994	6380070	6101292	6.7854218	1.3487799	0.1299411
30′	6341309	6380176	6084882	6.7842522	1.3610852	0.1338853
18°0′	632	284	6068011	6.7830464	1.3735374	0.1373405
30′	962	395	6050680	6.7818042	1.3861400	0.1418071
19°0′	6342301	509	6032890	6.7805254	1.3988959	0.1457854
30′	647	625	6014642	6.7792098	1.4118085	0.1497758
20°0′	6343001	743	5995938	6.7778571	1.4248813	0.1537787
30′	6343362	865	5976778	6.7764672	1.4381183	0.1577946
21°0′	6343731	988	5957166	6.7750397	1.4515219	0.1618236
30′	6344107	6381114	5937101	6.7735744	1.4650971	0.1658664
22°0′	6344490	242	5916585	6.7720711	1.4788472	0.1699233
30′	6344879	373	5895620	6.7705295	1.4927758	0.1739946
23°0′	6345276	506	5874208	6.7689493	1.5068877	0.1780809
30′	6345680	642	5852349	6.7673302	1.5211866	0.1821825
24°0′	6346090	779	5830046	6.7656719	1.5356771	0.1862999
30′	6346507	919	5807299	6.7639742	1.5503630	0.1904334
25°0′	6346931	6382061	5784112	6.7622367	1.5652500	0.1945837
30′	6347360	205	5760484	6.7604590	1.5803417	0.1987510
26°0′	6347796	351	5736419	6.7586409	1.5956436	0.2029359
30′	6348238	499	5711918	6.7567819	1.6111608	0.2071389
27°0′	6348686	649	5686982	6.7548818	1.6268983	0.2113604
30′	6349139	801	5661614	6.7529402	1.6428613	0.2156009
28°0′	6349598	955	5635815	6.7509567	1.6590554	0.2198609
30′	6350063	6383111	5609587	0.7489319	1.6754864	0.2241409
29°0′	6350533	268	5582932	6.7468623	1.6921603	0.2284415
30′	6351008	427	5555852	6.7447507	1.7090828	0.2327631
30°0′	6351488	588	5528349	6.7425955	1.7262608	0.2371064
30′	6351974	751	5500426	6.7403963	1.7437001	0.2414718
31°0′	6352464	915	5472083	6.7381527	1.7614077	0.2458599
30′	6352958	6384081	5443324	6.7358642	1.7793906	0.2502713
32°0′	6353457	248	5414149	6.7335302	1.7976560	0.2547066
30′	6353961	416	5384562	6.7311504	1.8162114	0.2591664
33°0′	6354408	586	5354565	6.7287242	1.3350644	0.2636513
30′	6354980	758	5324159	6.7262510	1.8542232	0.2681620
34°0′	6355495	930	5293347	6.7237304	1.8736954	0.2726990
30′	6356014	6385104	5262132	6.7211617	1.8934899	0.2772630
35°0′	6356537	279	5230514	6.7185444	1.9136160	0.2818548
30′	6357064	455	5198498	6.7158779	1.9340821	0.2864749

续表

φ	M(米)	N(米)	$r=N\cos\varphi$(米)	$\lg r$	U	$\lg U$
36°0′	6357593	633	5166085	6.7131616	1.9548984	0.2911242
30′	6358126	811	5133278	6.7103948	1.9760740	0.2958032
37°0′	6358661	990	5100079	6.7075769	1.9976201	0.3005129
30′	6359199	6386170	5066490	6.7047072	2.0195467	0.3652539
38°0′	6359740	351	5032514	6.7017850	2.0418649	0.3100270
30′	6360283	533	4998153	6.6988096	2.0645866	0.3148331
39°0′	6360829	6386716	4963410	6.6957802	2.0877231	0.3196729
30′	6361376	899	4928283	6.6926961	2.1112871	0.3245473
40°0′	6361926	6387083	4892790	6.6895565	2.1352916	0.3294572
30′	6362477	267	4856916	6.6863606	2.1597501	0.3344035
41°0′	6363030	452	4820671	6.6831075	2.1846758	0.3393870
30′	6363584	638	4784058	6.6797964	2.2100841	0.3444088
42°0′	6364140	824	4747078	6.6764264	2.2359897	0.3494698
30′	6364697	6388010	4709735	6.6729965	2.2624084	0.3545710
43°0′	6365254	197	4672031	6.6695057	2.2893569	0.3597135
30′	6365813	384	4633970	6.6659532	2.3168520	0.3648973
44°0′	6366372	571	4595553	5.6623378	2.3449123	0.3701266
30′	6366931	758	4556784	6.6586585	2.3735555	0.3753994
45°0′	6367491	945	4517666	6.6549141	2.4028015	0.3807179
30′	6368051	6389132	4478202	6.6511037	2.4326706	0.3860833
46°0′	6368611	319	4438394	6.6472259	2.4631848	0.3914970
30′	6369170	506	4398246	6.6432795	2.4943656	0.3969601
47°0′	6369729	693	4357760	6.6392633	2.5262359	0.4024739
30′	6370287	880	4316940	6.6351760	2.5588216	0.4080400
48°0′	6370845	6390066	4275789	6.6310163	2.5921468	0.4136596
30′	6371402	252	4234309	6.6267826	2.6262399	0.4193344
49°0′	6371957	438	4192505	6.6224736	2.6611276	0.4250057
30′	6372512	624	4150378	6.6180877	2.6968395	0.4308551
50°0′	6373065	808	4107933	6.6136233	2.7334076	0.4367044
30′	6373616	993	4065171	0.6090788	2.7708633	0.4426151
51°0′	6374165	6391176	4022098	6.6044526	2.8092417	0.4485891
30′	6374713	359	3978715	6.5997428	2.8485785	0.4546282
52°0′	6375258	542	3935026	6.5949476	2.8889119	0.4607343
30′	6375801	723	3891034	6.5900651	2.9302812	0.4669093
53°0′	6376342	904	3846744	6.5850932	2.9727289	0.4731553
30′	6376880	6392083	3802157	6.5800300	3.0162991	0.4794744
54°0′	6377415	262	3757278	6.5748733	3.0610386	0.4858688
30′	6377947	440	3712109	6.5696207	3.1069968	0.4923408
55°0′	6378476	617	3666654	6.5642700	3.1542267	0.4988929
30′	6379002	793	3620918	6.5588186	3.2027829	0.5055275

续表

φ	M(米)	N(米)	$r=N\cos\varphi$(米)	$\lg r$	U	$\lg U$
56°0′	6379525	967	3574902	6.5532641	3.2527246	0.5122473
30′	6380044	6393140	3528611	6.5476037	3.3041138	0.5190550
57°0′	6380559	312	3482047	6.5418347	3.3570159	0.5259534
30′	6381070	483	3435216	6.5359540	3.4115010	0.5329455
58°0′	6381577	652	3388120	6.5299587	3.4676432	0.5400344
30′	6382080	820	3340762	6.5238455	3.5255218	0.5472234
59°0′	6382578	987	3293147	6.5176111	3.5852207	0.5545159
30′	6383072	6394152	3245277	6.5112518	3.6468298	0.5619155
60°0′	6383561	315	3197158	6.5047640	3.7104442	0.5694259

附录 2

由赤道至纬度为 φ 的纬线间的子午线弧长 S_M，纬差 $30'$ 的子午线弧长 ΔS_M，经差 $30'$ 的纬线弧长 S_P

单位：m

φ	S_M	ΔS_M	S_P	φ	S_M	ΔS_M	S_P	φ	S_M	ΔS_M	S_P
0°0′	0		55661	20°0′	2212406		52324	40°0′	4429607		42698
		55288				55354				55521	
30′	55288		55659	30′	2267760		52157	30′	4485128		42385
		55288				55358				55526	
1°0′	110576		55652	21°0′	2323118		51986	41°0′	4540654		42068
		55289				55361				55530	
30′	165865		55642	30′	2378479		51811	30′	4596184		41749
		55288				55365				55535	
2°0′	221153		55627	22°0′	2433844		51632	42°0′	4651719		41426
		55289				55368				55540	
30′	276442		55608	30′	2489212		51449	30′	4707259		41100
		55290				55371				55545	
3°0′	331732		55585	23°0′	2544583		51262	43°0′	4762804		40771
		55290				55375				55550	
30′	387022		55585	30′	2599958		51071	30′	4818354		40439
		55290				55375				55554	
4°0′	442312		55526	24°0′	2655336		50877	44°0′	4873908		40104
		55291				55382				55560	
30′	497603		55490	30′	2710718		50678	30′	4929468		39765
		55292				55385				55564	
5°0′	552895		55450	25°0′	2766103		50476	45°0′	4985032		39424
		55293				55390				55570	
30′	608188		55406	30′	2821493		50270	30′	5040602		39080
		55294				55393				55574	
6°0′	663482		55358	26°0′	2876886		50060	46°0′	5096176		38732
		55295				55397				55579	
30′	718777		55305	30′	2932283		49846	30′	5151755		38382
		55295				55400				55584	
7°0′	774072		55249	27°0′	2987683		49628	47°0′	5207339		38029
		55297				55405				55589	

续表

φ	S_M	ΔS_M	S_P	φ	S_M	ΔS_M	S_P	φ	S_M	ΔS_M	S_P
30′	829369		55188	30′	3043088		49407	30′	5262928		37672
		55299				55409				55593	
8°0′	884668		55125	28°0′	3098497		49182	48°0′	5318521		37313
		55299				55413				55599	
30′	939967		55053	30′	3153910		48953	30′	5374120		36951
		55301				55416				55603	
9°0′	995268		54980	29°0′	3209326		48720	49°0′	5429723		36587
		55303				55421				55608	
30′	1050571		54902	30′	3264747		48483	30′	5485331		36219
		55304				55425				55613	
10°0′	1105875		54821	30°0′	3320172		48244	50°0′	5540944		35848
		55305				55430				55618	
30′	1161180		54735	30′	3375602		48000	30′	5596562		35475
		55308				55433				55623	
11°0′	1216488		54645	31°0′	3431035		47753	51°0′	5652185		35099
		55309				55438				55628	
30′	1271797		54551	30′	3486473		47502	30′	5707813		34721
		55311				55442				55632	
12°0′	1327108		54452	32°0′	3541915		47247	52°0′	5763445		34340
		55313				55447				55637	
30′	1382421		54350	30′	3597362		46986	30′	5819082		33956
		55316				55451				55641	
13°0′	1437737		54243	33°0′	3652813		46727	53°0′	5874723		33569
		55317				55455				55647	
30′	1493054		54133	30′	3708268		46462	30′	5930370		33180
		55319				55460				55651	
14°0′	1548373		54018	34°0′	3763728		46193	54°0′	5986021		32788
		55322				55465				55656	
30′	1603695		53899	30′	3819193		45021	30′	6041677		32394
		55324				55469				55560	
15°0′	1659019		53776	35°0′	3874662		45645	55°0′	6097337		31998
		55327				55473				55665	
30′	1714346		53649	30′	3930135		45365	30′	6153002		31598

续表

φ	S_M	ΔS_M	S_P	φ	S_M	ΔS_M	S_P	φ	S_M	ΔS_M	S_P
16°0′	1769675	55329	53518	36°0′	3985613	55478	45083	56°0′	6208672	55670	31197
30′	1825006	55331	53383	30′	4041096	55483	44796	30′	6264346	55674	30793
17°0′	1880341	55335	53244	37°0′	4096584	55488	44507	57°0′	6320025	55679	30387
30′	1935678	55337	53101	30′	4152076	55492	44213	30′	6375708	55683	29978
18°0′	1991017	55339	52953	38°0′	4207573	55497	43917	58°0′	6431395	55687	29567
30′	2046360	55343	52802	30′	4263074	55501	43617	30′	6487087	55692	29154
19°0′	2101706	55346	52647	39°0′	4318580	55506	43314	59°0′	6542783	55696	28733
30′	2157054	55348	52488	30′	4374091	55511	43007	30′	6598484	55701	28320
		55352				55516		60°0′	6654189	55705	27900

附录3

$S = \int_0^\varphi Mr d\varphi$ 值：一弧度经差和纬差 φ（自赤道至纬度为 φ 的纬线间的纬差）组成的球面梯形面积

单位：km²

φ	S	φ	S	φ	S
0°0′	0.0	20°0′	13828153	40°0′	26022870
30′	352636.9	30′	14159529	30′	26293530
1°0′	705247.6	21°0′	14489849	41°0′	26562200
30′	1057806.1	30′	14819092	30′	26828880
2°0′	1410286.1	22°0′	15147230	42°0′	27093540
30′	1762661.7	30′	15474240	30′	27356160
3°0′	2114906.5	23°0′	15800097	43°0′	27616710
30′	2466994.7	30′	16124777	30′	27875190
4°0′	2818900.0	24°0′	16448254	44°0′	28131560
30′	3170596.3	30′	16770505	30′	28385810
5°0′	3522057.5	25°0′	17091506	45°0′	28637920
30′	3873257.7	30′	17411231	30′	28887870
6°0′	4224170.7	26°0′	17729658	46°0′	29135640
30′	4574770.5	30′	18046761	30′	29381210
7°0′	4925031.0	27°0′	18362517	47°0′	29624560
30′	5274926.4	30′	18676902	30′	29865670
8°0′	5624430.5	28°0′	18989892	48°0′	30104520
30′	5973517.6	30′	19301463	30′	30341090
9°0′	6322161.5	29°0′	19611591	49°0′	30575370
30′	6670336.5	30′	19920254	30′	30807340
10°0′	7018016.5	30°0′	20227430	50°0′	31036980
30′	7356175.9	30′	20533090	30′	31264270
11°0′	7711788.6	31°0′	20837210	51°0′	31489180
30′	8057829.4	30′	21139780	30′	31711720
12°0′	8403271.7	32°0′	21440760	52°0′	37931850

续表

φ	S	φ	S	φ	S
30′	8748090.4	30′	21740140	30′	32149560
13°0′	9092259.6	33°0′	22037890	53°0′	32364830
30′	9435753.7	30′	22333990	30′	32577650
14°0′	9778547.3	34°0′	22628410	54°0′	32788000
30′	10120614	30′	22921140	30′	32995860
15°0′	10461930	35°0′	23212150	55°0′	33201210
30′	10802468	30′	23501420	30′	33404040
16°0′	11142203	36°0′	23788920	56°0′	33604340
30′	11481110	30′	24074650	30′	33802080
17°0′	11819164	37°0′	24358560	57°0′	33997250
30′	12156339	30′	24640640	30′	34189840
18°0′	12492610	38°0′	34920880	58°0′	34379830
30′	12827953	30′	25199240	30′	34567210
19°0′	13162340	39°0′	25475700	59°0′	34751950
30′	13495749	30′	25750250	30′	34934050
20°0′	13828153	40°0′	26022870	60°0′	35113490

第 4 篇　地图制图综合

实验 1　用等比数列法进行河流的选取

在编绘地图时,河流的选取通常按事先规定的河流选取标准(通常是一个长度指标)进行的。为了准确地确定该地区河流的选取标准,应先量算该区的河网密度,对河网密度进行分级,然后按不同密度确定选取标准。为了适应不同的河系类型或不同密度区域间的平稳过渡,对于河流的选取标准采用一个范围值。在不同类型的河系中,小河流出现的频率不一致,例如,对于同样密度级的区域,羽毛状河系、格网状河系可采用低标准,平行状河系、辐射状河系可取高标准。

1　目的与要求

(1)掌握较大比例尺基本图向较小比例尺的转绘。
(2)掌握小比例地形图河系的综合原则和方法。
(3)掌握根据地图比例尺和用途,选取进入新编图的河流,确定哪些河流能入选,主要看:河流的长度和反映河流地理环境的河网密度,即河流间距。河流愈长,地区的河网密度愈小,这些河流就愈能被选取;河网密集的地区,虽河流较长,也可能被删除。
(4)掌握如何选择全选和全舍的河流长度、构成比数列的 r、p 值以及最小平均间隔,进行河流制图综合的工作。

2　仪器与资料

(1)资料:由教师自行给出较大比例尺水系图(见图 4-1-1)。
(2)仪器:制图软件、计算机、打印机、绘图纸。

3　内容与步骤

(1)以某一流域的选取为例,在新编图上,规定长于 15 cm 的河流全部选取,而短于 4 cm 的河流全部舍去。在长度为 15～4 cm 之间的河流,按河流间距小于 1.5 cm 为舍弃条件,r 为 1.3,p 为 1.5。
(2)等比数列模式及其各指标的计算:计算指标及数值见表 4-1-1,计算方法见①②③④⑤。

表 4-1-1 等比数列模式

选取间隔＼间距分级＼河长分级	$B_1 \sim B_2$	$B_2 \sim B_3$	…	$B_{n-1} \sim B_n$	$B_n \sim B_{n+1}$
$> A_n$	C_{11}				
$A_{n-1} \sim A_n$	C_{21}	C_{22}			
…	…	…			
$A_2 \sim A_3$	$C_{n-1,1}$	$C_{n-1,2}$	…	$C_{n-1,n-1}$	
$A_1 \sim A_2$	C_{n1}	C_{n2}	…	$C_{n,n-1}$	$C_{n,n}$

①
$$A_i = A_1 \times r^{i-1}$$
$$B_i = B_1 \times p^{i-1}$$

列表时 A_i 的项数和 B_i 的项数相同。

r、p 是等比数列的比值，是一种经验参数，根据河流的稠密程度和用图要求确定，实验中可令其范围为 1.3~1.5。

② 在选取间隔中，对角线数值 C_{11}, C_{22}, … C_{nn} 为河流全部获取的界限，大于这些数值的河流要全部选取，小于 $B_1 \sim B_2$ 列（C_{11}, C_{21}, … $C_{n-1,1}$, C_{n1}）和 $A_1 \sim A_2$ 行（C_{n1}, C_{n2}, … $C_{n,n-1}$, C_{11}）的数值的河流，则全部删除。

所以，选取间隔中的 C_{11}, C_{22}, … C_{nn} 是河流选取时，应保留的最小间距，令

$$C_{ii} = \frac{1}{2}(B_i + B_{i+1})$$

③ 第列行 C_{21}, C_{31}, … C_{n1} 的等比数列，代表间距为 $B_1 \sim B_2$ 的各种长度河流选取的最低间隔，其表达式为：

$$C_{i1} = C_{11} + \frac{C_{22} - C_{11}}{1+p} \cdot \frac{1-p^{i-1}}{1-p}$$

④ 在选取第二列 C_{32}, … C_{n2} 的数值时，表达式相应为：

$$C_{i2} = C_{22} + \frac{C_{33} - C_{22}}{1+p} \cdot \frac{1-p^{i-2}}{1-p}$$

⑤ 其他的各行数值依次类推。

(3) 按照以上公式和表格可计算得到表 4-1-2。

表 4-1-2 等比数列模式（实例）(cm)

选取间隔＼间距分级＼河长分级	1.5~2.3	2.3~3.4	3.4~5.1	5.1~7.6	7.6~11.4	11.4~17.3
>14.8	1.9	—	—	—	—	—
11.4~14.8	2.3	2.9	—	—	—	—
8.8~11.4	2.9	3.5	4.3	—	—	—

续表

间距分级 选取间隔 河长分级	1.5～2.3	2.3～3.4	3.4～5.1	5.1～7.6	7.6～11.4	11.4～17.3
6.8～8.8	3.8	4.3	5.1	6.3	—	—
5.2～6.8	5.2	5.6	6.3	7.6	9.5	—
4～5.2	7.2	7.5	8.1	9.5	11.4	14.3

(4)结果分析：表4-1-2表示出，处在河长15～4 cm间的河流，它的选取间距大于1.5 cm后应该选取的支流。假如某支流长7 cm，它的两侧的河流平均距离为5 cm，决定它是否入选的选取间隔则为5.0 cm。所以选取完比它更长的支流后，轮到这段7 cm的支流时，由于它未达到平均间隔5.1 cm，这段支流便被删去。

4　实验应交成果

本实验要求每人提交1份实验报告。实验报告应包括的信息有：该区的河网密度，对河网密度进行分级，按不同密度确定选取标准，以及该区域河流制图综合后的略图。

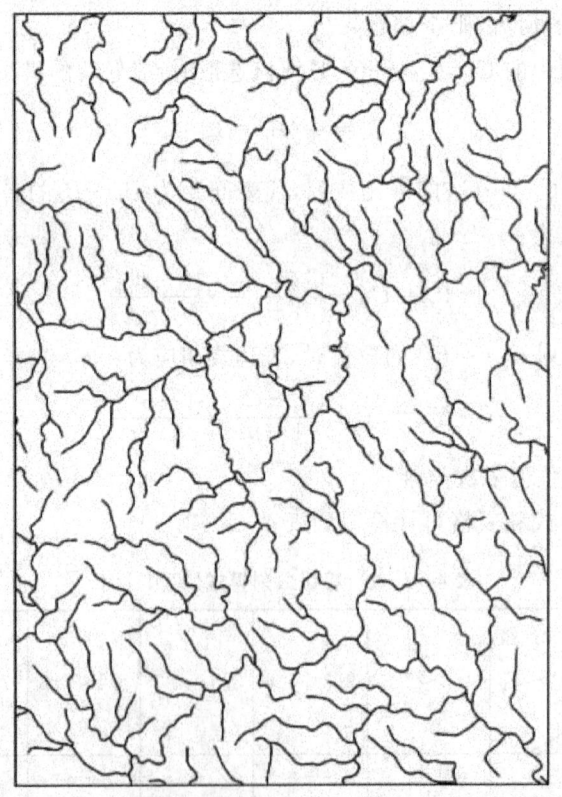

图4-1-1　某区域较大比例尺水系略图（放大两倍使用）

（该图摘自蔡孟裔主编的《新编地图学实习教程》）

实验 2　城镇居民点的制图综合

城镇式居民地形状概括从内部结构和外部轮廓两个方面进行研究。内部结构是指街道网的结构，即街道网的几何形状，主次街道的配置和密度，街区建筑密度和重要方位物等。外部轮廓指街区的外缘图形，它常由围墙、河流、湖（海）岸、道路、陡坡、冲沟等作为标志。研究外部轮廓除研究其轮廓形状外，还要研究居民地的进出通道及同周围其他要素的联系。

城市居民地平面图形化简的原则包括：(1)正确反映居民地内部通行情况，选取连贯性强，对城镇平面图形结构有较大影响的街道；选取与公路，特别是两端都与公路连接的街道；选取与车站、码头、机场、广场、桥梁及其他重要目标相连接的街道；最后再根据街道网的密度、形状等特征的要求，补充其他的街道。(2)正确反映街区平面图形的特征，矩形街区的矩形格状街道网选取相互垂直的两组街道，放射状的结构保持收敛与中心点的及围绕该点的另一组成多边形结构的街道，不规则的街道网不能随意拉直街道。(3)正确反映街道密度和街区大小的对比。(4)正确反映建筑面积与非建筑面积的对比。(5)正确反映居民地的外部轮廓形状，确定居民地的外部轮廓时，应先找出外部轮廓的明显转折点，连接成折线，对形状进行较大的概括。

1　目的与要求

(1)掌握较大比例尺基本图向较小比例尺的转绘。

(2)掌握小比例地形图城镇式居民地道路网的综合原则和方法。

(3)掌握根据地图比例尺和用途，选取进入新编图的居民地，确定哪些居民点能入选。

(4)掌握如何保持居民地平面图形的特征，包括居民地的外部轮廓。

(5)实验过程中要求保留那些距离较长，与公路相连的，对街区平面结构有较大影响的街道，掌握要达到这样的效果需要采取的手段。

(6)掌握制图综合目的在于保持其方向和相互间的拓扑关系，并兼顾密度对比：图中咸阳市核心位置为依比例尺的建筑物，周围房屋稀疏且方向各异，分布为团状或列状，依照要求选 1/2 舍 1/2，同时将选取的房屋适当的移位。

2　仪器与资料

(1)资料：较大比例尺咸阳市街区图（由教师提供）（见图 4-2-1）。

(2)仪器：制图软件、计算机、打印机、绘图纸。

3 内容与步骤

(1) 绘制内图廓线

图幅的内图廓线,一般绘制成细实线,如果觉得单调可以加绘较粗的外图廓线。

(2) 选取方位物

选取方位物,包括测量点与独立地物,是为了保证其位置精确,并便于处理同街区图形发生矛盾时的避让关系。方位物过于密集,应根据其重要程度进行取舍,以免方位物过密破坏街区与街道的完整。

(3) 加绘铁路、车站及主要街道

由于铁路是非比例符号,它占据了超出实际位置的图上空间,各种街道图形也有类似的问题。为了不使铁路或主要街道两旁的街区过分缩小,以致引起居民地图形产生显著变形,应使由铁路或主要街道加宽所引起的街区移动量均匀配附到较大范围的街区中。

主要通过以下三个方面完成:

① 选取铁路及主要街道进行加绘,主要街道 1 cm 次要街道 0.5 cm,选取次要街道时要有利于反映道路网的特征。

② 概括居民地外部轮廓特征,不依比例尺表示的选 1/2 舍 1/2,注意不能随意拉直不规则街道。

③ 正确表示出居民地建筑面积与非建筑面积的对比。空地按面积大小部分应删掉或者合入街区中。

(4) 选取次要街道

选取次要街道时,首先了解不同区域街道密度及其连通状况,然后根据密度分布选择连通性较好的次要街道,最后根据密度对比补充次要街道至初始的密度对比状况。

(5) 概括街区内部的结构

依次绘出建筑地段的图形,用相应的符号表示其质量特征,再绘出不依比例尺表示的独立房屋。

(6) 概括居民点的外部轮廓形状

外部轮廓常由围墙、河流、湖(海)岸、道路、陡坡、冲沟等作为标志。在确定居民地的外部轮廓时,应先找出外部轮廓的明显转折点,连接成折线,对形状进行较大的概括。概括外部轮廓除研究其轮廓形状外,还要考虑居民地的进出通道及同周围道路、河流、地形要素的联系。

（7）加绘河流及等高线

河流基本按照原图绘制；城镇居民点等高线也基本比较简单，按照相应的比例尺缩小、等高距加大便可。

（8）填绘其他说明符号、添加注记

最后填绘的其他说明符号、注记包括植被、土质、地貌等说明符号，例如果园、菜地、沼泽、沙地等。

4 实验应交成果

本实验要求每人提交 1 份实验报告。实验报告应包括的信息有：一份咸阳市居民点的制图综合成果图。

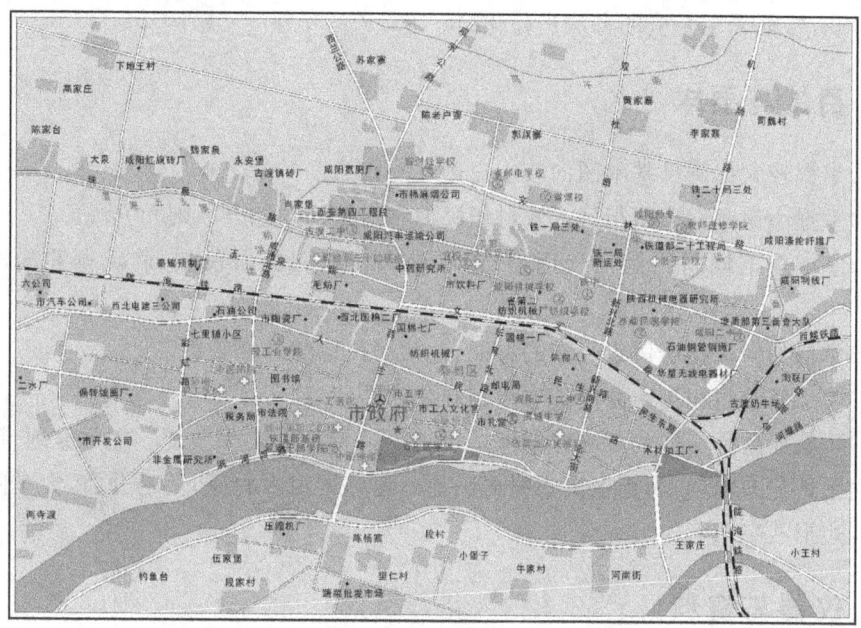

图 4-2-1 某区域城镇居民点略图（放大两倍使用）

实验 3　街区式农村居民地的制图综合

街区式农村居民地按其建筑物的密度又可分为密集街区式、稀疏街区式和混合型街区式三种。对于密集街区式,街区图形较大,街道整齐,多为矩形结构,概括时应舍去次要街道,合并街区,区分主、次街道,合并后的街区面积不应过大;对于稀疏街区式,由于其街区主要由独立房屋组成,空地面积较大,概括时除舍去次要街道、合并街区外,主要是对独立房屋进行取舍,以保持稀疏街区的特点;混合型街区式农村居民地应根据各部分的固有特征采用相应的办法进行化简。

1 目的与要求

(1)掌握较大比例尺基本图向较小比例尺的转绘。
(2)掌握小比例地形图街区式农村居民地和道路网的综合原则和方法。
(3)掌握根据地图比例尺和用途,选取进入新编图的居民地,确定哪些居民点能入选。
(4)掌握如何保持居民点分布的特征,包括居民地的外部轮廓。
(5)熟悉实验过程中道路的选取级别和要求。
(6)了解应用什么样的标准才能保持居民点的特征不发生改变。在平原地带,地势平坦,居民地分布均匀,属街区式农村居民地。道路网由乡村路,简易公路,大车路等组成,呈四边形或三角形。

2 仪器与资料

(1)资料:较大比例尺农村居民点图(由教师提供)。
(2)仪器:制图软件、计算机、打印机、绘图纸。

3 内容与步骤

(1)绘制图幅的内图廓线。图幅的内图廓线,一般绘制成细实线,如果觉得单调可以加绘较粗的外图廓线。
(2)按照街区化简居民地。要从以下几个方面进行考虑:
① 区域内舍掉3~4个农村居民地,注意相应的居民地注记要一同舍掉。
② 按照街区式的农村居民地的图形特征进行化简。图中街区式居民地多属密集式街区,街区图形较大,街道整齐,多为矩形结构,故舍去次要街道,合并街区,区分主次

街道。

街区的凹凸处理同城镇居民地的综合原则。

③ 处于街区外缘,且不依比例尺所表示的房屋应适当取舍(取 1/2,舍 1/2)。注意点状符号不依比例尺,面状符号要依比例尺。要注意的是,街区边缘有少量散列式农村居民地,即独立房屋,选取位于道路边或交叉口,河流汇合处等明显独立房屋。只能取舍不能合并。

(3) 化简各级道路。道路的选取以等级为准。同时道路与居民地有着密切的联系,居民地密度大体上决定着道路的等级,居民地的分布特征则决定了道路网的结构,所以两者相互对比会有较好的综合效果。

图上简易公路以上级别的路要求选取,乡村路以下级别的全部舍掉。道路网格应 $\geqslant 4 \text{ cm}^2$ 且优先选取连接乡镇间等级高的公路,大车路以下级别的路要进行化简。

(4) 加绘河流、等高线等。河流基本按照原图绘制;农村居民点等高线按照相应的比例尺缩小、等高距加大便可。

(5) 添加符号、注记。居民地注记的字体要分三级,以区分不同的等级。填绘的其他说明符号、注记包括植被、土质、地貌等说明符号,例如果园、菜地、沼泽、沙地等。

4 实验应交成果

本实验要求每人提交 1 份实验报告。实验报告应包括的信息有:一份街区式农村居民地的制图综合成果图。

实验 4　用化简的方法进行等高线概括

等高线的概括主要是其形态的化简。等高线形状化简的基本原则包括五个方面：(1)以正向形态为主的地貌，扩大正向形态，减少负向形态；这是对一般地貌形态适用的原则，在等高线的形状化简时，要删除谷地、合并山脊，使山脊形态逐渐完整起来。(2)以负向形态为主的地貌，扩大负向形态，减少正向形态；负向地貌为主的地貌形态，指那些以宽谷、凹地占主导地位的地区，如喀斯特地区、砂岩被严重侵蚀的地区、冰川谷和冰斗等，它们都具有宽阔的谷地和狭窄的山脊。(3)同一斜坡的等高线图形应协调一致，而反向斜坡的等高线不能协调。(4)等高线图形概括应强调显示地貌的基本形态特征。(5)等高线图形概括要在一定程度上反映地貌类型特征。

1　目的与要求

(1)了解在地形图上，等高线反映了区域的地貌形态，它成功地解决了三维的空间数据以二维平面表达的问题，使地貌形态具有可量测性——位置、高程、坡度、坡向等。

(2)了解通过等高线概括，必须保持地貌的基本形态。

(3)等高线在进行这种概括时，必须做到两点：

① 保持等高线位置在整体上相对准确，因为任意移动等高线位置的做法，会影响地貌的平面位置和高程精度。

② 善于识别各种地貌基本形态的等高线特征，将一组等高线作为一个三维空间的实体来概括。

2　仪器与资料

(1)资料：选取比例尺 1:5万或 1:10 万地形图(由教师提供)的 1/4 或 1/6 图幅。

(2)仪器：制图软件、计算机、打印机、绘图纸。

3　内容与步骤

(1)选定地形图 1/4 或 1/6 幅面。

(2)选择等高距。因为实验不可能按新编图比例尺缩小后作业(这样等高线会非常密集)，所以，化简等高线是在资料图上进行的。

(3)勾绘地性线。地性线是地形测图时表示地形坡面变化的特征线，如山脊线、山谷线等。勾绘地性线时，要根据制图综合的要求和原则，有标准地选择较大、较长、较重要的山脊线、山谷线进行勾绘,切忌对任何山脊线和山谷线都进行勾绘,以免形成后面等高线制图综合的干扰。

(4) 先做出计曲线,然后再由计曲线做出其他等高线。要时刻注意等高线绘制过程中处处与地性线相垂直。

(5) 依据地形的协调关系调整山脊和山谷。具体做法应从以下几个方面进行:

① 对大多数地貌形态来说,简化图形的手法是:删除谷地,合并山脊,成为一种正向地形为主的表示方法。这种简化的结果能使山体轮廓清晰、完整(图4-4-1)。这种方法的意思是扩大正向、缩小负向,故可称为"扩正压负"。删除谷地时,等高线沿着山坡的外缘超过小谷地,使谷地合并在山体之中(图4-4-2)。

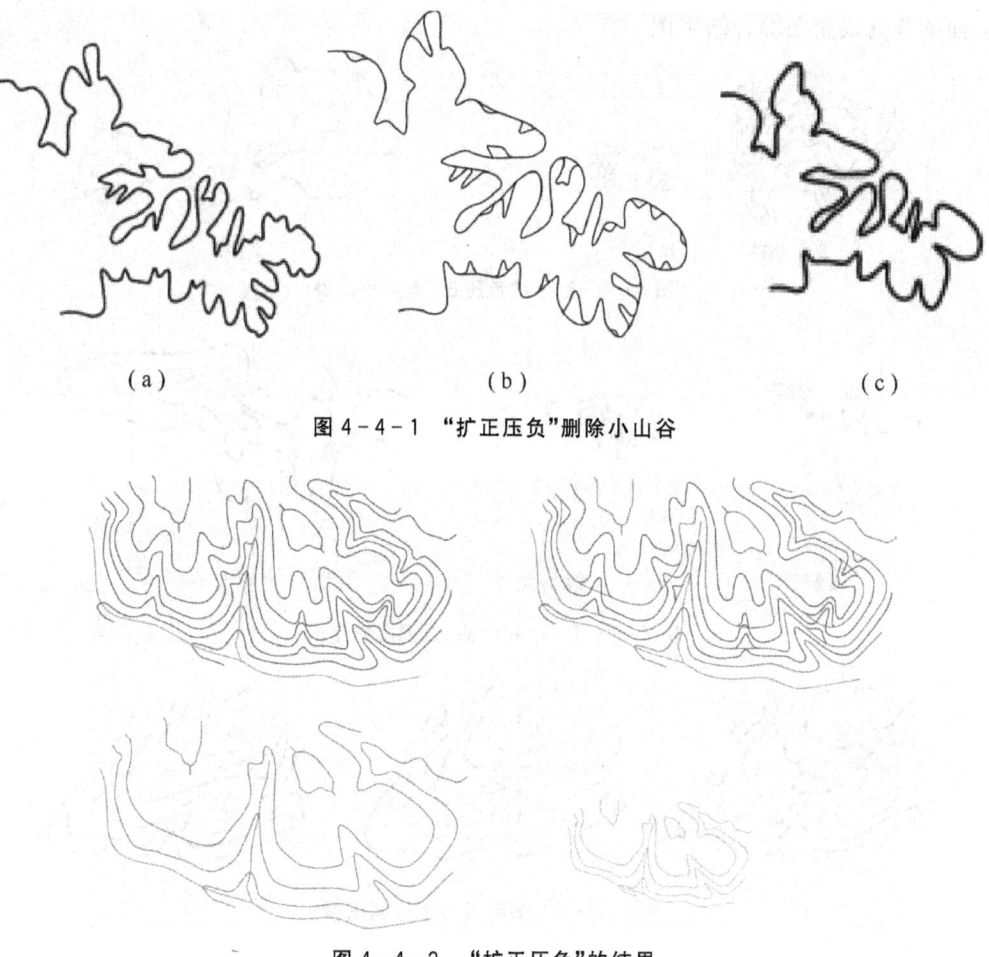

图4-4-1 "扩正压负"删除小山谷

图4-4-2 "扩正压负"的结果

② 局部范围内和在一定比例尺的条件下,地形图上还需要表示出某些谷地、凹地,它们中间有一些小山脊。简化这些地形时,要删除掉这些小山脊,扩大谷地,成为一种负向地形为主的表示方法,这种方法的意思是"扩负压正"。删除小山脊时,等高线沿谷地最凹处"穿入"小山脊中,把它删掉(图4-4-3)。

③ 在合并山头、强调山脊走向时,我们可以参考图4-4-4的手法,山鞍部位和斜

坡转折处的谷地化简时,又有不同的概括手法。对需要化简的谷地、山头、鞍部进行化简作业,可以不断修改重做,在上面进行等高线化简。

④ 等高线的协调至关重要,相邻等高线的描绘有许多不协调的地方,主要表现在斜坡上出现了小的山脊或者山谷,因此,为了协调同一斜坡等高线,需要删掉这些小的山脊或者山谷。图4-4-5则显示出等高线的协调关系。

(6)最后修改首曲线与计曲线的粗细,提交成果图。

4 实验应交成果

本实验要求每人提交1份实验报告。实验报告应包括的信息有:地形图1/4或1/6幅面的等高线制图综合结果图。

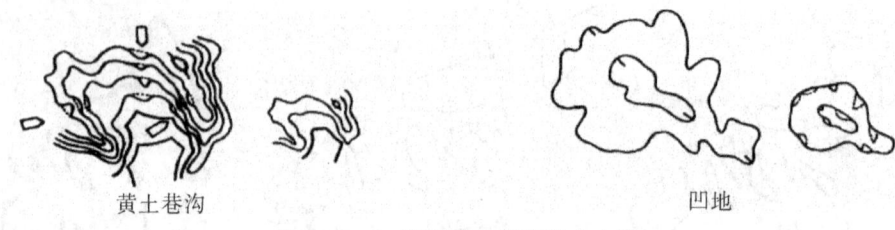

图 4-4-3 "扩负压正"删除小山脊

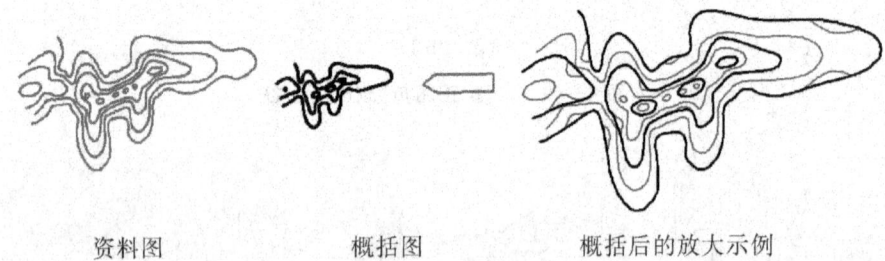

图 4-4-4 合并山头,强调山脊走向

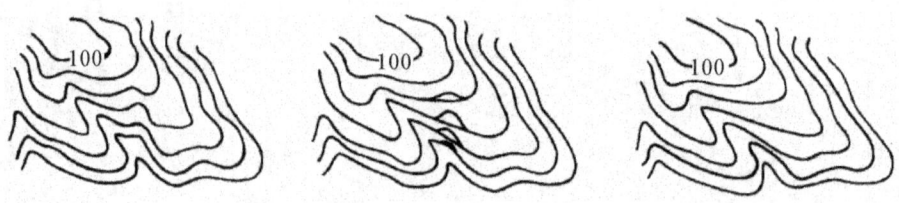

图 4-4-5 等高线的不协调概括

第 5 篇 地图设计与编制

实验 1 ArcMap 地图编辑基本操作

1 目的与要求

（1）认识 ArcMap 图形用户界面，了解各部分基本功能。

（2）掌握在 ArcMap 中不同类型数据加载方法、了解地理数据是如何进行组织及基于"图层"进行显示的。

（3）熟练掌握应用 ArcMap 进行图例符号设置、空间数据查询、数据层标注等基本操作。

2 仪器与资料

（1）资料：数据应用 ArcGIS 所带模版数据和提供数据、DATA1。

（2）仪器：高性能计算机 30 台、ArcGIS10.0 及以上版本。

3 内容与步骤

（1）ArcMap 的启动

按 Windows 的常规，ArcMap 的启动有 3 种途径：从 Windows 的"开始/程序/ArcGIS/ArcMap"菜单启动；在 Windows 资源管理窗口中，用鼠标双击地图文档文件名，直接打开；在 Windows 的桌面窗口中设置 ArcMap 或地图文档快捷图标，鼠标双击启动。

双击 或从 Windows 的"开始"菜单启动 ArcMap，选择"新建地图→模板→Traditional Layouts→USA→USA Counties"，点击"确定"打开"美国县级行政区划图"。

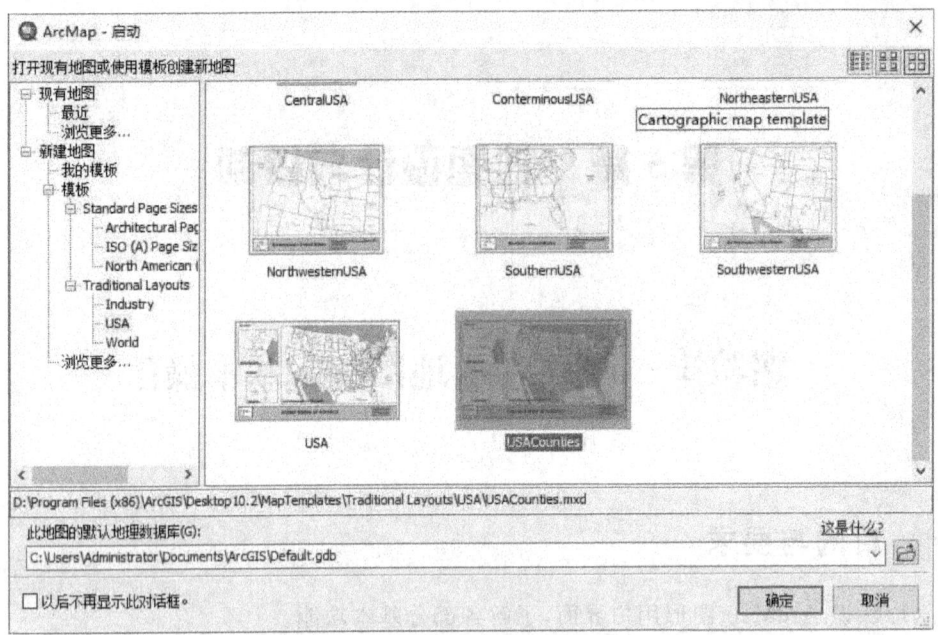

图 5-1-1 模板方式启动

(2) ArcMap 的视窗组成与功能介绍

打开 Arcmap 进入地图文档窗口(Map Document Window),默认的文档名称为"无标题"。如图 5-1-2 所示,视窗上边是菜单栏(Menu Bar)和标准工具栏(Standard Tool Bar),中间是浏览工具栏(Tools)和布局工具栏(Layout),左侧是内容列表窗口(Table Of Contents,简称 TOC),中右部是地图显示窗口(Data View),右侧是目录(ArcCatalog)和搜索(Search)窗口。

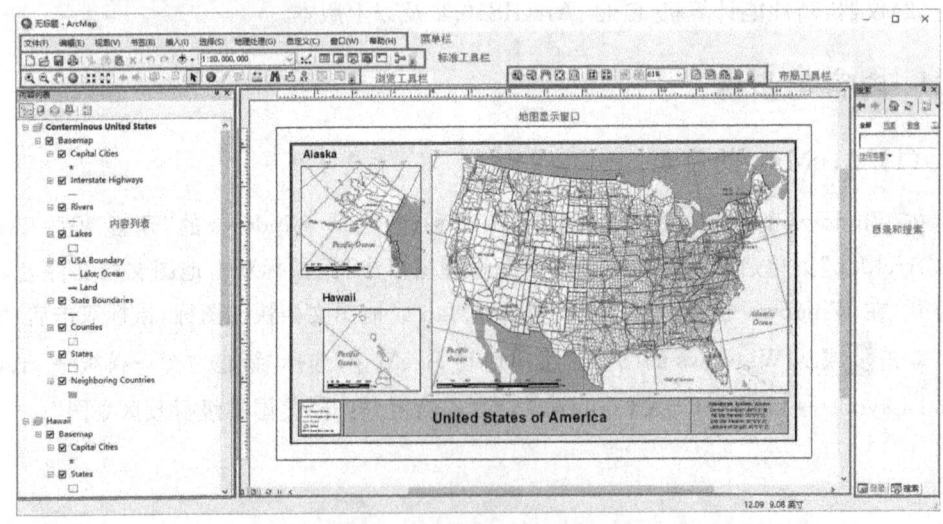

图 5-1-2 ArcMap 的视窗组成

① 菜单栏(Main Menu):包括文件操作、编辑操作、视图操作、插入要素、选择要素、地理处理、自定义、窗口和帮助等。

② 标准工具栏（Standard Tool Bar）：创建新地图、打开已有地图、保存当前地图、打印当前地图、剪贴选择要素、复制选择要素、粘贴选择要素、删除选择要素、取消、恢复、加载地图数据、设置显示比例、调用编辑工具、启动 ArcCatalog、启动 ArcToolbox 等。

③ 内容列表（Table of Contents）：内容列表中将列出地图上的所有图层并显示各图层中要素所代表的内容。在内容列表可以按绘制顺序、按源、按可见性或按选择列出图层。

④ 地图显示窗：地图显示窗口有两种模式可以切换：Data View（数据视图）和 Layout View（版面视图）。

⑤ 浏览工具栏（Tools）：任意放大、任意缩小、中心放大、中心缩小、任意移动、全景显示、回到前一屏幕范围、显示下一屏幕范围、要素选择、图形选择、标定要素、要素查找、图形量测、超级链接。

⑥ 布局工具栏（Layout）：放大、缩小、任意移动、中心放大、中心缩小、显示整个页面、按 100% 显示、回到前一屏幕范围、显示下一屏幕范围、当前显示百分比、模板选择。

⑦ 目录（ArcCatalog）和搜索（Search）窗口：目录窗口可将各种类型的地理信息（例如，您在 ArcGIS 中使用的当前 GIS 项目的数据、地图和结果）作为逻辑集合进行组织和管理。在搜索窗口可以搜索数据、地理处理工具等并能快速应用搜索结果。

⑧ 右键快捷菜单功能

在 ArcMap 不同位置点击右键可以调出右键快捷菜单，常用的有：

a. 图层组操作快捷菜单。

图 5-1-3　图层组操作快捷菜单　　图 5-1-4　数据层操作快捷菜单

b. 数据层操作快捷菜单。

c. 地图输出操作快捷菜单。

图 5-1-5　地图输出操作快捷菜单　　　　图 5-1-6　制图数据操作快捷菜单

d. 制图数据操作快捷菜单。

e. 面板工具设置快捷菜单。

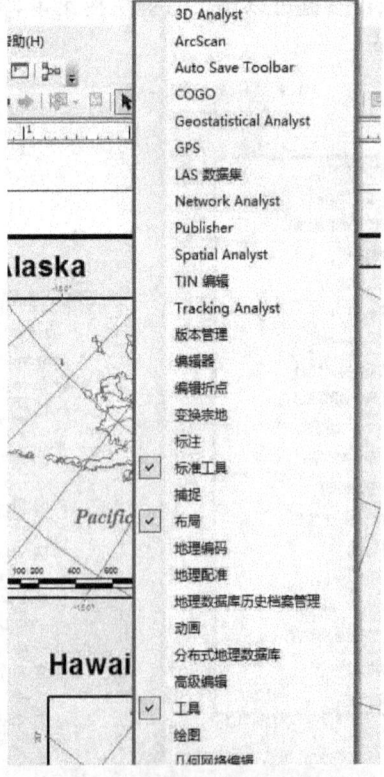

图 5-1-7　面板工具设置快捷菜单

(3) ArcMap 窗口操作

① 窗口比例设置：选择数据层后右键点击"缩放至图层"，在标准工具栏比例框 `1:3,000,000` 通过下拉菜单选择设置窗口比例或输入比例尺设置窗口比例。

② 辅助窗口设置：在 ArcMap 菜单栏窗口下拉菜单进行总览窗口（Overview）设置和放大镜窗口（Magnifier）设置。在总览窗口（Overview）的标题栏右键单击"属性"，可进行参考属性等设置。

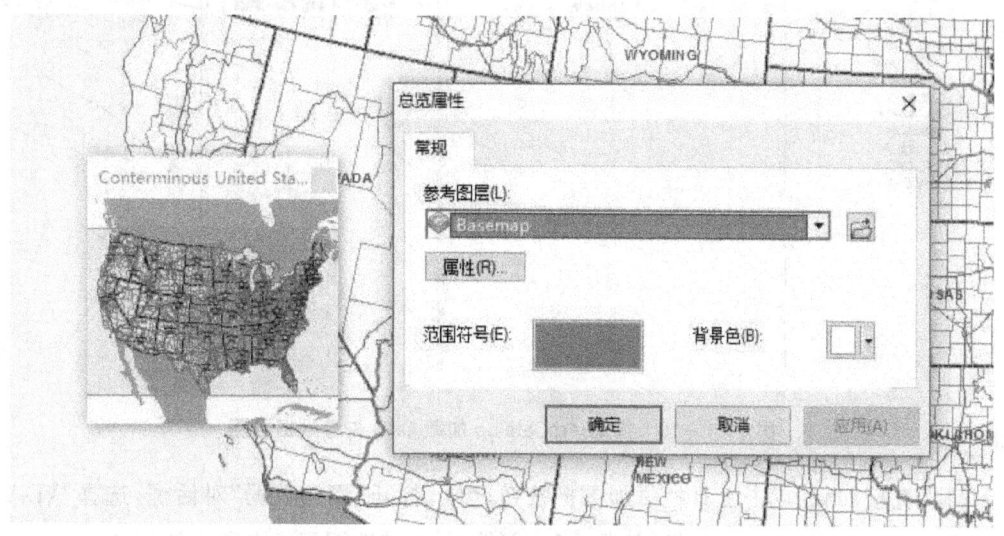

图 5-1-8 总览窗口及属性设置

③ 空间书签设置（Bookmarks）：空间书签会标识以后要保存和引用的特定地理位置。作为一种快捷方式，可以在查找和识别地图要素时创建书签。处理空间数据的空间书签可以在数据视图中进行定义，但不能在布局视图中的页面区域上加以定义。将数据框平移和缩放至感兴趣区域。单击菜单栏"书签 > 创建书签"可创建书签，单击菜单栏"书签 > 管理书签"可对已有书签进行管理。

图 5-1-9 空间书签设置

点击菜单栏"文件 > 保存"，保存地图文档并退出。

（4）ArcMap 地图编辑

① 数据层加载

重新打开 ArcMap，建立新的空白文档。

a. 借助 ArcCatalog 加载：从 Windows 的"开始 > 程序 > ArcGIS > ArcCatalog"菜单启动 ArcCatalog，先单击 连接到文件夹"DATA 1"，选择"\DATA 1\CAD－DATA \

1-2000.dwg"按住鼠标左键,拖到"视窗内容列表",完成 CAD 矢量数据的加载,修改图层组名称为练习1。

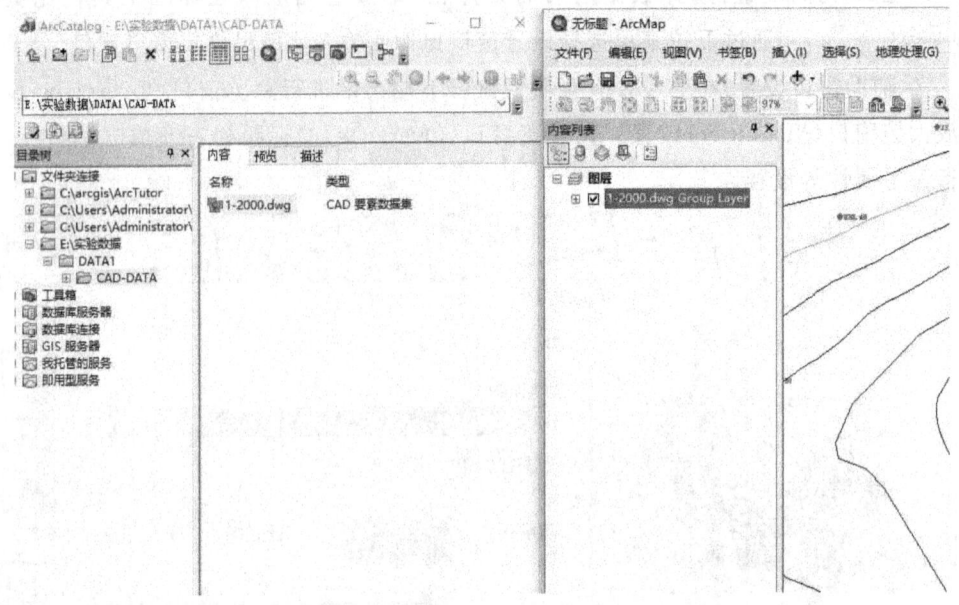

图 5-1-10 借助 ArcCatalog 加载 CAD 矢量数据数据

b. 直接加载:点击工具栏添加数据按钮 ✛ ,打开"添加数据"对话框,选择"\DATA1\shp-data\facility.shp",完成 .shp 文件添加,修改图层组名称为练习2。

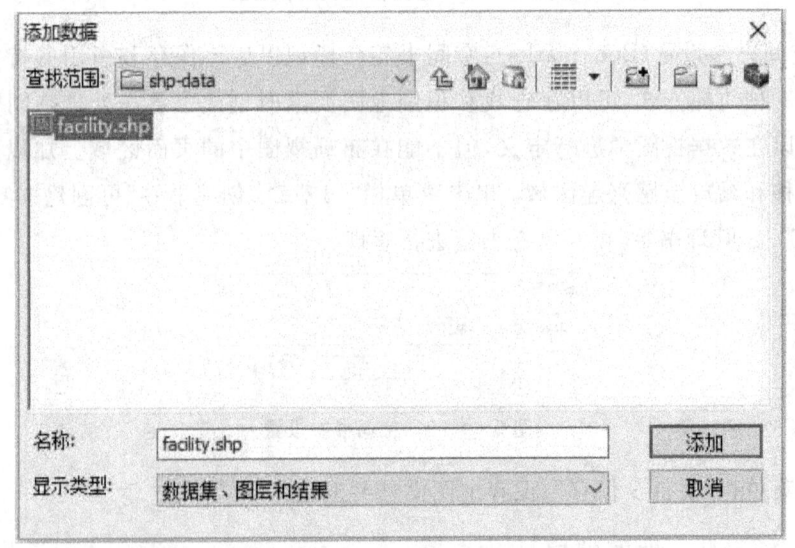

图 5-1-11 直接加载 shp 文件

c. 快捷方式(加载单波段栅格数据):新建图层组,命名为练习3,在内容列表中,右键菜单选择"添加数据",选择"\DATA1\rasterdata\elevation.img",完成单波段栅格数据添加。

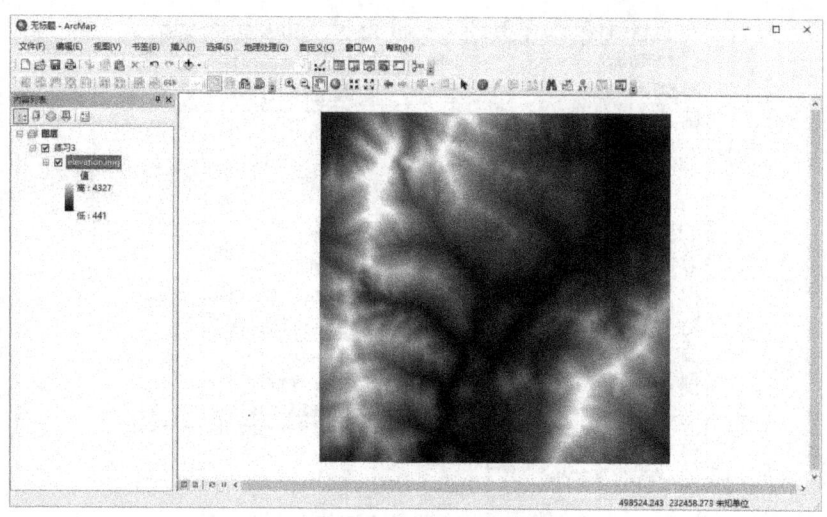

图 5-1-12　快捷方式加载栅格文件

用同样方法加载多波段栅格数据"\DATA1\gf.tif"。

d. 图片插入方式：新建图层组，命名为练习 4，打开主菜单"插入 > 图片"，选择"\DATA1\贵州.JPG"，完成图片（JPG、BMP、TIF、EMF 等格式文件）插入。

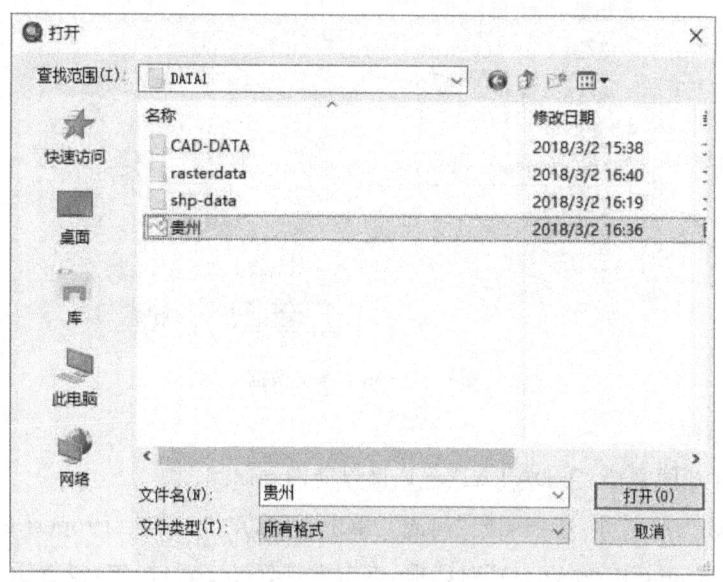

图 5-1-13　图片插入

e. 坐标文件数据的加载：新建图层组，命名为练习 5，在文件菜单下选择"添加数据 > 添加 XY 数据（Add XY Data）"，X 字段选择"经度"字段，Y 字段选择"纬度"字段，添加"陕西省旅游景点位置.xls"坐标文件到地图文档。新增的"Sheet1 $ 个事件"为事件图层，是临时图层，需要将数据导出，存储为要素类。在内容列表中，右键单击"Sheet1 $ 个事件"图层，选择"数据 > 导出数据"，弹出"导出数据"窗口，选择"所有要素"，单击浏览按钮，选择输出路径和数据类型进行保存。

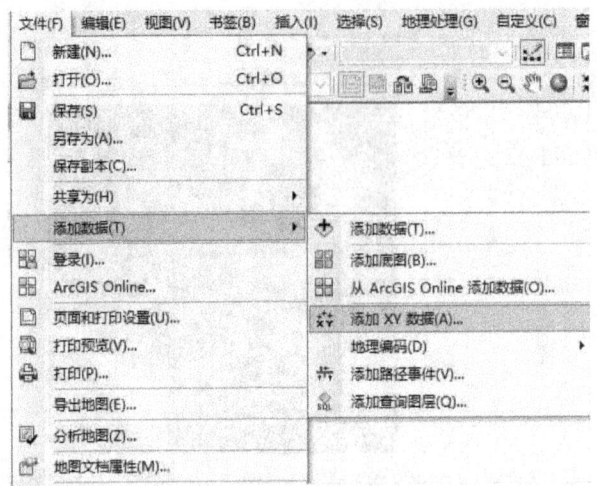

图 5-1-14　坐标文件数据的加载

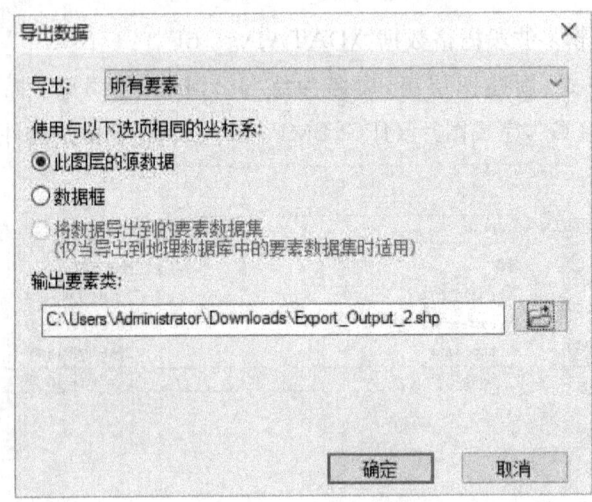

图 5-1-15　导出数据

(2)图层操作

双击打开地图文档"\DATA1\ex1\世界简图.mxd"。

a. 改变数据层名称:选择图层"河流",单击右键,点击"属性(Properties)",打开"图层属性(Data Frame Properties)"对话框,点击常规(General)标签,设置图层名称为"主要河流"。修改"湖泊"图层名称为"主要湖泊"。

b. 通过勾选设定数据层是否显示,在数据视图通过拖动调整图层顺序。

c. 定义数据框的坐标。使用新的空白地图启动 ArcMap 时,添加到空数据框的第一个图层的坐标系将作为数据框的坐标系,也可以在需要时对其进行更改。添加后续图层时,如果定义了数据源的坐标系,则会使用数据框的坐标系自动显示后续图层。右键单击"图层"数据框,点击"属性(Properties)",打开"图层属性(Data Frame Properties)"对话框,点击"坐标系"标签,可以进行坐标系变换。

d. 图层组操作：右键单击"图层"数据框，选择"新建图层组"，修改图层组名称为"水系"，按住 Shift 键，选择"主要河流"和"主要湖泊"图层，拖动选中图层至"水系"图层组下，完成数据层的组合。右键单击图层组，可移除或取消分组。

（5）查询地理要素

① 通过识别按钮查询

如图 5-1-16 所示，在 ArcMap 中，通过工具栏上识别按钮 在地图显示区点击某个要素你就可以查询其属性。查询结果窗口的上边，点击要素名称，这时，可以观察到这个要素在地图中"闪现"。

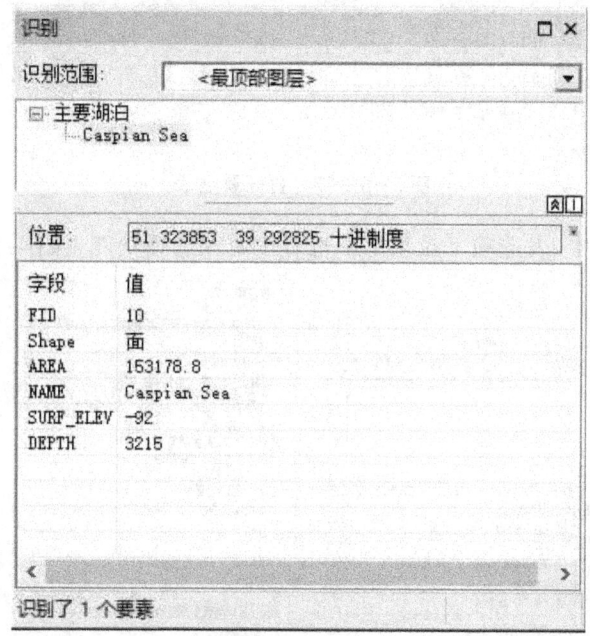

图 5-1-16 识别

② 通过属性表查询

在内容列表中，选中"主要湖泊"图层，然后单击右键执行"打开属性表"命令。可在属性表中查看整个图层的所有属性信息。这个表中的每一行是一个记录，每个记录表示该图层中的一个要素。在图层属性表中双击"Name"字段值为"Lake Balkhash"的记录，可快速定位到地图上的该要素。使用表选项下拉菜单中的"查找和替换"功能可查询表格中的任意字段值。

③ 通过选择菜单查询

a. 按属性查询

在选择菜单下选择"按属性选择"，在"按属性选择"对话框中，你可以构造一个查询条件。在图层下拉列表中，选择"陆地"图层。在方法下拉列表中，确定"创建新的选择内容"被选中。在字段列表中，调整滚动条，双击"CONTINENT"，点击关系"="按钮。再点击"得到唯一值（V）"按钮，在唯一值列表框中，找到"Asia"后双击。点击"确定"和"应用"，选中的要素将会在属性表及地图中高亮显示。我们通过按属性选择查找出了亚洲所在区域。

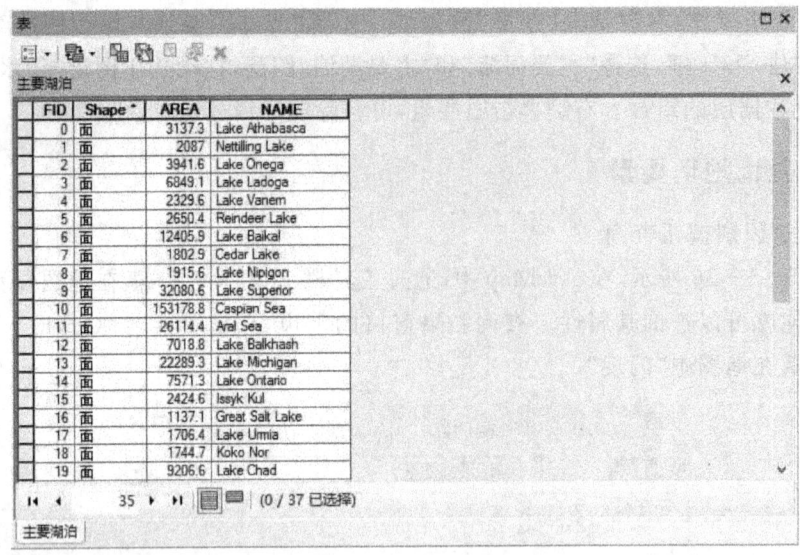

图 5-1-17 打开属性表

在图层属性表中,表选项下拉菜单中也有按属性选择功能,操作类似。

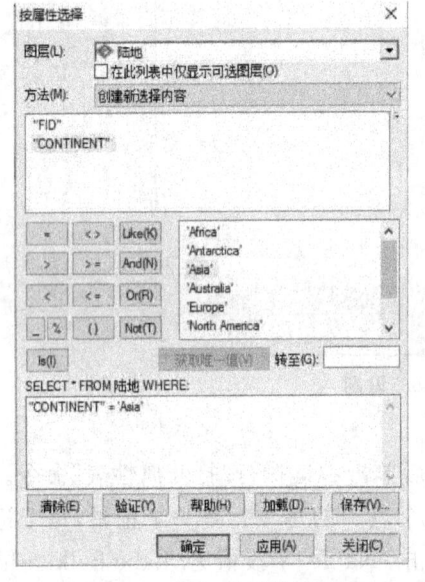

图 5-1-18 按属性选择

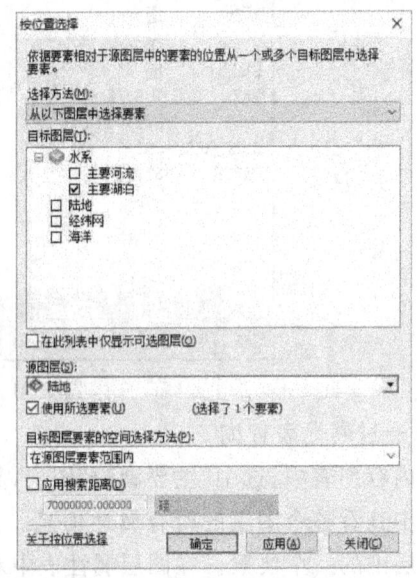

图 5-1-19 按位置选择

b. 按位置选择

当涉及查询和空间关系有关的要素时,我们需要用到"按位置选择"。

在选择菜单下选择"按位置选择",在"按位置选择"对话框中,选择方法:从以下图层中选择要素,目标图层"主要湖泊",源图层"陆地",勾选"使用所选要素(U)",空间选择方法"在源图层要素范围内"。由于对源图层使用所选要素我们选择出了亚洲范围内的所有湖泊。

选择菜单下"清除所选要素(C)"可清除选择。

(6) 数据层标注

选择需要标注的图层"主要湖泊",单击右键,点击"属性(Properties)",打开"图层属性(Data Frame Properties)"对话框,点击"标注(Labels)"标签,勾选"标注此图层中的要素",选择标注字段 NAME、字体:Times new roman、字体大小、颜色等;点击"放置属性",在"放置属性"窗口中选择"先水平,如不合适则平直(T)",单击"确定"返回图层属性对话框并应用。

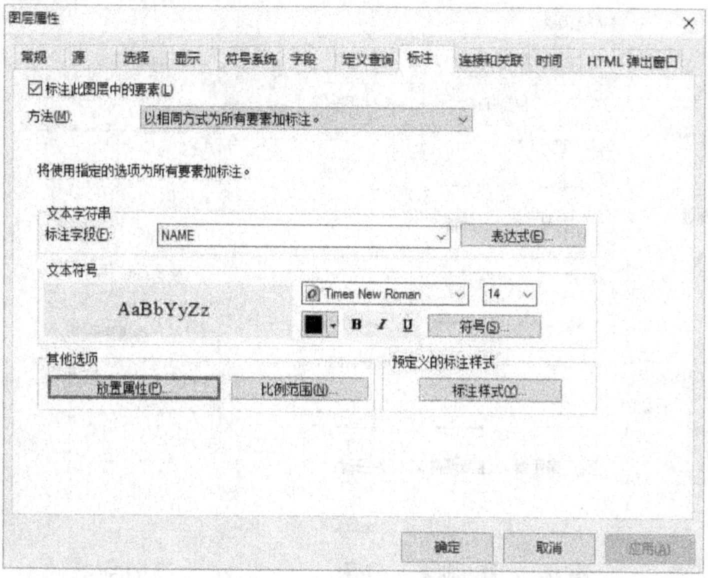

图 5-1-20 自动标注

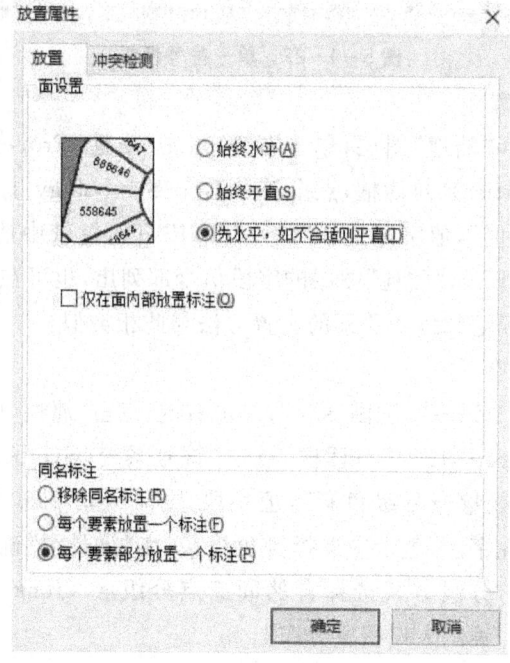

图 5-1-21 放置属性

(7) 符号设置

① 单一符号设置

在内容列表中选择"主要河流"图层,单击右键,点击"属性(Properties)",打开"图层属性(Data Frame Properties)"对话框,点击"符号系统(Symbology)"标签,在"显示(Show)"窗口下选择"要素→单一符号","符号(Symbol)"栏目下选择线状要素的符号、颜色和宽度。标记和面状要素的设置方法与此相类似。

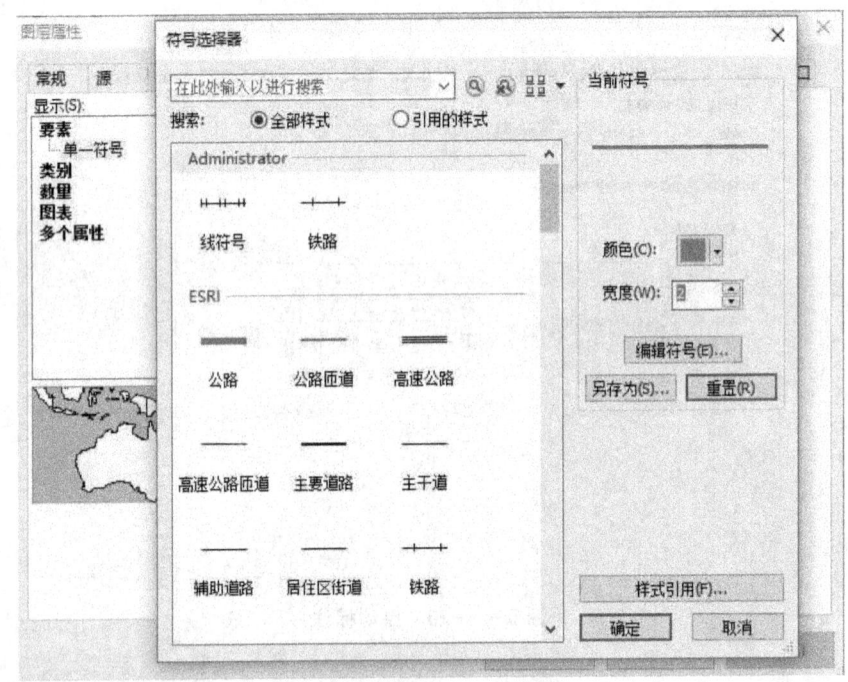

图 5-1-22 单一符号设置

② 分类符号的设置

在内容列表中选择"陆地"图层,单击右键,点击"属性(Properties)",打开"图层属性(Data Frame Properties)"对话框,点击符号系统(Symbology)标签,在显示(Show)窗口下选择"类别→唯一值",值字段选择"CONTINENT",色带中选择颜色体系,点击添加所有值(Add All Value),"陆地"图层的字段值全部列出,也可在列表中逐个设置每个字段值的符号样式。标记和线状要素的设置方法与此相类似。

③ 分级色彩的设置

添加数据:"\DATA1\ex2\美国.shp",单击右键,点击"属性(Properties)",打开"图层属性(Data Frame Properties)"对话框,点击"符号系统(Symbology)"标签,在"显示(Show)"窗口下选择"数量→分级色彩",值字段选择"人口 1990",归一化字段中选择"面积"作为除数的属性字段,色带中选择颜色体系,在"分类"栏确定分级个数 6。点击"分类(Classify)"按钮,分级方式选择自然间断点分级法(Jenks),点击"确定"和"应用"。修改图层名称为"美国人口密度分布"。

图 5-1-23 分类符号设置

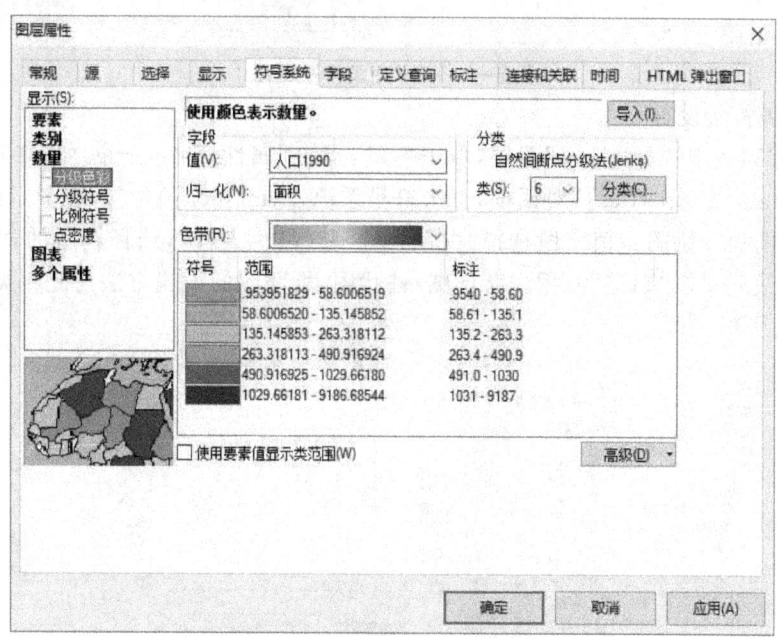

图 5-1-24 分级色彩符号设置

④ 分级符号的设置

在内容列表中选择"美国"图层,单击右键,点击"属性(Properties)",打开"图层属性(Data Frame Properties)"对话框,点击符号系统(Symbology)标签,在显示(Show)窗口下选择"数量→分级符号",值字段选择"人口 1999",色带中选择颜色体系,在分类窗口中确定分级的个数 7,符号大小设为"从 5 到 20"。点击"模板"修改符号样式,点击背景修改背景颜色为"蓝色"。最后,双击"确定"应用。

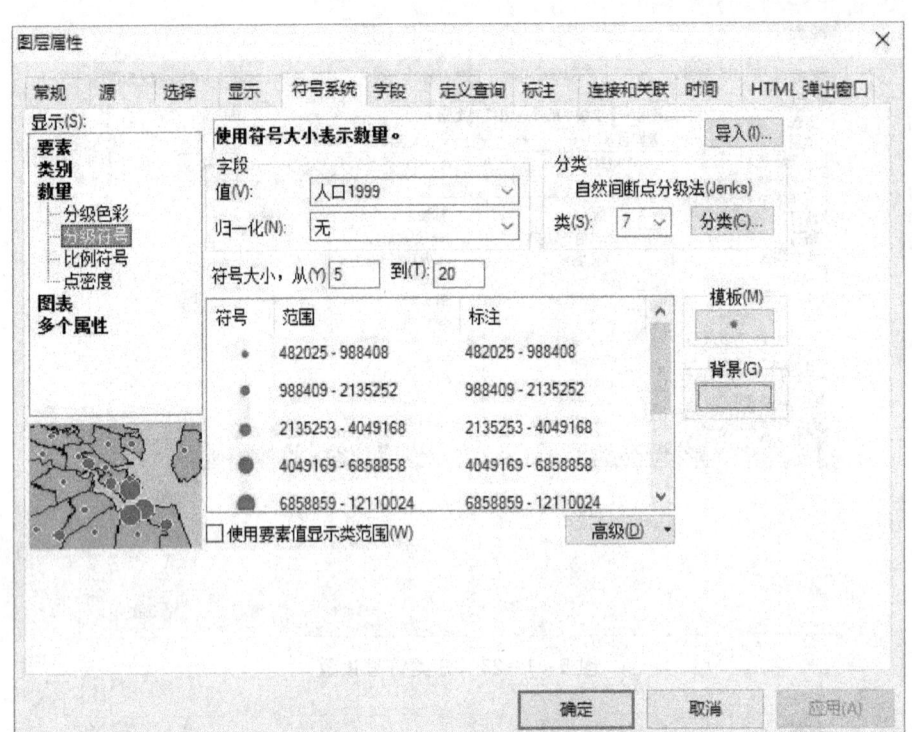

图 5-1-25 分级符号设置

⑤ 图表符号设置

在内容列表中选择"美国"图层,单击右键,点击"属性(Properties)",打开"图层属性(Data Frame Properties)"对话框,点击符号系统(Symbology)标签,在显示(Show)窗口下选择"图表→饼图",值字段选择"白色人种"和"黑色人种",选择合适的背景颜色与配色方案,最后双击"确定"应用。条形图/柱状图、堆叠图的设置方法与此相类似。

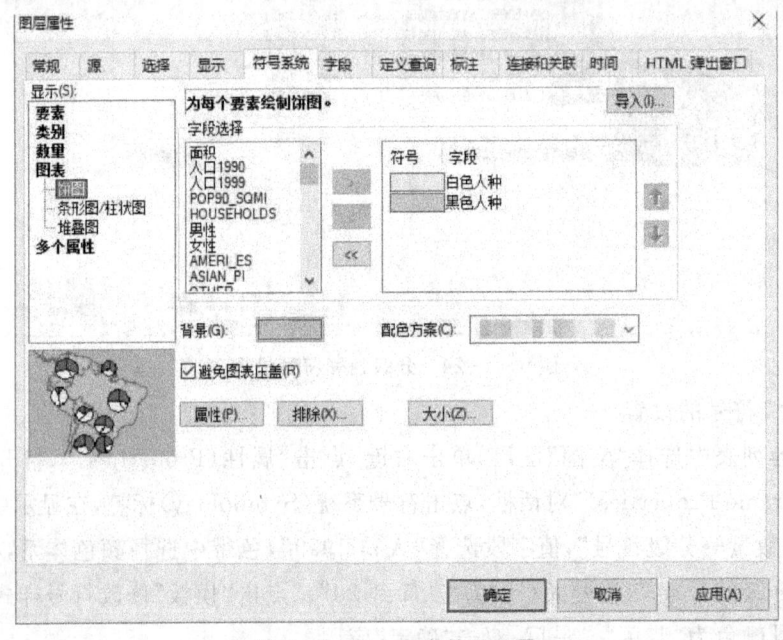

图 5-1-26 图表符号设置

⑥ 多个属性符号设置

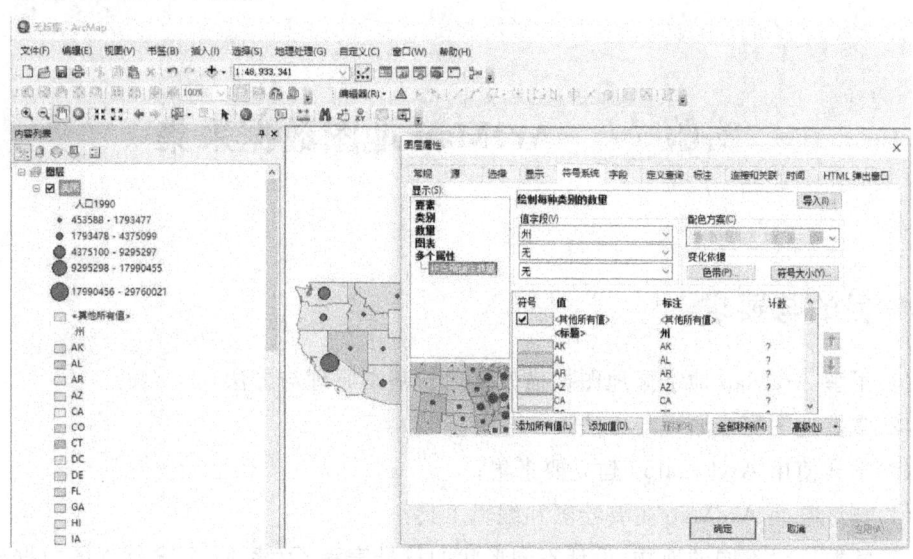

图 5-1-27 多个属性符号设置

在实际应用中，几乎每个图层都包含有多种属性信息，因此，针对要素的单个符号设置并不能完全满足实际应用需要。

在内容列表中选择"美国"图层，单击右键，点击"属性（Properties）"，打开"图层属性（Data Frame Properties）"对话框，点击符号系统（Symbology）标签，在显示（Show）窗口下选择"多个属性→按类别确定数量"，值字段选择"州"，点击添加所有值（Add All Value），选择合适的配色方案。单击"变化依据"区域的"符号大小（Y）"按钮，打开"使用符号大小表示数量"窗口，值字段选择"人口 1990"，在分类窗口确定分级个数5，分级方式选择自然间断点分级法（Jenks），点击"确定"和"应用"。形成美国各州人口分布专题图。

4 实验应提交成果

本实验要求每人提交1份实验报告。实验报告应包括的信息有：实验内容以及简要实验步骤，操作过程、结果的截图或印屏幕。

实验 2　ArcMap 地图数据采集

1　目的与要求

（1）了解 ArcMap 地掌握地图扫描矢量化的基本原理与方法；
（2）掌握地图配准原理与方法；
（3）学会使用 ArcCatalog 建立要素集；
（4）熟练掌握 ArcMap 主要绘图和编辑工具；
（5）掌握针对不同的地物，设计不同形状的符号表示，了解 ArcGIS 软件的数据处理方法。

2　仪器与资料

（1）资料：数据 DATA2。
（2）仪器：高性能计算机 30 台、ArcGIS10.0 及以上版本。

3　内容与步骤

（1）地理配准

① 加载数据和地理配准工具

首先把需要进行配准的影像——中国地图加载到 ArcMap 中，然后在工具栏空白处点击右键，将"地理配准"工具栏中添加到 ArcMap 用户界面。将地理配准下拉菜单中"自动校正"选项前的对勾取消。

图 5-2-1　地理配准工具栏

② 设定地理坐标系

选择菜单栏"视图＞数据框属性"，点击"坐标系标签"，选择"地理坐标系→Aisa→China Geodetic Coordinate System 2000"，点击点击"确定"和"应用"，完成地理坐标系的定义。

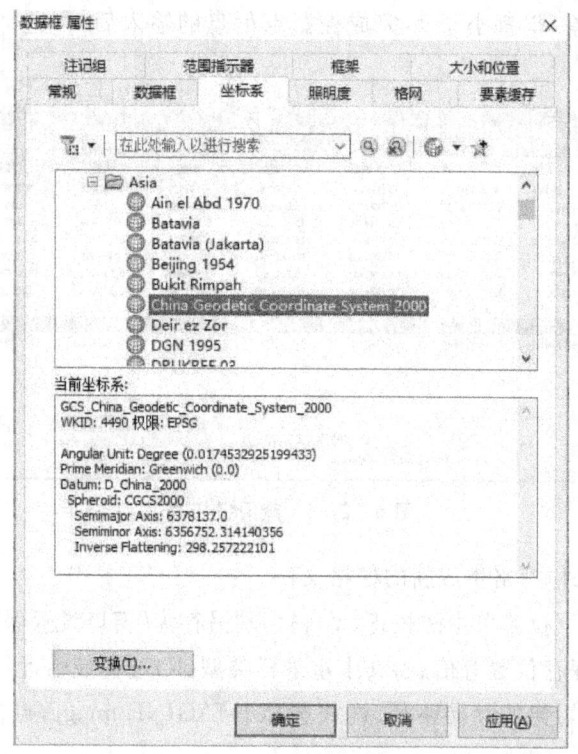

图 5-2-2 设定地理坐标系

③ 添加控制点

在"影像配准"工具栏上,点击"添加控制点"按钮 ,在扫描图上精确到找一个控制点点击,然后鼠标右击选择"输入坐标 DMS"输入该点实际的经纬度坐标。E 为东经,W 为西经,N 为北纬,S 为南纬。我国位于东半球,北半球,因此选择 E 和 N。按顺序选择经纬网交点作为控制点,在全图采集 10 个以上控制点。

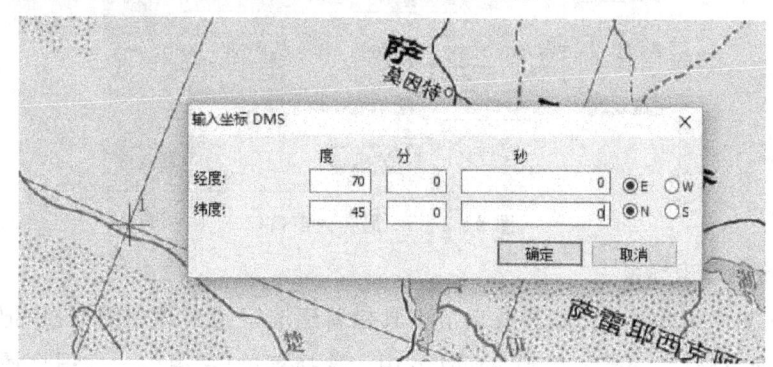

图 5-2-3 添加控制点

④ 控制点检查

在"影像配准"工具栏上,点击"查看链接表"按钮 ,打开控制点链接表,变换方式选择二阶多项式,检查控制点的残差和 RMS 总误差(E),找到残差大于 1 的控制点,选中该控制点信息,点击 按钮删除该记录,并在影像上重修采集控制点。保证控制点的残差和 RMS 总误差（E）都小于 1，完成控制点信息的输入后，可选择存为 .txt 文件，保存控制点信息。

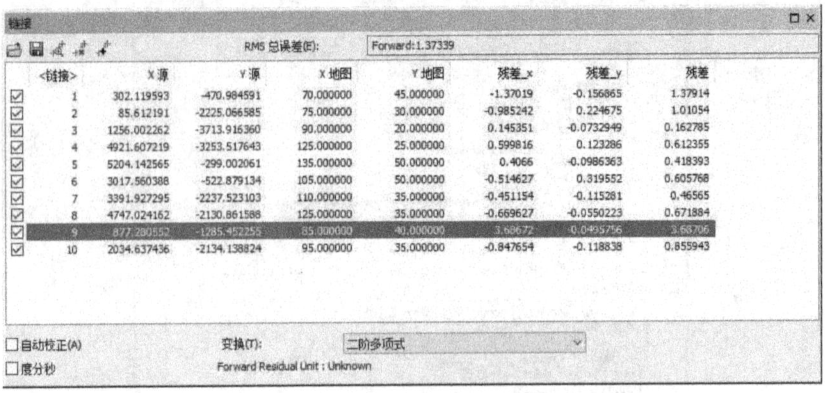

图 5-2-4　查看链接表

⑤ 矫正并重采样栅格生成新的栅格文件

选择地理配准下拉菜单中的校正（Y），打开"另存为"窗口设置保存参数和保存的校正栅格图像格式、保存位置等信息，其中重采样类型（R）选择最临近（用于离散数据），输出位置选择校正后影像的存储路径，格式选择 IMAGINE image，点击"保存（S）"，保存校正结果。

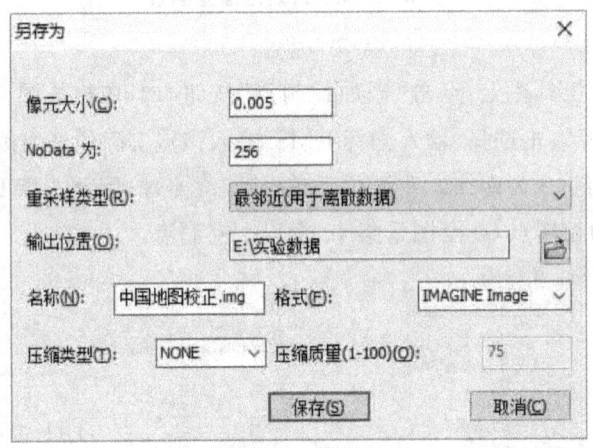

图 5-2-5　另存为窗口

⑥ 设定投影坐标系

首先在文件菜单下单击新建或点击工具栏新建按钮 新建地图文档，把校正好的影像"中国地图校正.img"加载到 ArcMap 中。选择菜单栏"视图 > 数据框属性"，打开"数据框属性"窗口，点击"坐标系"标签，选择"投影坐标系→Continental→Aisa→Asia North Albers Equal Area Conic（亚洲北部阿尔伯斯等积圆锥投影）"，右键点击"复制并修改"，打开"投影坐标系属性"窗口，进行如下设置：Central_Meridian（区域的中间子午线）为 105（经度），Standard_Parallel_1（标准并行）为 25（纬度），Standard_Parallel_2（标准并行）为 47（纬度），Latitude_Of_Origin（起始纬度）为 0（纬度），右键点击该坐标系进行收藏,方便下次使用。点击"确定"和"应用",完成投影坐标系的定义。

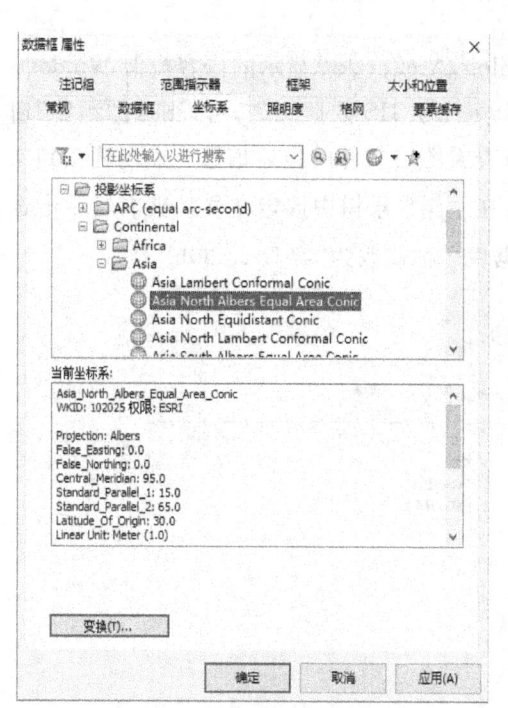

图 5-2-6　设定投影坐标系

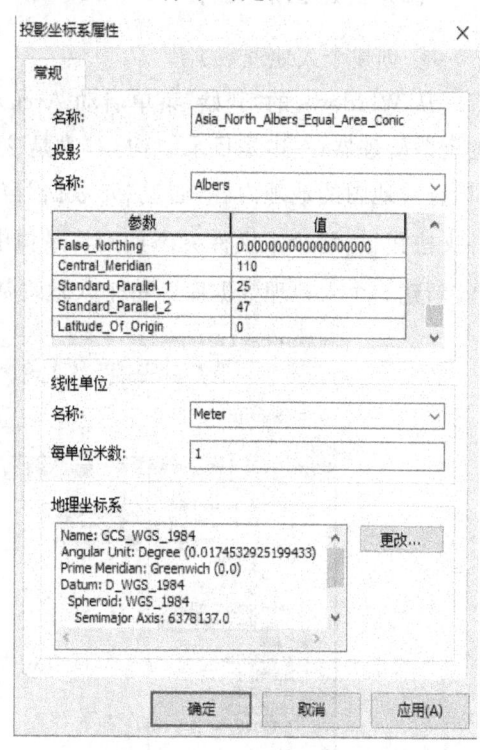

图 5-2-7　投影坐标系属性

在内容列表中选择"中国地图校正"图层,单击右键,点击"数据＞导出数据",打开导出栅格数据对话框。将空间参考改为:数据框(当前)(T),指定输出位置和文件名称:"中国地图校正投影",格式选择 IMAGINE image,点击保存(S),保存导出结果。

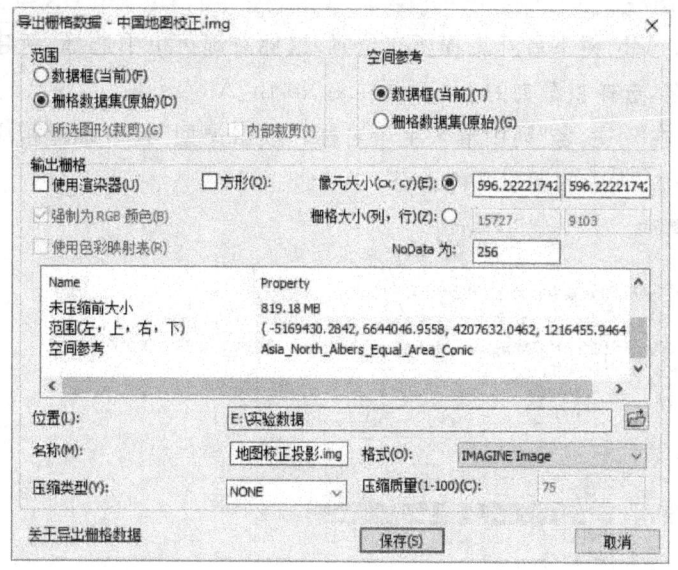

图 5-2-8　导出栅格数据

(2) 创建图层文件

① 创建个人地理数据库

从 Windows 的"开始"菜单启动 ArcCatalog,ArcCatalog 显示的内容类似 Windows 的资源管理器;左边是目录结构,右边是该目录下的 GIS 数据文件,可以通过"预览"窗口,查看地图的地理内容,通过"元数据"窗口查看图层文件的描述信息。点击连接到文件夹按钮 将个人文件夹添加到目录树中,在左侧目录树中选定该文件夹右键单击选择"新建 > 个人地理数据库",将个人地理数据库名称修改为"实验2.mdb"。

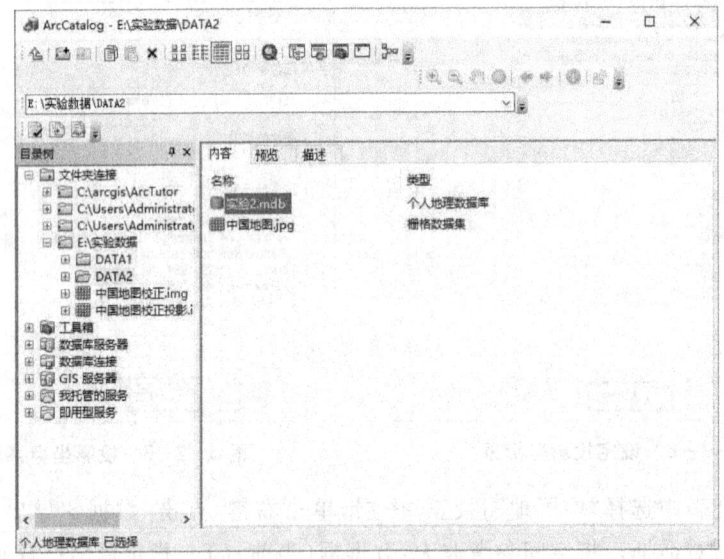

图 5-2-9 创建个人地理数据库

② 创建新图层

在"实验2.mdb"树下展开工程所在位置,鼠标右键菜单中选择"新建 > 要素类"新建要素类并命名,选择收藏夹的坐标系"Asia_North_Albers_Equal_Area_Conic"作为该要素的坐标系,在"字段名"列中输入字段名称,"数据类型"列中选择相应的字段类型。依次创建表 5-2-1 中的图层文件。

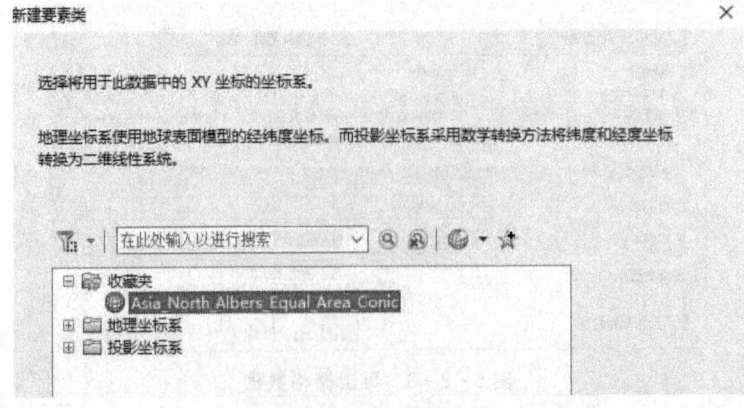

图 5-2-10 选择坐标系

表 5-2-1 所需采集基础要素列表

文件名称	要素类型	字段名	字段类型
省级行政中心	点要素	名称	文本
线状水系	线要素	名称	文本
面状水系	面要素	名称	文本
道路	线要素	道路类型	文本
省级行政界线	线要素	无	文本

(3) 矢量化

① 加载数据

重新打开 ArcMap，首先把"中国地图校正投影.img"作为矢量化的底图加载到 ArcMap 中，然后点击添加数据按钮 ✚ 将个人地理数据库"实验 2.mdb"中的图层文件添加到内容列表。

② 启动编辑器

在工具栏空白处点击右键，将"编辑器"工具栏中添加到 ArcMap 用户界面。在编辑器下拉菜单中选择开始编辑，在编辑器工具栏点击创建要素按钮 ⊞，打开创建要素窗口。

图 5-2-11 编辑器工具栏

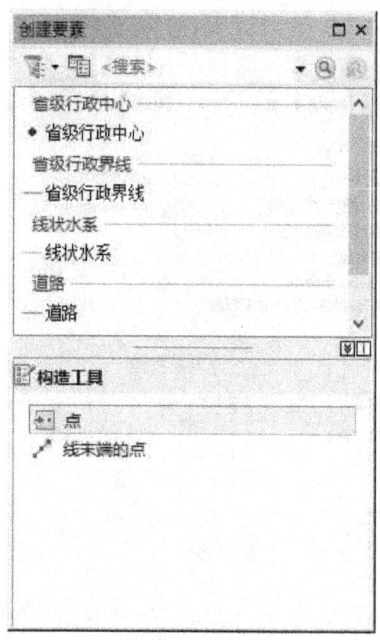

图 5-2-12 创建要素窗口

③ 点要素编辑过程

在创建要素窗口选择编辑的对象"省级行政中心",构造工具选择"点",移动鼠标到地图区,使用 🔍 工具放大地图,也可用鼠标滑轮进行放大缩小,找到合适位置时单击一下鼠标,一个点要素创建成功。点击编辑器工具栏属性按钮 ▦ ,在名称中添加相应的属性值并回车。编辑的过程中点击编辑器下拉菜单中的"保存编辑内容(S)"进行保存,保存后无法撤销之前的操作,但是可以使用删除功能删除错误要素。

图 5-2-13 点要素编辑过程

④ 线要素编辑过程

首先,在内容列表窗口将"省级行政界线"图层的线符号颜色调整为和底图区分度比较大的颜色如红色,线宽度设置为2。在"编辑器"工具栏"编辑器"下拉菜单中点击"选项",在打开的"编辑选项"对话框,常规选项卡中"编辑草图符号系统"栏可以自定义矢量化时折点和线段颜色。

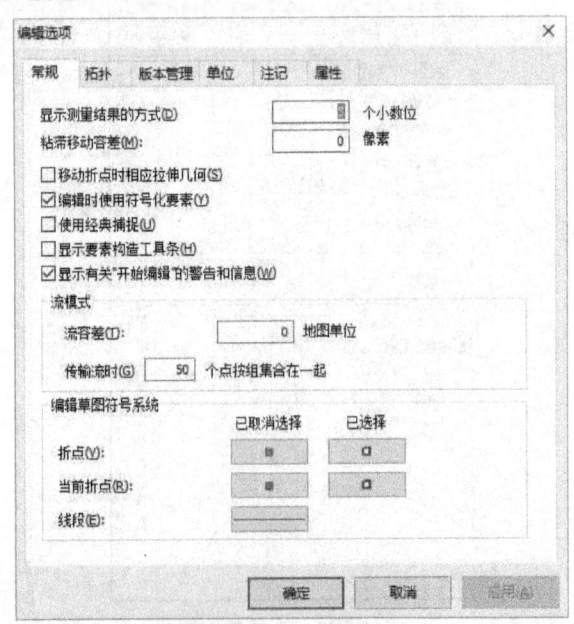

图 5-2-14 编辑选项

在创建要素窗口选择编辑的对象"省级行政界线"中心,构造工具选择"线",移动鼠标到地图区,找到相应行政界线位置,使用 🔍 工具放大到光标能清晰地显现在线中心,单击鼠标确定线的起点,然后移动鼠标到合适位置(线的拐点处)再单击鼠标添加一个拐点,重复操作,最后双击鼠标完成一条线的创建。编辑过程中使用平移 ✋ 工具进行移动,在创建要素窗口重新点击"省级行政界线"对象可接着进行拐点采集。进行下一条线采集时鼠标移动到上一条线附近可以从自动捕捉到的点位置开始采集。点击编辑器工具栏编辑工具按钮 ▶,可以对已经完成的线段进行编辑线。要素的属性字段值添加方法与点要素相类似。

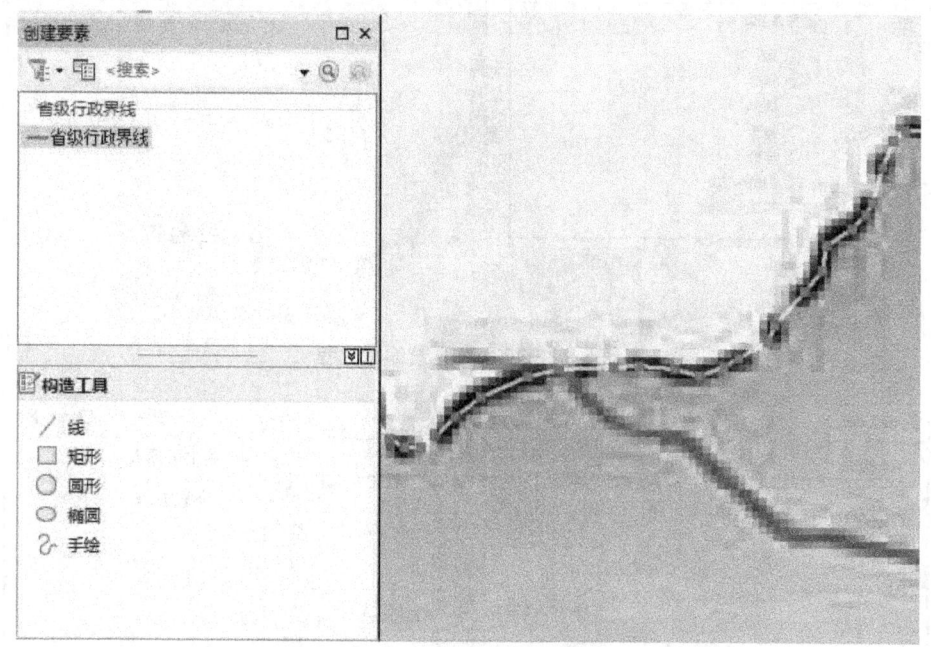

图 5-2-15　线要素编辑过程

⑤ 面要素编辑过程

在创建要素窗口选择编辑的对象"面状水系",构造工具选择"面",移动鼠标到地图区,使用 🔍 工具放大地图,选择面状要素边界线上的任意位置作为起点,按照线要素采集方法选点,双击完成面要素创建。可以点击"编辑器"工具栏属性按钮 📋,在"名称"字段中添加相应的属性值并回车。

⑥ 数据类型转换

点击标准工具栏 ArcToolbox 按钮 🧰,打开"工具箱(ArcToolbox)",选择"数据管理工具→要素→要素转面",打开"要素转面"窗口。输入要素选择"省级行政界线",指定输出要素的存储位置和名称,点击"确定"完成线要素转面要素。

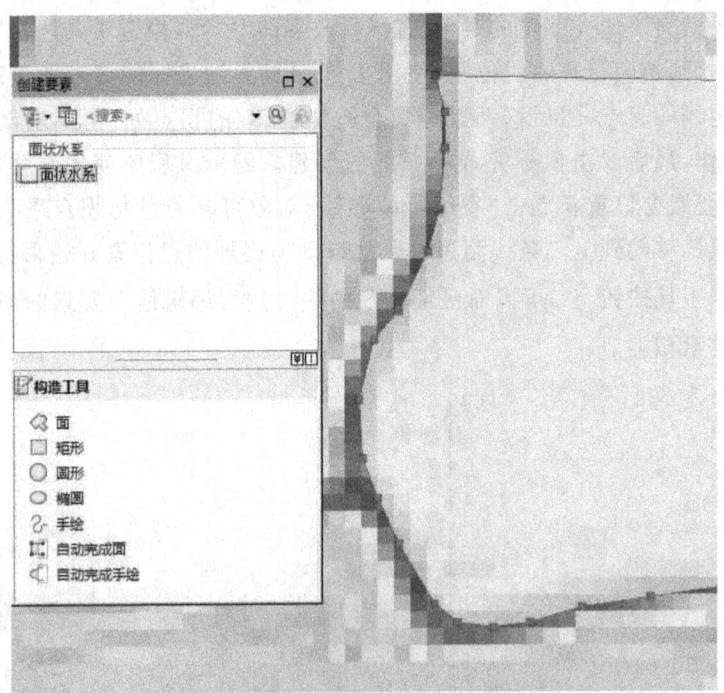

图 5-2-16 面要素编辑过程

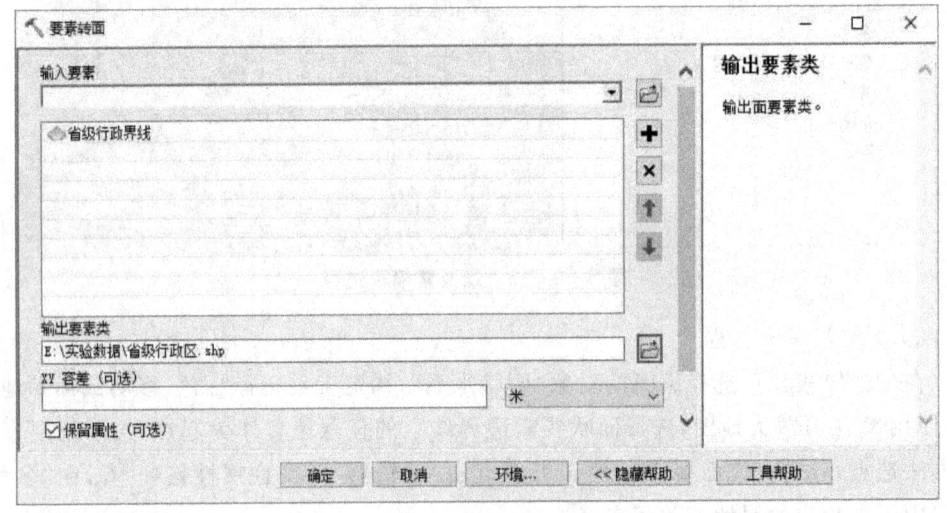

图 5-2-17 线要素转面要素

转换完成的"省级行政区"面要素自动被添加到内容列表中。在内容列表中,右键单击"省级行政区"图层,点击"打开属性表"。在表选项下拉菜单中选择"添加字段(F)",字段名称设为行政名称,类型选择文本,点击"确定"完成字段添加。

在编辑器下拉菜单中选择开始编辑,在编辑器工具栏点击属性按钮,打开属性窗口。点击工具栏选择要素按钮,在地图上选中面要素后,在属性窗口逐个添加属性值。

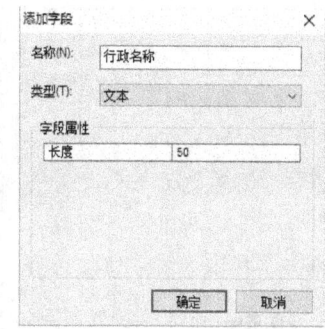 

图 5-2-18 添加字段图　　　　图 5-2-19 添加属性值

（4）添加自动注记

将地图显示窗口切换为布局视图，选择需要标注的图层"省级行政区"，单击右键，点击属性（Properties），打开"图层属性（Data Frame Properties）"对话框，点击标注（Labels）标签，勾选"标注此图层中的要素"，选择标注字段为行政名称、字体为宋体以及字体大小、颜色等；点击"放置属性"设置放置规则，单击"确定"应用。对"省级行政中心"图层使用同样的方法添加自动注记。

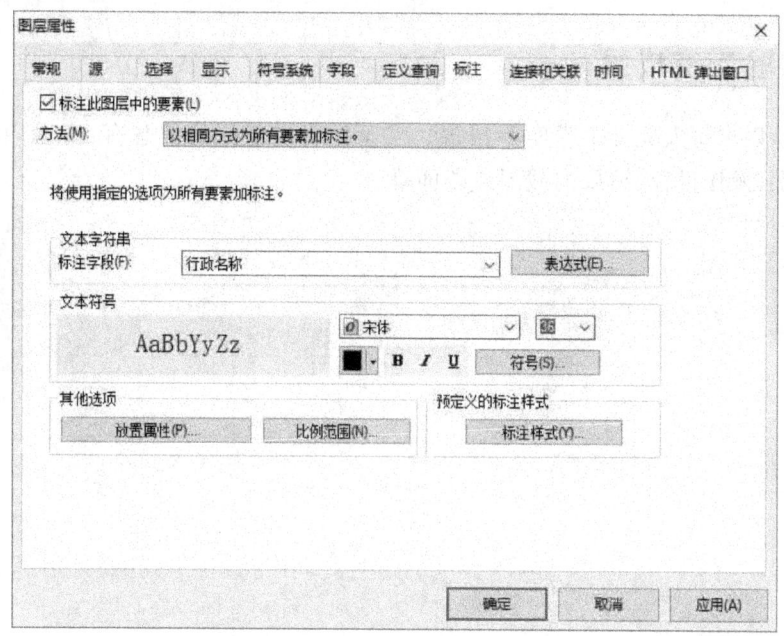

图 5-2-20 添加自动注记

（5）在布局视图导出数据

对内容列表中各图层进行简单符号化设置后，在菜单栏选择"文件 > 导出地图"将矢量化成果以 JPEG 格式导出，分辨率设为 300 dpi。

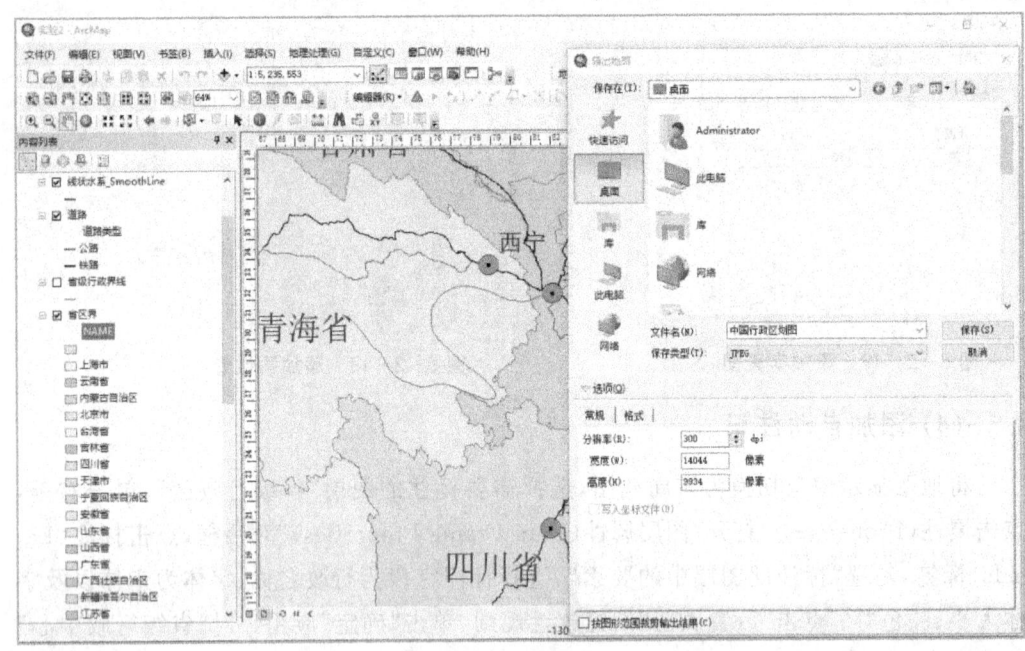

图 5-2-21　导出数据

4　实验应交成果

本实验要求每人提交 1 份实验报告。实验报告应包括的信息有：实验内容以及简要实验步骤、操作过程、结果的截图或印屏幕。

实验 3　ArcMap 地图符号制作

1　目的与要求

(1) 了解 ArcMap 的符号样式管理方法；
(2) 掌握地图符号修改、新建的原理与方法；
(3) 掌握 ArcMap 中基本比例尺地形图的图例符号制作方法。

2　仪器与资料

(1) 资料：数据 DATA3。
(2) 仪器：高性能计算机 30 台、ArcGIS10.0 及以上版本。

3　内容与步骤

（1）ArcMap 符号样式管理器

在 ArcMap 中，要素的符号与样式存储在 Style 文件中，通过"样式管理器（Style Manager）"对它们进行统一管理，并创建样式库及符号。点击菜单栏"自定义 > 样式管理器(S)"可打开"样式管理器"窗口。

图 5-3-1　样式管理器窗口

① 样式引用

在"样式管理器"窗口,点击样式按钮 [样式] 打开"样式引用"窗口,将 3D Basic 和 3D Billboards 两种样式勾选,点击确定后,这两种样式被添加到"样式管理器"中,点开窗口左侧样式目录树,查看每种样式中的地图符号。

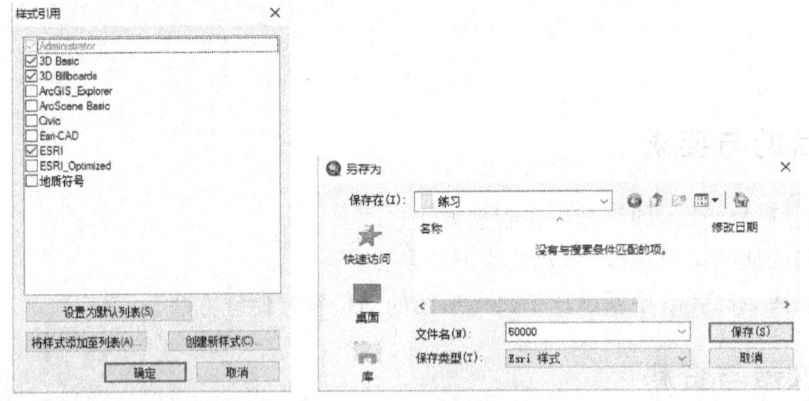

图 5-3-2　样式引用窗口　　　图 5-3-3　另存为对话框

② 新建样式

在"样式引用"窗口中,点击"创建新样式(C)"按钮,在弹出的"另存为"对话框中选择样式库要保存的路径,敲入样式文件名即可。创建成功后可在"样式管理器"对话框左边的树状列表中看到新建的样式路径及名称。

(2) ArcMap 符号修改

在"样式管理器(Style Manager)"左边的树状列表中,分别选择"ESRI. style"符号库中的标记符号、线符号、填充符号中任一图式符号,右键单击复制后粘贴到自己建立的符号库相应目录下,双击打开"符号属性编辑器(Symbol Property Editor)"对话框,修改符号的线划、颜色、大小、定位等,并保存。

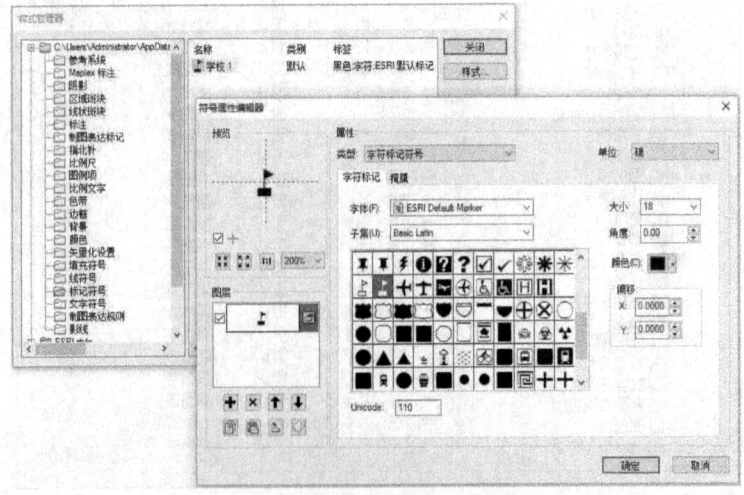

图 5-3-4　ArcMap 符号修改

(3) ArcMap 符号制作

① 标记符号（Marker Symbol）的制作

标记符号（Marker Symbol）即点状符号用于表示或绘制标记分布的空间要素及其标注，可以与线符号、填充符号、文字符号等联合使用，表达更加丰富的空间要素属性。

ArcMap10.2 的"样式管理器（Style Manager）"中提供了七种类型标记符号的制作方法简单标记符号、箭头标记符号、图片标记符号、字符标记符号、3D 标记符号、3D 简单标记符号和 3D 字符标记符号。在自己建立的符号库中，单击"标记符号"，在右侧窗口空白处右键单击选择"新建＞标记符号"，打开"符号属性编辑器"对话框，参考 DATA3 中的图例文件分别选择制作自己需要的标记符号，并命名。

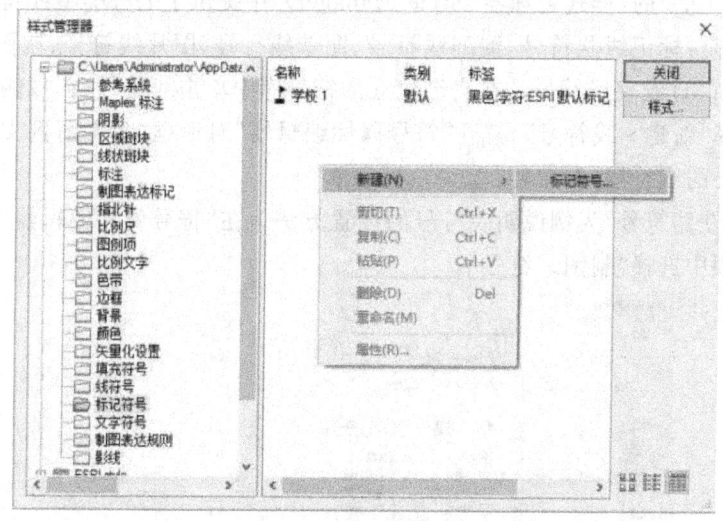

图 5-3-5　新建标记符号（Marker Symbol）

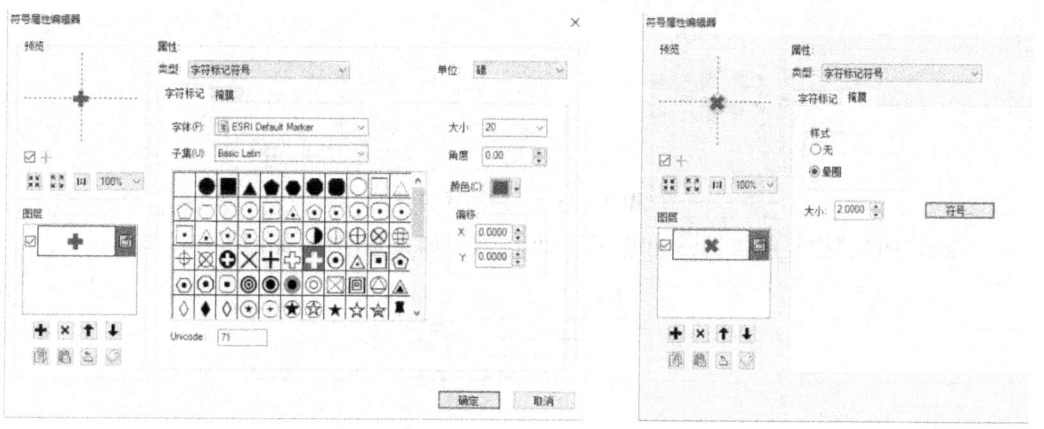

图 5-3-6　字符标记符号制作　　　　图 5-3-7　掩膜

根据属性栏的类型项不同，我们所见到的符号编辑面板也有所不同，默认进入当前符号所属类型的编辑面板。我们以字符标记符号为例说明标记符号的设置方法。

在"符号属性编辑器"对话框的"属性"栏的类型项中选择"字符标记符号"，字符标记符号的单位有四个选项：磅、英寸、厘米和毫米。字符标记符号"属性"栏有"字符标记"和"掩膜"两项。在"字符标记"选项卡的"字体"中可选择符号对应的字体库,"子集"选择字体库中对应的子库,则字体库子集的符号将显示在符号列表中。选中需要的符号,并对其大小、旋转角度、颜色、XY 偏移(即在 XY 方向上偏离点所在位置的距离)进行设置,设置好的符号可在预览栏中预览效果。"掩膜"选项中可调整掩膜的样式、大小和符号。当符号由几部分构成时,可在"图层"栏进行添加、删除、上移、下移、复制及粘贴操作,从而叠加出符合要求的样式。

② 线符号(Line Symbol)的制作

线符号用于表示或绘制线状分布的空间要素,诸如道路、河流、边界等;线符号还可以作为标记符号、填充符号、注记符号的外轮廓边界等。

ArcMap 10.2 的"样式管理器(Style Manager)"中提供了七种类型线符号的制作方法,它们分别是:标记线状符号、混列线符号、简单线符号、图片线符号、制图线符号、3D 简单线符号和 3D 纹理线符号。在自己建立的符号库中单击线符号,在右侧窗口空白处右键单击选择"新建>线符号",打开"符号属性编辑器"对话框,参考图例文件分别选择制作自己需要的线符号,并命名。

我们以"铁路符号"为例说明线符号的设置方法。在"符号属性编辑器"对话框的属性栏的类型项中选择"制图线符号"。

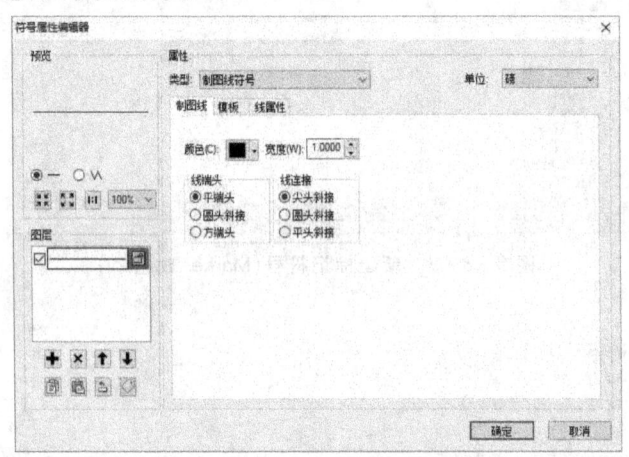

图 5-3-8 制图线符号

点击"图层"栏复制按钮和粘贴按钮创建两条基本线,如图 5-3-9。

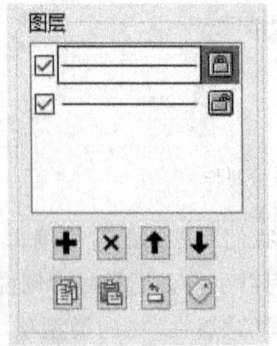

图 5-3-9 创建两条基本线

将上层的线条类型修改为"混列线符号",在"模板"选项中进行间隔和重复设置。

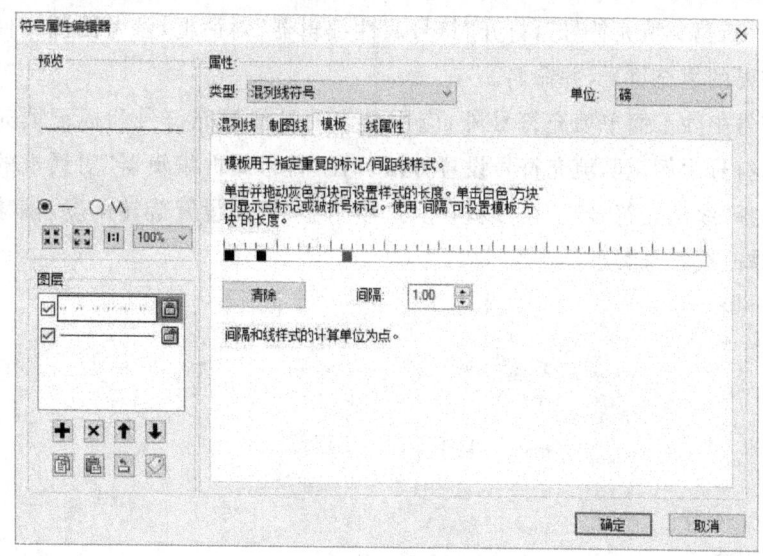

图 5-3-10 模板设置

修改"制图线"标签的属性,将线宽度改为 4,线连接设为:圆头斜接。

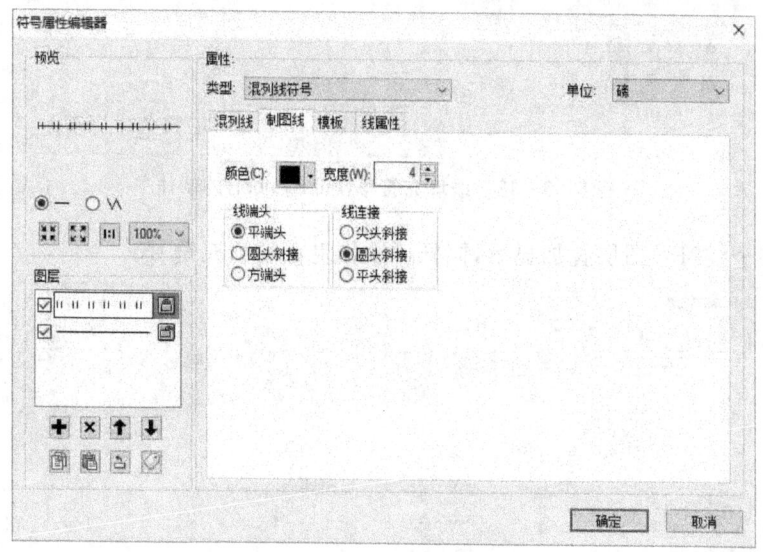

图 5-3-11 制图线设置

各属性项设置完毕按"确定"键,输入符号名称以及类别,完成线符号创建。

③ 填充符号(Fill Symbol)的制作

填充符号具有二维特征,它们以面定位,其形状与其所代表对象的实际形状一致。用这种地图符号表示的有土地利用分类范围、水体范围、林地范围、各种区划范围、动植物和矿产资源分布范围等。

ArcMap 10.2 的"样式管理器(Style Manager)"中提供了六种类型填充符号的制作方法,它们分别是:标记填充符号、简单填充符号、渐变填充、图片填充符号、线填充符号和 3D 纹理填充符号。在自己建立的符号库中,单击"填充符号",在右侧窗口空白处右键单击选择"新建 > 填充符号",打开"符号属性编辑器"对话框,参考图例文件分别选择制作自己需要的填充符号,并命名。

　　填充符号中除了简单填充符号外,应用最多的是线填充符号和标记填充符号。我们以线填充符号为例说明填充符号设置方法。在"符号属性编辑器"对话框的属性栏的类型项中选择"线填充符号"。在"线填充"选项卡中,可以设置旋转角度、偏移距离和间隔,还可以修改线符号类型。

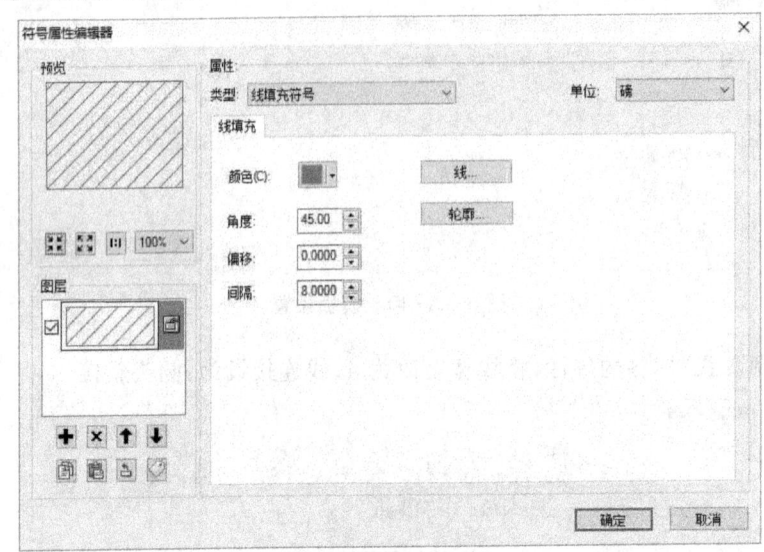

图 5-3-12　线填充符号(Fill Symbol)的制作

　　利用多个线符号图层叠加显示,同样可制作复杂的填充符号。

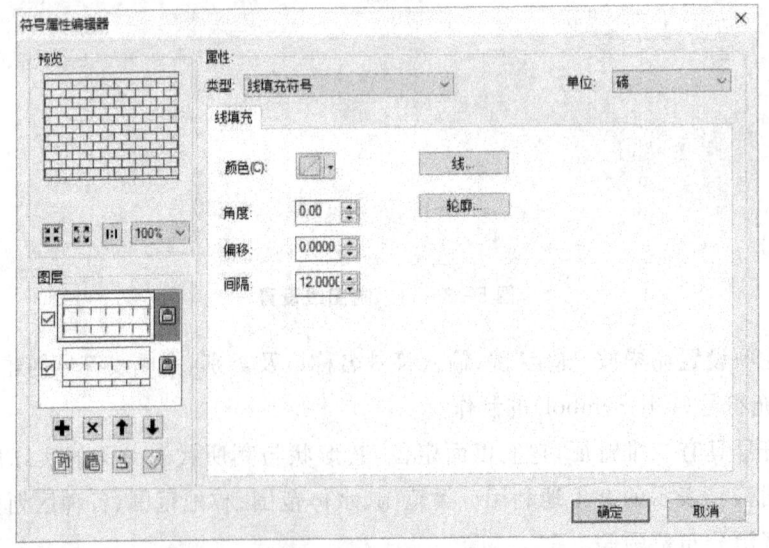

图 5-3-13　复杂线填充符号的制作

④ 文字符号(Text Symbol)的制作

文字符号常用于标注空间要素,说明制图要素的名称与属性,并且在图名、图例、比例尺、指北针、统计图、统计表等地图要素中也常常用到。在自己建立的符号库中,单击"文字符号",在右侧窗口空白处右键单击选择"新建 > 文本符号",打开"符号属性编辑器"对话框,进行文字符号背景、文字符号嵌套和文字符号填充等设置。参考图例文件分别选择制作自己需要的文字符号,并命名。

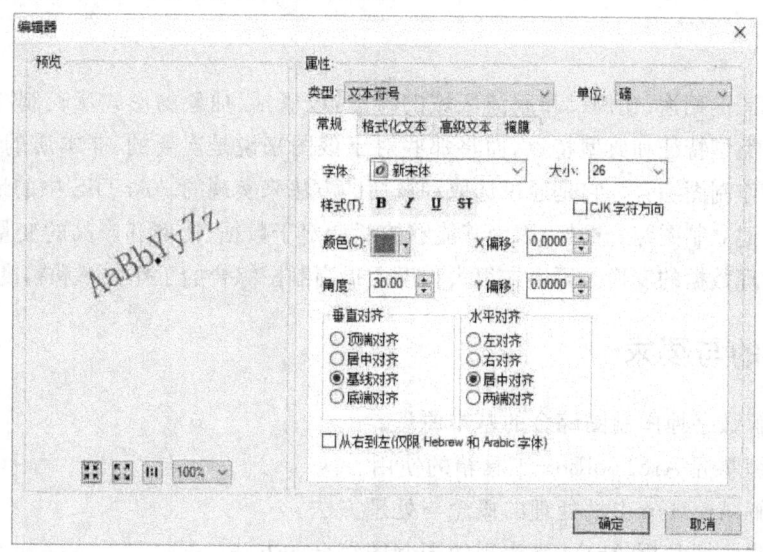

图 5-3-14 文字符号(Text Symbol)的制作

(4) 符号化

结合实验 2 采集的数据,应用本次实验中的符号样式库,设置相应的图例符号,完成该地图的图例设置,并在布局视图以图片形式输出。

4 实验应交成果

本实验要求每人提交 1 份实验报告。实验报告应包括的信息有:实验内容以及简要实验步骤,操作过程、结果的截图或印屏幕。

实验 4　ArcMap 土地利用现状图制图综合

根据地图的用途、比例尺和制图区域的特点,以概括、抽象的形式反映制图对象的带有规律性的类型特征和典型特点,而将那些对于该图来说是次要的、非本质的物体舍掉,这个过程叫作制图综合。它是通过选取和概括的方法来实现的。ArcGIS 中的地理处理环境非常适于建立制图综合框架,因为其能够按照特定于数据、比例和产品的变量指示的独立步骤来管理数据的变换。可以在很大程度上提高制图综合的工作效率和精度。

1 目的与要求

(1)了解数字地图制图综合的基本原理。
(2)熟练掌握 ArcToolBox 工具箱的使用。
(3)了解 ArcMap 中批处理的概念与处理方法。
(4)初步掌握利用 ArcMap 实现地图制图综合的方法。

2 仪器与资料

(1)资料:数据 DATA4。
(2)仪器:高性能计算机 30 台、ArcGIS10.0 及以上版本。

3 内容与步骤

(1)加载数据

双击 或从 Windows 的"开始"菜单启动 ArcMap,点击添加数据按钮 将"淳化县土地利用现状图.shp"添加到内容列表。

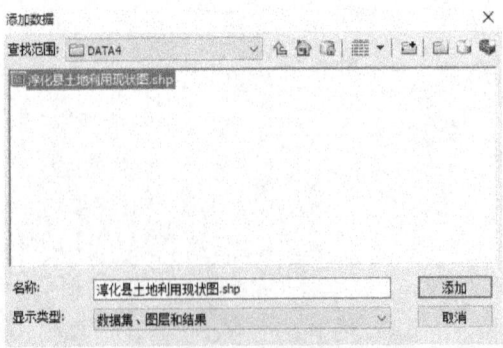

图 5-4-1　加载数据

(2) 打开 ArcToolbox 工具箱

ArcToolBox 工具箱集成 arcmap 几乎所有的工具,在该工具箱中能够找到我们需要的工具,熟练地掌握各工具能够帮助我们更高效的处理数据。点击标准工具栏 Arc-Toolbox 按钮将 ArcToolbox 工具箱打开。

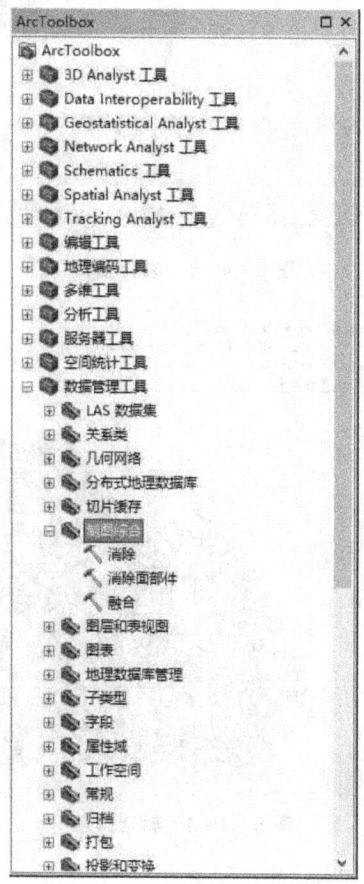

图 5-4-2 ArcToolbox 工具箱

(3) 土地利用现状图制图综合

① 类别融合

在 ArcToolBox 工具箱中选择"数据管理工具 > 制图综合 > 融合",打开融合窗口,输入要素选择"淳化县土地利用现状图",融合字段选择"二级分类码"和"乡镇代码",点击"确定"执行融合操作。

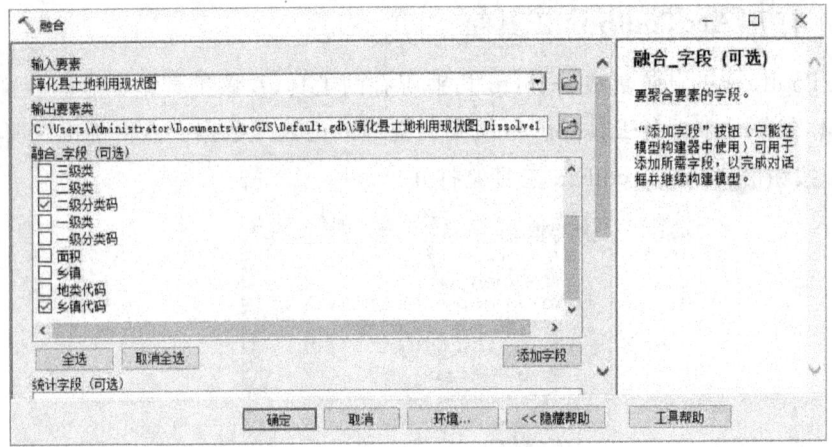

图 5-4-3 融合窗口

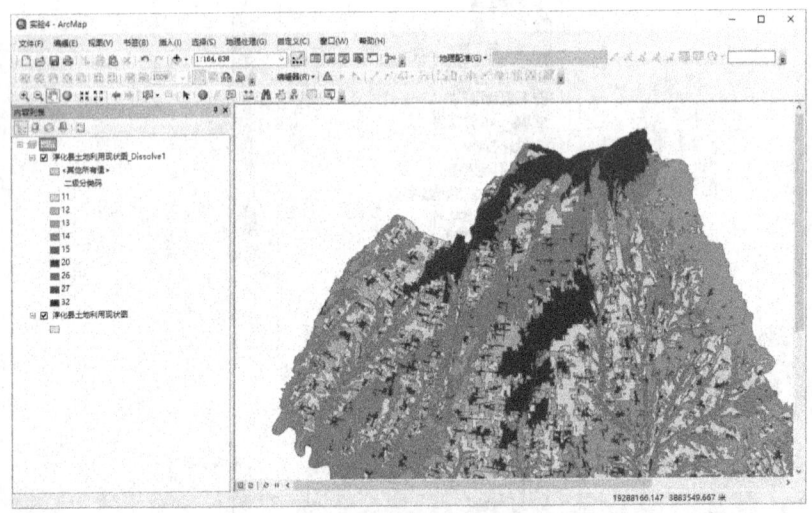

图 5-4-4 融合结果

② 提取各地类

在 ArcToolBox 工具箱中选择"分析工具 > 提取分析",右键单击筛选,选择"批处理(B)",打开筛选窗口,输入要素设为:"淳化县土地利用现状图_Dissolve2",输出要素类以各地类代码命名,表达式设为"二级分类码 = 11(每个地类对应代码)",点击添加行按钮 ➕ 分别添加各地类提取条件。

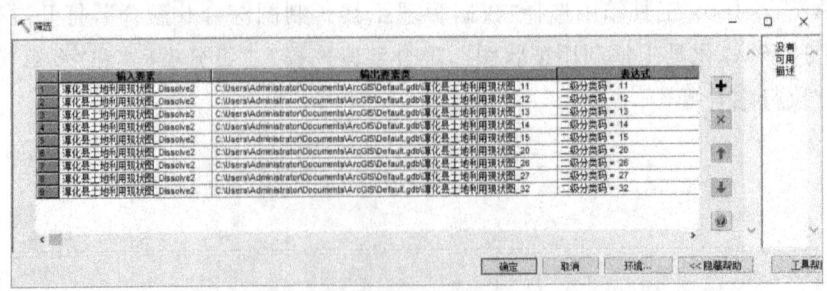

图 5-4-5 筛选批处理

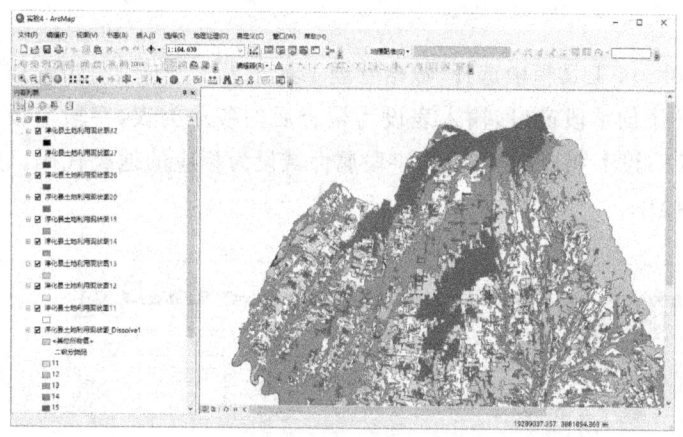

图 5-4-6 筛选结果

③ 各地类聚合

在 ArcToolBox 工具箱中选择"制图工具 > 制图综合 > 聚合面",打开聚合面窗口,聚合距离设为 60 m,参考《全国第二次全国土地调查成果数据缩编技术指标规范》中对 1∶10 万全国各类用地上图面积所设定标准,结合各地类实际状况,设置相应的最小面积和最小孔洞面积,逐个地类进行聚合面操作。

表 5-4-1　1∶10 万全国各类用地上图面积标准

上图指标	耕地	园地	林地	草地	交通运输用地	水域及水利设施用地	其他土地	城镇村及工矿用地
图上面积（mm²）	5.0	4.0	8.0	8.0	3.0	3.0	8.0	3.0
实地面积（公顷）	5.0	4.0	8.0	8.0	3.0	3.0	8.0	3.0

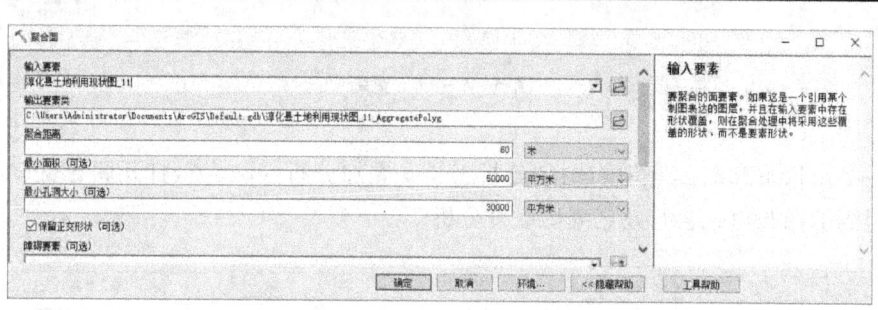

图 5-4-7　聚合面窗口

图 5-4-8　聚合面之前

图 5-4-9　聚合面之后

④ 赋地类代码

在 ArcToolBox 工具箱中选择"数据管理工具 > 字段",右键单击添加字段,选择"批处理(B)",打开添加字段窗口,输入表设为聚合后的各地类表,字段名设为 dldm,字段类型设为 TEXT,设为相应地类代码,字段属性域设为相应的地类代码。点击"确定"执行赋地类代码操作。

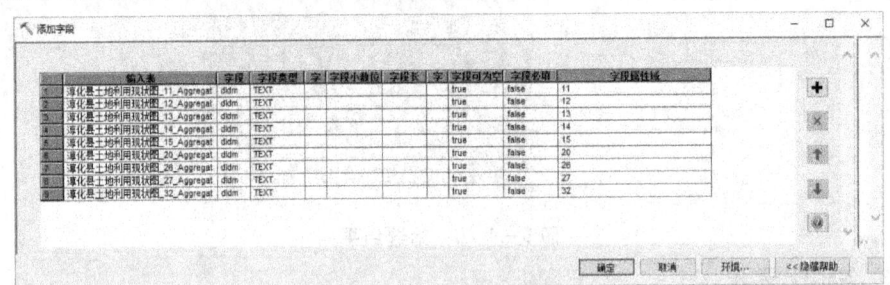

图 5-4-10 添加字段

⑤ 各地类叠加

在 ArcToolBox 工具箱中选择"分析工具 > 叠加分析 > 更新",按牧草地、林地、园地、耕地、农村居民点、城镇用地、交通用地等顺序更新叠加。

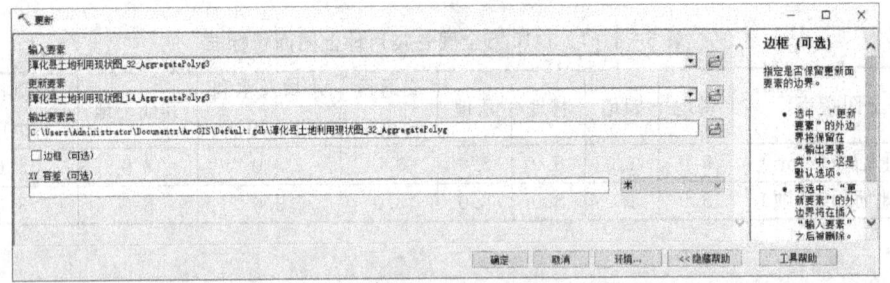

图 5-4-11 更新

⑥ 消除空白图斑

在 ArcToolBox 工具箱中选择"分析工具 > 叠加分析 > 联合",打开联合窗口,将上一步得到的图与淳化县行政区划图联合分析。

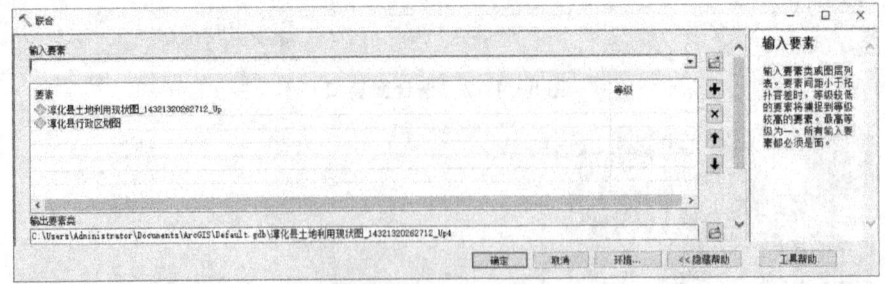

图 5-4-12 联合

在 ArcToolBox 工具箱中选择"数据管理工具 > 要素 > 多部件至单部件",将更新后数据分割。

对叠加形成的碎区进行消除合并,对行政区划外地进行删除,对行政区划内的进行融合。

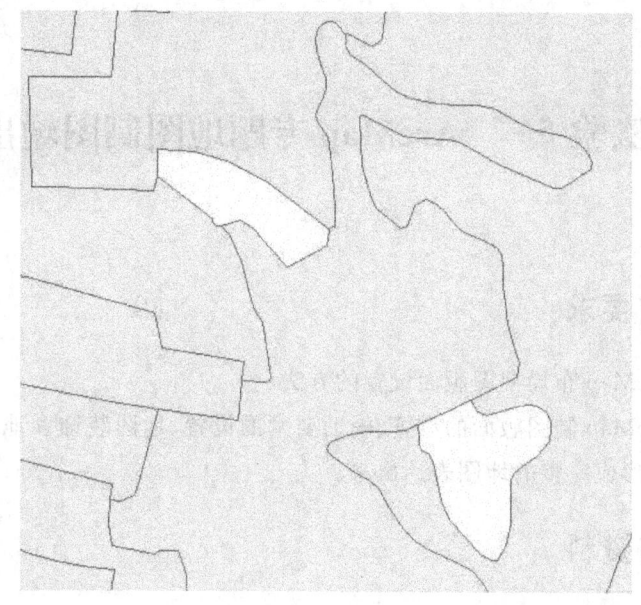

图 5-4-13 碎区

⑦ 手工进行精细综合

对计算机自动制图综合不能满足的区域,通过编辑工具手工进行精细综合。

4 实验应交成果

本实验要求每人提交 1 份实验报告。实验报告应包括的信息有:实验内容以及简要实验步骤,操作过程、结果的截图或印屏幕。

实验 5　ArcMap 专题地图制图输出

1 目的与要求

（1）了解 ArcMap 布局视图版面设置的方法。

（2）通过 ArcMap 制图版面的设置、辅助要素的设置、地图装饰和地图输出操作，将已有的地理数据形成完整的地图表达出来。

2 仪器与资料

（1）资料：数据 DATA5。

（2）仪器：高性能计算机 30 台、ArcGIS10.0 及以上版本。

3 内容与步骤

（1）制图版面设置

启动 ArcMap，将 DATA5 中矢量数据加载进 ArcMap，选择菜单栏"视图 > 布局视图"，进入布局视图。

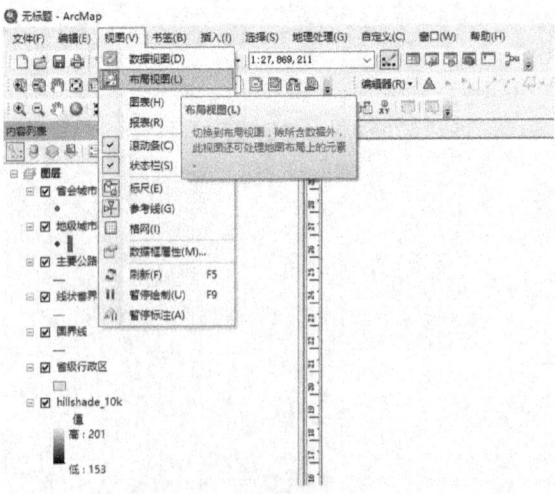

图 5-5-1　进入布局视图

① 设置图面尺寸：右键单击纸张边沿以外选择"页面和打印设置（U）"，在"页面和打印设置"窗口将使用打印机纸张设置前面对勾取消，标准大小设为 A0，方向设为纵

向,设置为自动调整地图比例尺。

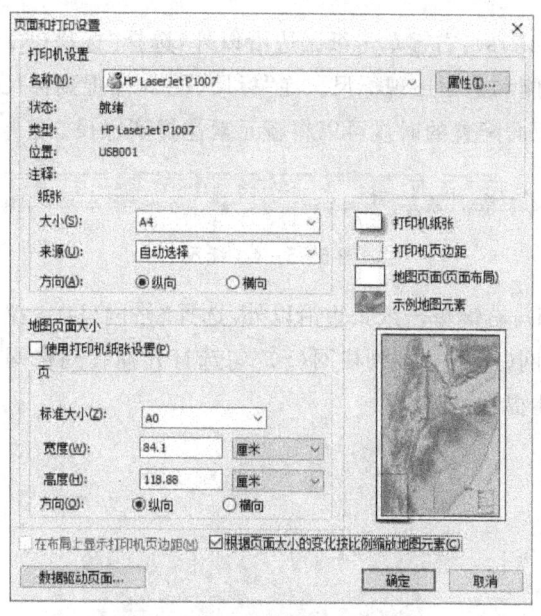

图 5-5-2 页面和打印设置

② 图框与底色设置:在地图显示区单击右键,选择"属性",打开"数据框属性"对话框,选择"框架"标签,针对选定的数据层设置相应的边符号、颜色,背景底色和下拉阴影。

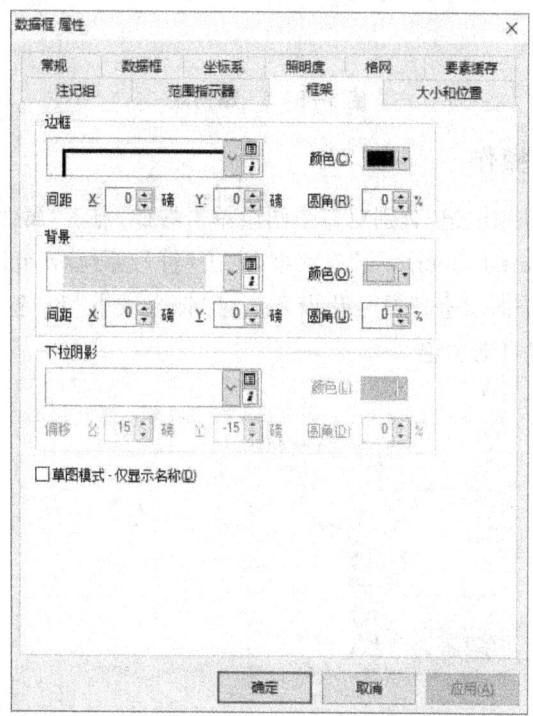

图 5-5-3 边框与背景设置

(2) 辅助要素设置

① 标尺操作(Rulers)：右键单击纸张边沿以外，选择"标尺(R) > 标尺(E)"，打开标尺，在布局视图的左侧和上面出现标尺。在"标尺(R) > 捕捉到标尺(S)"前勾选打开"捕捉到标尺"，在进行版面配置的时候可以将新元素捕捉到标尺。

图 5-5-4 标尺

② 格网点(Grid)：右键单击纸张边沿以外，选择"格网(D) > 格网(I)"，开启布局视图中的格网。在"格网(D) > 捕捉到格网(S)"勾选打开捕捉到格网，在进行版面配置的时候可以将新元素捕捉到格网。

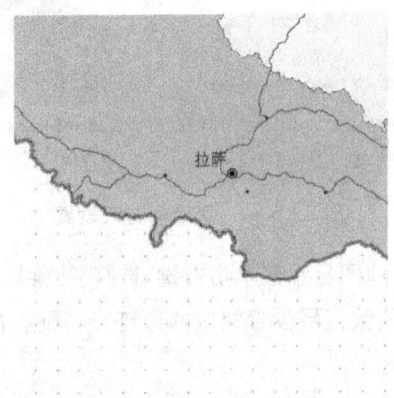

图 5-5-5 格网点

(3) 制图数据操作

① 设置图层符号和注记：分别对每个图层单击右键，点击"属性(Properties)"，打开"图层属性(Data Frame Properties)"对话框，点击"符号系统(Symbology)"标签，在"图层属性"对话框对每个图层进行符号化设置。对"省会城市"和"省级行政区"两个图层中"NAME"字段设置自动注记。

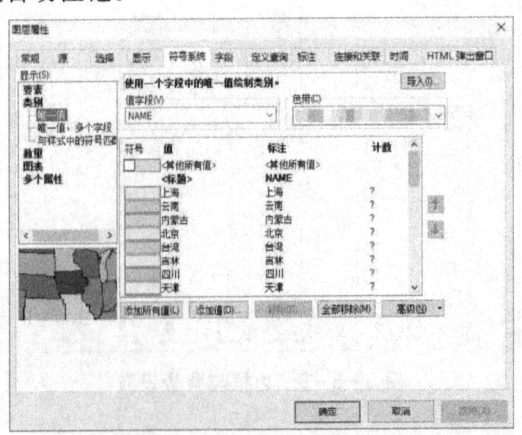

图 5-5-6 图层符号化设置

② 绘制坐标格网

选中数据框单击右键,选择"属性",打开"数据框属性"对话框,进入"格网"选项卡,点击"新建格网(N)",选择经纬网进行绘制。设置相应的格网间隔、格网符号、格网细分数、轮廓线等参数,完成格网设置。

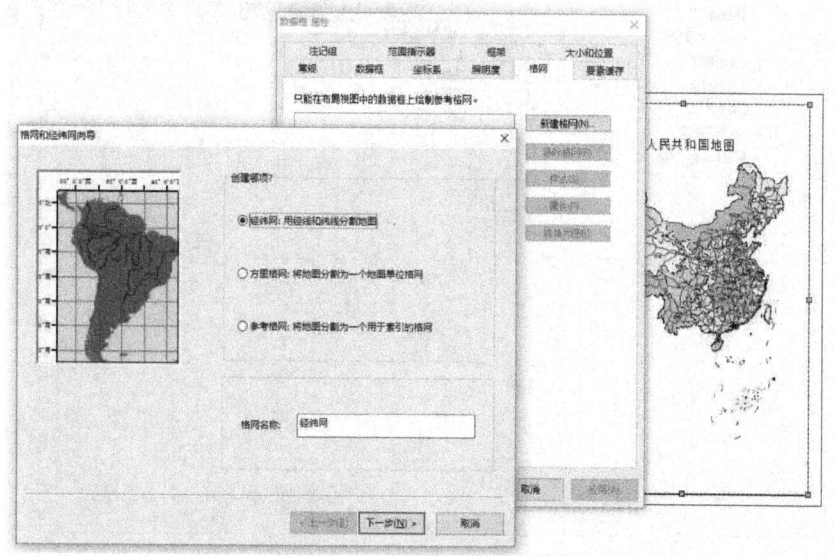

图 5-5-7　绘制坐标格网

(4) 地图整饰操作

① 图名的放置与修改

菜单栏插入菜单下选择"标题(T)",命名为"中华人民共和国地图",选择合适的位置,字体大小、颜色、边框和填充色。

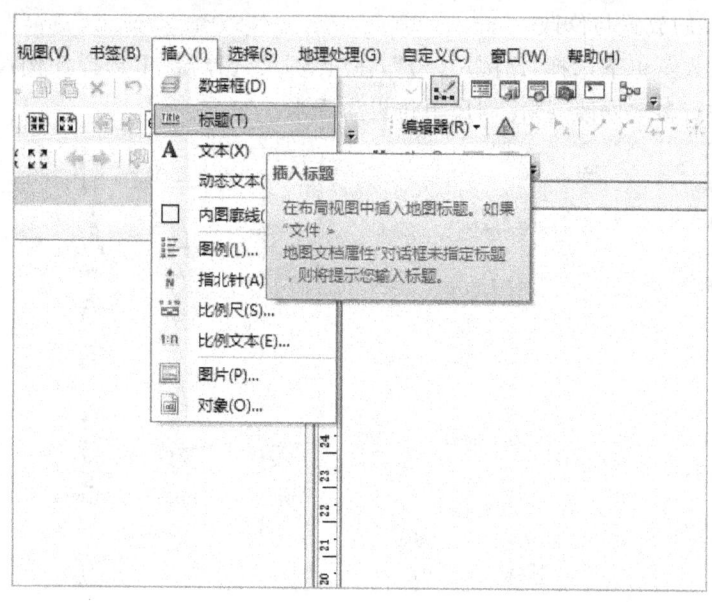

图 5-5-8　插入图名

②图例的放置与修改

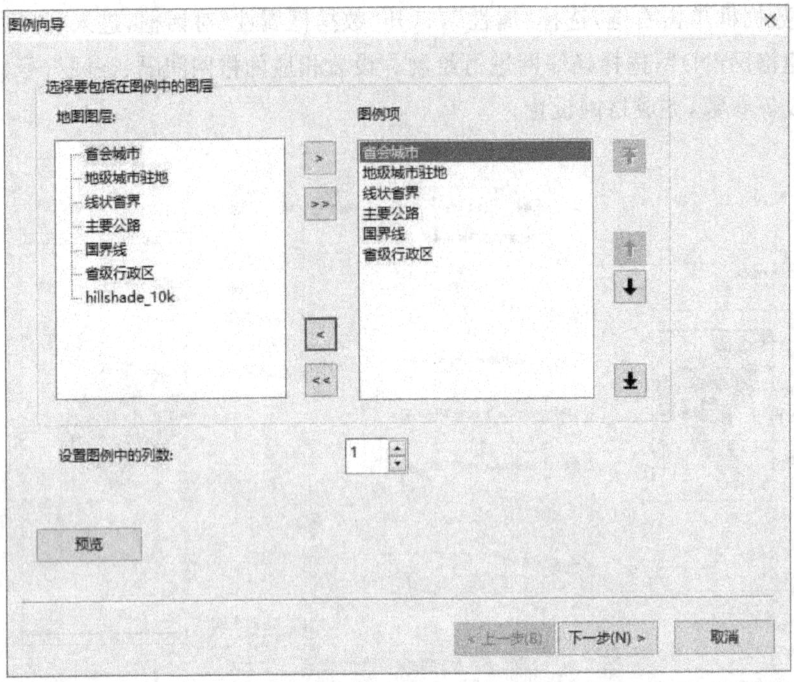

图 5-5-9　图例向导

菜单栏插入菜单下选择"图例(L)"，在"图例向导"窗口选择相关的图层到图例列表，调整顺序，设置图例列数、标题、图例边框符号、图例背景、阴影等，修改图例中线和面要素的符号的图面的大小和形状，设置图例各部分之间的间距，点击"完成"按钮图例被自动添加到布局视图。如果对图面效果仍不满意，可双击打开"图例属性"对话框进一步调整参数或修改。

③ 比例尺的放置与修改

菜单栏插入菜单下选择"比例尺(S)"，在"比例尺选择器"中选择比例尺的样式。点击"属性"可进行参数修改，将比例尺单位设为千米。

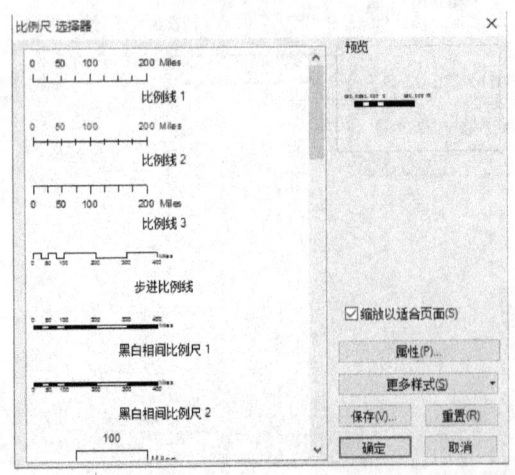

图 5-5-10　比例尺选择器

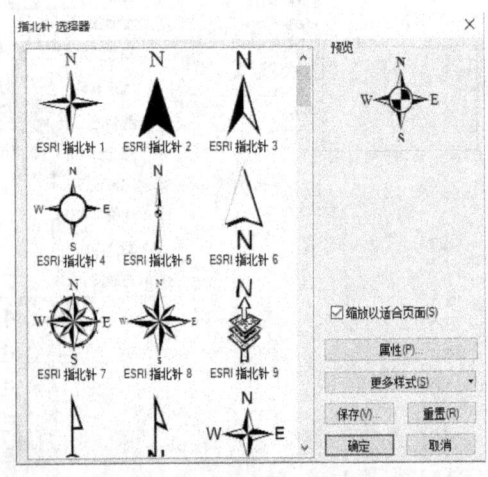

图 5-5-11　指北针选择器

④ 指北针的放置与修改

菜单栏插入菜单下选择"指北针(A)",在"指北针选择器"中选择指北针的样式。点击"属性"可进行参数修改。

(5) 地图输出

菜单栏文件菜单下选择"导出地图(A)",确定文件输出类型、图像分辨率、输出图像质量等,把地图整饰操作的结果经转换输出为 JPEG 或 TIFF 格式。

4 实验应交成果

本实验要求每人提交 1 份实验报告。实验报告应包括的信息有:实验内容以及简要实验步骤,操作过程、结果的截图或印屏幕。

第6篇 计算机地图制图

实验1 图幅的裁切、纠正和接边

图幅的裁切功能主要用于局部范围从较大范围中的剥离;图幅纠正主要用于简单的地图变形纠正;一个区域往往由多幅地图拼成,图幅拼接过程中就存在接边问题。

1 目的与要求

(1)了解 CorelDRAW 制图软件的功能。
(2)掌握 CorelDRAW 制图软件各菜单、工具栏、属性栏的使用方法。
(3)掌握使用 CorelDRAW 进行图幅的裁切、简单纠正和接边。

2 仪器与资料

(1)资料:由老师提供地图资料。
(2)仪器:高性能计算机、CorelDRAW 软件、打印机、计算器。

3 内容与步骤

(1)用"图框剪裁"功能裁切图幅

图幅裁切功能是一个超级裁切工具,它允许用户把一个图形对象塞进另一图框中。这个功能可以用于图幅发裁切。

① 确定裁切范围,并用矩形工具绘出裁切框,删去填充色。
② 选定裁切框,用效果→轮廓图→向外,输入偏移量直至完全包括整个图幅,输入步长1,点击应用,即可形成轮廓图。
③ 打开排列→拆分轮廓图群组,然后将大的那个矩形框与需要裁切的图像群组。
④ 选中群组对象,打开效果→精确裁剪→放置在容器中,点击裁切框,即可得到需要裁切的范围。
⑤ 选中裁切好的对象,将其裁切框去掉。

(2) 图形纠正

可以用对象大小调整功能纠正规则变形的图幅,用封套功能纠正不规则变形的图幅。

① 用对象大小调整功能纠正

a. 调整图形的方向。

扫描输入的原图不可能完全正北方向,需要调整图形方向。双击对象后再用 CorelDRAW 的角度测量工具和角度旋转功能进行角度的定值调整。用角度量测工具测得扫描原图倾斜(右翘)角为 5°,然后再状态栏的"旋转角度"数据框内输入－5,单击对象后扫描原图向顺时针方向自动旋转 5°(扫描原图左翘输入正数,逆时针方向旋转)。此时,用户还可以从标尺处拖出纵横辅助线校对图形是否置正,如果仍存在倾斜,可以再输入 1°以下的数据进行微调。

b. 用矩形工具沿原图内图廓线绘一个矩形框,页面放大并选中矩形框,然后用纵横句柄(不能用角柄)分别拖拉四条边,使其与原图内图廓线完全重合。

c. 裁去矩形框以外的部分,然后在状态栏内输入该范围应该有的尺寸,这个工作就算完成。

② 用"封套"功能纠正

有规则性的变形可以通过拖拉图框的办法进行纠正,而不规则变形一般绘图软件都很难解决。CorelDRAW 软件里有一个"封套"功能,但只适用于向量图。当原图不规则变形而位图又无法纠正时,待矢量化后方可利用。"封套"是一个包围图形的框,可以对任何一个图形从任何方向拖动它,拖动时框内所有对象的形状始终和图框的变动保持一致。

a. 对图形进行"群组"。

b. 设置图层 2,绘一标准尺寸的图廓并将颜色设为红色。

c. 将标准尺寸的图廓叠加在原图上,选中原图,单击"效果"菜单后弹出"封套"卷帘窗。

d. 单击"添加预置"按钮弹出预定义封套形状并选择位于左上角四个控制点的正方形、自由变形模式,出现有四个控点的虚线矩形纠正导线。

e. 移动控点,直至原图的四个角点和四个标准图廓点完全重叠为止。

(3) 图幅接边

① 矩形图幅的接边

只要打开"排列"下拉式菜单里的"位置"对话框,并推出右侧向下箭头,便弹出一个图形中心点位框。

图形中点位框标有四个角点、四个图形边线点和一个图形中心点,共九个点位。利用这些点位的绝对位置值就可以实现各个方向的图幅接边。现以上下图幅接边为例,讲述用图形定位功能进行图幅接边工作的方法和步骤。

a. 选择下面相接图幅右上角角点为基准点,读出其位置坐标。

b. 选择上面相接图幅右下角角点为拼接点,输入(1)中读出的坐标。

c. 点击"应用"按钮即可。

② 重叠图幅的接边

CorelDRAW 图形定位功能对于相邻部分重叠的图幅,如航摄像片、大幅面的分幅扫描图等拼接也很适用。只要在相邻图幅的重叠范围找出同名点的中心点,就可以通过这两个同名点中心重叠来实现两图幅的拼接。

a. 在其中一个图幅重叠区域内找一同名地物点,并用一圆圈圈起来,放大图像,尽可能使小圆圆心对准同名点的中心,并读出小圆中心位置坐标值。

b. 将该圆圈复制至另一图幅的同名地物点的中心。用轮廓图外廓功能绘制一个大同心圆,大到正好能包括全部图像,为了醒目起见,同心圆可以用大红或黄颜色绘制。

c. 利用轮廓图法将该圆圈扩充使其扩大至可以足够覆盖这一图幅。

d. 拆分轮廓图,删去小圆圈,并将大圆圈与这一图幅群组。

e. 读取前一图幅中小圆圈中心坐标,将大圆圈的中心坐标变为小圆圈的坐标,删去辅助圆即可。

4 实验应交成果

本实验要求每人提交 1 份实验报告。实验报告应包括的信息有:图幅裁切、纠正和拼接的过程与方法,以及航空像片裁切图、纠正图和拼接图。

实验 2 境界线及其色带的绘制、图例符号的设计与建库

地图中境界线分为不同的等级,不同等级境界线的绘制方法存在一定差异,但均表现为线状符号;如果境界线要突显与周围区域的区别,一般会在该区域外围绘制一定色带,色带的宽窄、条带数量以及色彩个人可以随意设置;地图符号的设计与建库主要是通过符号的设计并导入符号库,可以大大缩减后期制图的时间。

1 目的与要求

(1)掌握使用 CorelDRAW 进行境界线及其色带的设计与绘制。
(2)掌握使用 CorelDRAW 进行图例符号的设计与建库。

2 仪器与资料

(1)资料:由老师提供地图资料。
(2)仪器:高性能计算机、CorelDRAW 软件、打印机、计算器。

3 内容与步骤

(1)境界线及其色带的绘制

CorelDRAW 软件里虽然没有专用的境界线线型符号,但有两种功能可以用来绘制各种境界线符号,一种是通过轮廓线线型编辑来绘制各种境界线,另一种是把境界线符号存入符号库,然后以字符形式沿路经注记的办法绘制境界线。地图上的境界色带有单色带、双色带和骑界色带。

① 一线两点的省界符号的绘法

a. 在没有选中任何对象的情况下,打开"轮廓笔"对话框,确定线宽为 0.5 mm(省界符号线宽设为 0.5 mm)。

b. 单击"样式"显示框,弹出"线型样式库",选择一线两点线型样式。

c. 单击轮廓笔"编辑样式"按钮,弹出"条形编辑框",这个编辑框是由很多黑白可调的小方块组成,单击方块可以改变黑白,拖拉控制条可以调节间隔。

d. 用绘线工具沿境界线中心绘制曲线。此时,用户绘出的曲线实际是省界线。如果境界折角处是空白,则可将它剪断后进行修改。

② 以字符形式沿路径注记的办法绘制境界线

a. 设计境界线的单元符号,然后存入字库。

b. 使用时和输入字符一样,先从字体库里确定境界线符号和它的间距、大小和轮廓线等属性。

c. 用绘线工具沿境界线中心绘连续线。

d. 中心线绘完后,执行"文字"菜单里的"使文本适配路经"的注记功能。此时,用户只要连敲任意键,境界线符号就会沿着用户所绘的中心线连续出现。

e. 删去中心线(或将中心线改为白色或无色)。这样,一条境界线符号就绘成了(符号的设计、建库以及属性值的确定办法详见"符号的设计、建库和使用")。

③ 界外套单色带的绘法

a. 建立图层1,沿境界线中心绘一闭合曲线。

b. 建立图层2,把图层1里的闭合曲线复制到图层2上来。

c. 单击"效果"菜单里的"轮廓图",弹出卷帘窗,选择"向外"扩展方向,"偏移"值为2毫米(相当于色带宽度),"步长值"为1(单色带),单击"应用"。此时,境界线外扩成双线。

e. 单击"排列"菜单里的"拆分"和"合并",然后对它进行填色,再去掉轮廓色。

④ 界外套双色带的绘法

a. 建立图层1,沿境界线中心绘一闭合曲线。

b. 建立图层2,把图层1里的闭合曲线复制到图层2上来。

c. 击活图层2,单击"效果"菜单里的"轮廓图",弹出卷帘窗,选择"向外"扩展方向,"偏移"值为2毫米(假设两个色带宽度相等),"步长值"为2(双色带),单击"应用"。此时,境界线外扩成双线。

d. 在图层2上全选,并单击"排列"菜单里的"Break Apart"进行拆分。

e. 在图层2上全选,并"取消群组",成为三条相互独立的闭合曲线。

f. 建立图层3,并且把图层2上的中线"复制到图层1"上,又把图层2上的外线"移到图层3"上,再把图层上的内线删掉。

g. 在图层2上合并内线和中线,填充后去轮廓线。

h. 在图层3上合并外线和中线,填充后去轮廓线。

打开图层1,改闭合曲线为境界线符号,并将图层1置于图层2和图层3之上,便形成等宽的双色带。

⑤ 不闭合色带的绘法

a. 先绘成封闭的色带,然后再把它们拆分成两条互相平行而又独立的闭合曲线。

b. 打开节点编辑工具栏,并用形状工具在需断开处剪断并变成两条平行的线,并删去不必要的部分。

c. 分别对断开处进行连接,连接时使用"排列"中的"闭合路径"中的相应工具。

d. 对闭合区域进行填色并去掉轮廓线,并变化境界线的类型。

e. 将第一图层放至最上面。

⑥ 轮廓图外扩法骑界色带的绘制

a. 先绘一条不封闭的境界线。

b. 对其进行外扩和拆分,将闭合区域涂色,境界线改变类型和位置。

c. 对骑界色带的两端超出境界线的一小段用矩形加上修剪工具进行修剪。

(2) 图例符号的设计、建库和使用

① 几何符号的绘制、建库和使用

a. 几何符号绘制和建库必须符合两个基本条件:一是新绘制的符号必须合并或焊接成单一的对象;二是符号的所有组成部分都必须封闭。

b. 建库的步骤

Ⅰ. 选中新绘制的其中一个符号,然后单击"工具"菜单里的"创建"符号下拉式菜单。

Ⅱ. 在"符号类别"栏内输入类名。

Ⅲ. 确定后,新绘制的符号便自动存入符号库,这时符号库所有的符号框内都显示同一个符号。

Ⅳ. 关闭符号窗口,再重新把它打开后便可以继续创建其他图例符号,而且它们会自动按顺序存放。每一类名录中共有 255 个符号存储框,从第 33 个开始到 255 最多可以存储 222 个图例符号。

c. 符号库的使用办法

符号库建立后就可以使用,符号使用十分方便,只要打开符号库,直接将库中的任何一个符号拖放到页面上即可,也可以根据符号编号定位调用。

符号大小的确定。在"符号"卷帘窗的右下方滚动箭头有个确定符号大小的数值框,用户只要输入数字就可确定符号的大小。也可以把符号拖放到页面上后,再用拖拉角柄的方法进行无级缩放。

符号颜色的确定。符号库中的符号都是由线和面经过合并或焊接而成的单一对象,因此,线(轮廓线)和面(填充)的颜色就确定了符号的颜色,符号颜色一般应事先设定。

符号轮廓线宽度的确定。符号轮廓线宽度不能大于默认值 0.076 mm。

平铺符号。在注记植被符号时,只要点击"平铺"按钮,并事先设定水平和垂直距离,从库中拖拉一个符号就可以在整个页面上同时铺满。

将使用效率很高的符号单独入库。对于使用率很高的如工厂、文教、医院等这样一些符号,可以单独入库,这样用户就可以敲打任何一个键,它会像文字一样注记在用户所要注意的地方。

② 线型符号的编辑、绘制和使用

a. 双线道路的绘制

先绘出一条实线,然后原地拷贝并改其轮廓线线宽和颜色属性,假如道路宽为 2 mm,路边线为 0.2 mm,那么拷贝线线宽应定为 1.6 mm,颜色为白色,两线群组后成双线道路。

b. 虚线路的绘制

虚线路和双线路的绘法大致相同,不同的是,路边线(第一条线)是虚线线型,拷贝线是实线。

c. 铁路的绘制

如果说铁路宽是 0.8 mm,那么同样先绘出一条 0.8 mm 的实线,然后原地拷贝并改其轮廓线线宽为 0.5 mm,颜色为白色的虚线线型(编辑样式为 8 个黑色方块和 8 个白色方块)。

③ 图廓花边图案的绘制和使用

用符号平铺功能来完成图廓花边图案的绘制方法比较简单,而且布排均匀整齐。可以把几种常用的图廓花边图案像图例符号的设计建库一样设计好,并建成符号库,随时调用。

a. 在内图廓的基础上用"轮廓图外廓功能"扩出外图廓。

b. 在"格式化文本"对话框里选择单元图案字体文件和确定图案大小、间距。

c. 分隔内外图廓线,然后选中外图廓线,单击"使文本适配路径"选项,在外图廓线上边中点出现适配路径注记起始记号,连敲任何键,符号便从起始记号开始向两边自动沿外图廓线排列,一直到两列符号合拢为止。

④ 用适配路径编辑法绘制国界

a. 国界符号的绘制

符号大小:符号主线宽为 0.6 mm,长为 4 mm;两端头垂直线段长 1.5 mm;圆点直径 0.6 mm,圆点和端头之间距离为 1.5 mm。字体尺寸设计为 6.5 mm。字体间隔 10%。设计完成后入库。

b. 使用时首先绘出国界线,然后击活国界线,单击"使文本适配路径"选项,在国界线上边中点出现适配路径注记起始记号,连敲任何键,符号便从起始记号开始向两边自动沿国界线排列,一直到两列符号合拢为止。最后调整国界线符号与国界线之间的距离,并删去这条国界线即可。

c. 适配路径编辑法要注意的几个问题

Ⅰ. 设计符号时一定要按比例绘制。

Ⅱ. 路径线必须是独立的对象,由多个对象组成的路径必须事先进行连线。

Ⅲ. 只能对结合的对象进行路径编辑。

Ⅳ. 完成路径注记后记着给属性符号的轮廓线进行线宽和颜色的定义。

Ⅴ. 要对路径线进行轮廓线属性的改变,路径线和配置的符号必须拆开。

(3) 填充图案的设计、建库和使用

面状符号注记是计算机制图必不可少的一项工作。在 CorelDRAW 软件里可以自行设计房屋晕线、草地、旱地、沙地等符号,并把它们当作图案填充。

① 填充图案符号的创建方法和步骤

a. 单击图样填充对话框,弹出"双色位图图样"提示框,确定后又弹出"图样填充"对话框,该对话框里有很多选项和参数数值框,供一定的要求选择和确定。

　　b. 单击"创建",弹出"双色图案编辑器","双色图案编辑器"提供三种不同像素的图案编辑框。像素越多绘制时间越长也越精细,所占空间也越大。

　　c. 我们可以选择不同尺寸的笔头开始作画,笔头尺寸可以根据所要绘的符号的粗细决定。单击左键产生一个黑色像素,单击右键可以删除一个黑色像素。

　　d. 图形画好后,单击"确定",新绘制的图案"装入"后自动存盘,作为"双色位图图样"图库中有效的位图图案备用。

　　② 填充图案符号的绘制和使用

　　a. 房屋晕线符号的绘制和使用方法

　　Ⅰ. 绘制居民地轮廓之前设定线颜色和粗细等属性参数,如果是作地理底图用的,颜色可以设为灰色,线粗为 0.08 mm 或 0.1 mm。

　　Ⅱ. 打开双色位图提示框,"确定"后弹出图样填充对话框,击活"双色",并在图样库中找出晕线符号式样,输入属性参数。即原点:X=0;Y=0。大小:宽度 5.08 mm;高度 5.08 mm。

　　Ⅲ. "确定"后可以开始绘居民地,如果上述参数已经是缺省值,那么只要绘完一个对象就能自动生成晕线,但图形必须是封闭的。

　　b. 旱地填充符号的绘制和使用

　　旱地符号是一个单元连续性的图案,因此在一个像素画框里只要画一个符号单元就行。符号设计用 64 像素画框,旱地符号横线长 12 个像素,短线长 5 个像素,画笔用 1*1。

　　旱地符号的参数:宽度 1.27 cm,高度 1.27 cm,行位移参数为 50%。

　　c. 沙地填充符号的绘制和应用

　　用 32 像素,设计 4×4 个像素,参数为宽度和高度均为 2.54 mm,行位移为 50%,列位移为 0。

　　d. 草地填充符号的绘制和使用

　　草地符号是两条平行线。宽度和高度为 1.27 cm,行位移为 50%。

　　e. 沼泽地填充符号的绘制

　　沼泽地填充符号和房屋晕线符号是一样的,不过它是水平方向的平行线,而且平行线绘出后要改为曲线,然后用封闭的花环形修剪,即成为沼泽地。

　　③ 其他填充图案符号的使用办法

　　将入库后的单元符号当作字符用键盘敲注的使用办法。

4 实验应交成果

　　本实验要求每人提交 1 份实验报告。实验报告应包括的信息有:各种符号的设计与建库的具体方法、步骤,并制作中国各级境界线符号,国界线色带,图廓花边,各种图例符号的设计与建库,填充图案的设计与绘制,以备后用。

实验3　利用贝塞尔曲线进行等高线分层设色的绘制

贝塞尔曲线是计算机图形图像造型的基本工具,是图形造型运用得最多的基本线条之一。它通过控制曲线上的四个点(起始点、终止点以及两个相互分离的中间点)来创造、编辑图形。其中起重要作用的是位于曲线中央的控制线。这条线是虚拟的,中间与贝塞尔曲线交叉,两端是控制端点。移动两端的端点时贝塞尔曲线改变曲线的曲率(弯曲的程度);移动中间点(也就是移动虚拟的控制线)时,贝塞尔曲线在起始点和终止点锁定的情况下做均匀移动。注意,贝塞尔曲线上的所有控制点、节点均可编辑。这种"智能化"的矢量线条为艺术家提供了一种理想的图形编辑与创造的工具。

1 目的与要求

(1)熟练掌握"贝赛尔"绘线工具的使用。
(2)掌握分层设色法绘制等高线的方法和步骤。

2 仪器与资料

(1)资料:由老师提供等高线图一幅(见图6-3-1)。
(2)仪器:高性能计算机、CorelDRAW软件、打印机、计算器。

3 内容与步骤

用CorelDRAW无论是画直线或是曲线都非常简单,随手可得。其操作特点是通过用鼠标在面板上放置各个锚点,根据锚点的路径和描绘的先后顺序,产生直线或者是曲线的效果。我们都知道路径由一个或多个直线段或曲线段组成。锚点标记路径段的端点。在曲线段上,每个选中的锚点显示一条或两条方向线,方向线以方向点结束。方向线和方向点的位置确定曲线段的大小和形状。移动这些元素将改变路径中曲线的形状。路径可以是闭合的,没有起点或终点(如圆圈),也可以是开放的,有明显的端点(如波浪线)。

(1)"贝塞尔"工具的特点

① 在任意工具情况下,在曲线上双击都可以换为形状工具对曲线进行编辑。
② 在曲线上用形状工具双击可以增加一个节点。
③ 在曲线的节点上双击形状工具可以删除一个节点。

④ 位图可以用形状工具点击再拖动某一点可以进行任意形状的编辑。

⑤ 用形状工具同时选中几个节点可以进行移动。

⑥ 在微调距离中设定一个数值再用形状工具选中曲线的某一节点敲方向箭头可以进行精确位移。

⑦ 将某一个汉字或字母转换为曲线就可以用形状工具进行修理如将"下"的右边的点拿掉等。

(2) 实验步骤

等高线地形分层设色的最好办法是：分图层绘制，绘制次序是从最高层绘起，一层一层不间断地往下绘，图层上下次序不能有任何差错。每层等高线都必须是朝山头方向封闭的曲线，等高线出图廓时沿图廓线将其封闭起来。

具体操作如下：

① 首先将需要数字化的底图导入，放入图层一，并进行锁定。

② 绘最高点，放入图层二，并给图层注明高程。

③ 再依次往下绘，每绘一层注一层高程，叠放次序不能改变，等高线出图廓时沿图廓线将其封闭起来。

④ 所有等高线绘制完成，从对象管理器中将其图层颠倒过来，也就是最下面一层放在最上面，依此类推。

⑤ 最后，按照黄褐色系列或灰度不同的渐变色进行层层填绘。

4 实验应交成果

本实验要求每人提交 1 份实验报告。实验报告应包括的信息有：利用分层设色法进行等高线图的绘制方法、步骤，设置渐变色绘制地形图一幅。

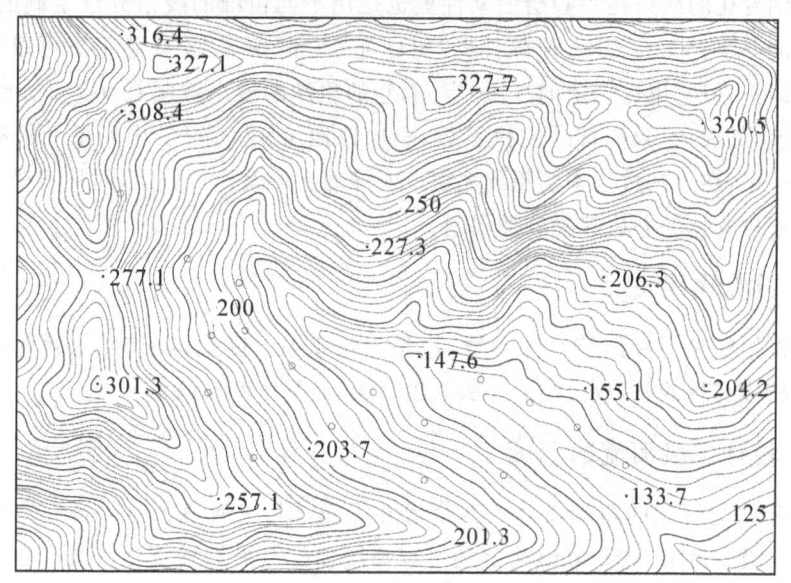

图 6-3-1 某流域部分地形图（放大两倍使用）

实验 4　利用楔形工具进行水系图的绘制

正常情况下不同河段宽窄水系有一定差异,因此,绘图时要将这种差异在图上绘制出来,CorelDRAW 中有一种楔形工具,恰好可以达到绘制线条两端粗细不同而且呈现逐渐变化的特征。

1 目的与要求

(1)了解楔形工具的使用。
(2)掌握分段绘制同一条水系的方法。
(3)掌握水系在地图上的表示原则与方法。

2 仪器与资料

(1)资料:由老师提供水系图一幅(见图 4-1-1)。
(2)仪器:高性能计算机、CorelDRAW 软件、打印机、计算器。

3 内容与步骤

小比例尺地图的河流水系多半是以单线形式表示的,并以粗细渐变来反映上下游。这种有粗细变化的线条在一些绘图软件里也是用不同粗细的线条分段绘制的,目前还没有更好的办法。CorelDRAW 软件里"项目符号"和"楔形"绘线笔工具可以用来绘粗细渐变的线条,但它也有一定的局限:首先,它的粗端的最小宽度是 0.762 mm,不能绘更细的河流;其次,它只能按住左键不放,一次性地绘完一条线,中间不允许有任何停顿。这样一来,在绘制过程中要想放大窗口或移动图形就不可能了,对用户带来许多不便。但可通过其他的办法解决该类问题。

(1) 放大比例尺

计算机绘图顺序好传统绘图一样,也是先绘水系。因此,我们绘水系时可以放大绘。但要特别提醒的是,放大绘并非放大窗口绘,而是比例尺放大。

(2) 设计各级河流的宽度

如果我们把河流的粗端设计为三个尺寸等级,即:主河道 0.4 mm,一级支流为 0.3 mm,二级支流为 0.15 mm(当然还可以再增加一级更细的支流线划),那么可以放大 2.6 倍绘,绘时粗端的实际尺寸主河道为 1.04 mm,一级支流为 0.78 mm(大于最小尺寸 0.762 mm)。而二级支流则不必用粗细表示,可以用 0.15 mm 均匀线表示。水系绘完后再把原图的比例尺改回来,继续绘其他要素。

(3) 绘制主河道、一级支流和二级支流

绘制时用贝塞尔工具绘,要保证 0.15 mm 的二级支流在缩放比例尺时,其线划粗细始终不变,必须要在先绘线之前,将轮廓笔对话框里的"按图像比例显示"一项前的复选框改为不打"√"标记状态。否则,轮廓笔线粗是 0.4 mm,缩放 50% 后的线粗将变为 0.2 mm。而 0.15 mm 的二级支流其线划粗细始终不变。

(4) 绘制三级支流

用贝塞尔曲线先进行这级支流的绘制,然后选中任意一条这级支流,击活自然笔绘线工具的楔形工具,就会形成一端粗一端细的曲线,同时可以设置曲线的最粗端的粗细,而最细端是默认值。在所有这级水系改变完成之后,再变回原来的比例尺。这时,水系线划变细,因为用自然笔绘线工具绘制的线实际上是闭合的图形对象,它的宽度随比例尺的变化而变化,和轮廓线是不同的。

4 实验应交成果

本实验要求每人提交 1 份实验报告。实验报告应包括的信息有:楔形工具的使用方法,利用楔形工具绘制水系的具体方法、步骤,一幅水系图。

实验 5　利用晕线填充城市居民地

晕线也称密度线,用来填充面状图斑。在没有彩色印刷的条件下,晕线表示面状信息的差异非常普遍而且显示效果突出。在 CorelDRAW 软件中密度线可以自行设计,样式多样且灵活,可作为面状图斑填充的选择之一。

1　目的与要求

(1)掌握不同级别道路网的绘制方法。
(2)掌握街区颜色的填充。

2　仪器与资料

(1)资料:由老师提供礼泉县城区图一幅(见图 6-5-1)。
(2)仪器:高性能计算机、CorelDRAW 软件、打印机、计算器。

3　内容与步骤

(1) 用手绘工具分层绘道路网的绘制方法

先绘路网后铺色,道路分层又分级。城市道路一般分主干道、次干道和一般街巷三个等级。三个等级的街道分别绘在三个图层上,如果街道路面用白色表示,那么还要再复制三个白色图层。

① 假设主干道宽为 2 mm,设置图层 1(重新命名为"主干"),并用绘线工具绘出图上所有的 2 mm 粗的主干道。

② 假设次干道宽为 1.5 mm,设置图层 2(重新命名为"次干"),并用绘线工具绘出图上所有的 1.5 mm 粗的次干道。

③ 假设一般街巷宽为 1 mm,设置图层 3(重新命名为"巷"),并用绘线工具绘出图上所有的一般街巷。

④ 设置图层 4、5、6,并将其重新命名为"主干白""次干白""巷白",然后将上述三级道路分别复制在相应的这三个图层上。

⑤ 改变复制后道路轮廓线的属性。将"主干白"图层上的主干道改为 1.7 mm,轮廓线颜色为白色;将"次干白"图层上的次干道改为 1.2 mm,轮廓线颜色为白色;同样将"巷白"图层上的一般街巷改为 0.7 mm,轮廓线颜色为白色。

(2) 街区填充

设置不同的图层分类进行填充,填充完后将其拖到街区图层下面,最后还要进行底色填充。

4 实验应交成果

本实验要求每人提交 1 份实验报告。实验报告应包括的信息有:面状图斑的绘制、晕线符号的制作的具体方法、步骤及其在面状图斑上的填充方法与步骤,一幅礼泉县城区图(街区用不同的晕线进行填充)。

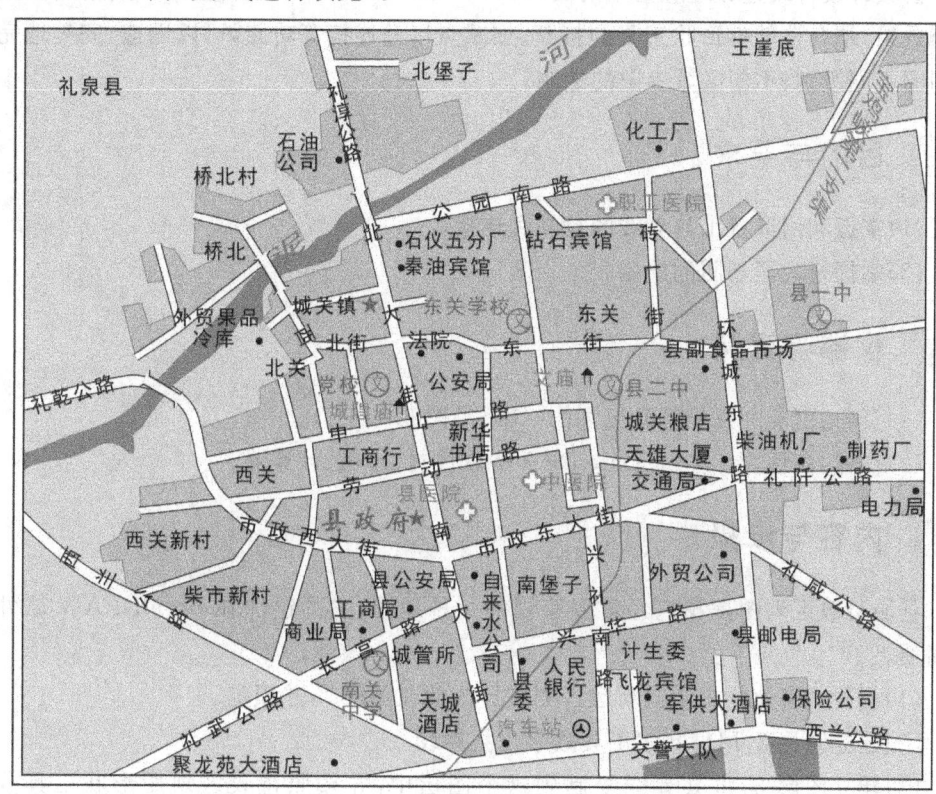

图 6-5-1　礼泉县城区图(放大两倍使用)

实验 6　利用贝塞尔工具、形状工具绘制县域行政区划图

县域各级行政边界理应为平滑曲线,CorelDRAW 软件中的贝塞尔工具恰好能达到这个效果,结合该软件形状工具的打断、加减点以及连接等功能,可以迅速、完美地完成区划图不同级别、不同区域界限的绘制。

1 目的与要求

(1)掌握利用形状工具对线的打断和连接。
(2)掌握行政区划图的绘制。

2 仪器与资料

(1)资料:由老师提供行政区划图一幅(见图 6-6-1)。
(2)仪器:高性能计算机、CorelDRAW 软件、打印机、计算器。

3 内容与步骤

县域行政区划图是我们经常要绘制的一种地图,它的绘法在 CorelDRAW 软件里很简便。

(1)将要数字化的山阳县行政区划图导入放在图层 1,并锁定。
(2)建立图层 2,用贝塞尔工具数字化县界线。
(3)建立图层 3,将县界线复制到这个图层中,并按照行政区划用形状工具分段打断。
(4)建立小河口镇图层 4,将县界线中属于这个区的那一段移至该图层,并数字化其他线。最后用形状工具连接各线,就形成小河口镇行政区部分。
(5)建立牛耳川镇图层 5,将县界线中属于这个区的那一段移至该图层,将图层 4 中小河口镇行政区可以用到的线复制到这个图层,同时数字化其他线。最后用形状工具连接各线,就形成牛耳川镇行政区部分。

其他乡镇区域绘制过程一样。

4 实验应交成果

本实验要求每人提交 1 份实验报告。实验报告应包括的信息有:闭合线、线与线重

叠的绘制方法,山阳县行政区划图的绘制图。

图 6-6-1 山阳县行政区划图

实验 7　面状类型地图符号的绘制(以旱地为例)

面状地图专题要素的表示方法常用的有：等值线法、质底法、范围法、点值法、符号法、动线法、统计图法等。其中，质底法又名底色法，用于将区域划分为质量相同的地段。这种方法可以用于表示地表面上的连续面状现象(如气象现象)、大面积分布的现象(如土壤覆盖)或大量分布的现象(如人口)。质底法的优点是鲜明美观，缺点是不易表示各类现象的逐渐过渡，而且当分类很多时，图例比较复杂，必须详细阅读图例时才能读图。注意质底的两种颜色系统不应该相互重叠，但是底色可以与晕线重合。另外，质底法易于与其他表示方法结合使用。

而范围法(又称区域法)用于表示某种现象在一定范围内的分布。该方法又可以分为精确范围法和概略范围法，前者有明确的界线，可以在界线内着色或填绘晕纹或文字注记；后者可用虚线、点线表示轮廓界线，或不绘轮廓界线，只以文字或单个符号表示现象分布的概略范围。范围法与质底法的区别在于范围法所表现的现象不布满整个编图区域且不一定有精确的范围界线。

1 目的与要求

(1) 了解专题地图设计范围法和质底法的区别与联系。
(2) 掌握专题地图设计中复杂点状地图符号的原理、方法和步骤。
(3) 掌握 CorelDRAW 软件的主要绘图工具及常用绘图功能在范围法和质底法中的具体应用。

2 仪器与资料

(1) 资料：由老师提供陕西永寿县仪井镇土地利用现状图(图 6-7-1)。
(2) 仪器：高性能计算机、CorelDRAW 软件、打印机、计算器。

3 内容与步骤

(1) 编写设计书

设计书的编写需要分析研究编图资料，确定资料的使用程度和加工处理的方法，研究专题内容与区域地理的联系与特点，根据编图目的进行初步的地图设计工作，把设计中的有关项目给予明确，将初步设计研究的成果，写出地图编辑设计书，具体应包括下列内容：

① 地图的主题、内容、用途。

② 图幅范围、比例尺、投影。

③ 使用的基本资料、补充资料,参考资料。

④ 资料加工和处理的基本方法;数据资料的统计方法及分类、分级的规定;图像资料的运用等。

⑤ 专题内容在图上的表现形式。选择方法,设计符号系统及制作图例。

⑥ 选择编稿底图,确定成图底图的内容和取舍的程度,设计底图各要素的表示方法及符号系统。

⑦ 设计图面配置方案:在地图幅面上安排图名、图例、主图、附图、附表、比例尺、图廓,做到既合理使用幅面又能突出主题。

(2) 根据设计书新建绘图文件

① 打开 CorelDRAW,执行"文件"→"新建"命令,新建一个 A4 大小的纵向文档。新建"图廓"层,使用"矩形工具"在它上面绘制内外图廓,并把该层置于最顶层。

② 新建"旱地"层,首先选择多边形工具画旱地范围(图 6-7-1)。

③ 选中图层要素,单击图样填充,点击高级按钮,弹出图样填充对话框。

④ 单击"创建"按钮,弹出双色图案编辑器,软件提供三种不同像素的图案编辑器,16 像素编辑器、32 像素编辑器和 64 像素编辑器,选择 64 像素编辑器。

⑤ 用不同尺寸笔头开始绘制符号,笔头尺寸可以根据所需要绘制的符号粗细来确定,绘制细线符号用 1×1,绘制粗一点的符号线用 2×2 或 4×4 的尺寸笔。单击左键产生一个黑色像素,单击右键可以删除一个黑色像素。

⑥ 在画框的中心绘制旱地符号,在综合考虑符号与四周边界的距离关系后,确定横线长度为 12 个像素,短线为 5 个像素,水平边距为 26 个像素,垂直边距为 29 个像素。

⑦ 旱地符号的设计有宽度、高度,但是没有角度,在面域内呈错位排列,因此,还需要进行行、列的位移参数设置。本实验将宽度设为 0.5 英寸(1 英寸=2.54 毫米),高度也为 0.5 英寸,行位移参数为 50%。

⑧ 图形符号绘制好后,单击确定按钮,新绘制的图案装入后自动存盘,作为"双色位图图样"图库中有效的位图图案使用。

4 实验应交成果

本实验要求每人提交 1 份实验报告。实验报告应包括的信息有:制图设计书、范围法/质底法地图制图的具体方法、步骤与结果、制图使用的主要软件工具、关键制图过程,以及最终陕西永寿县仪井镇土地利用现状图。

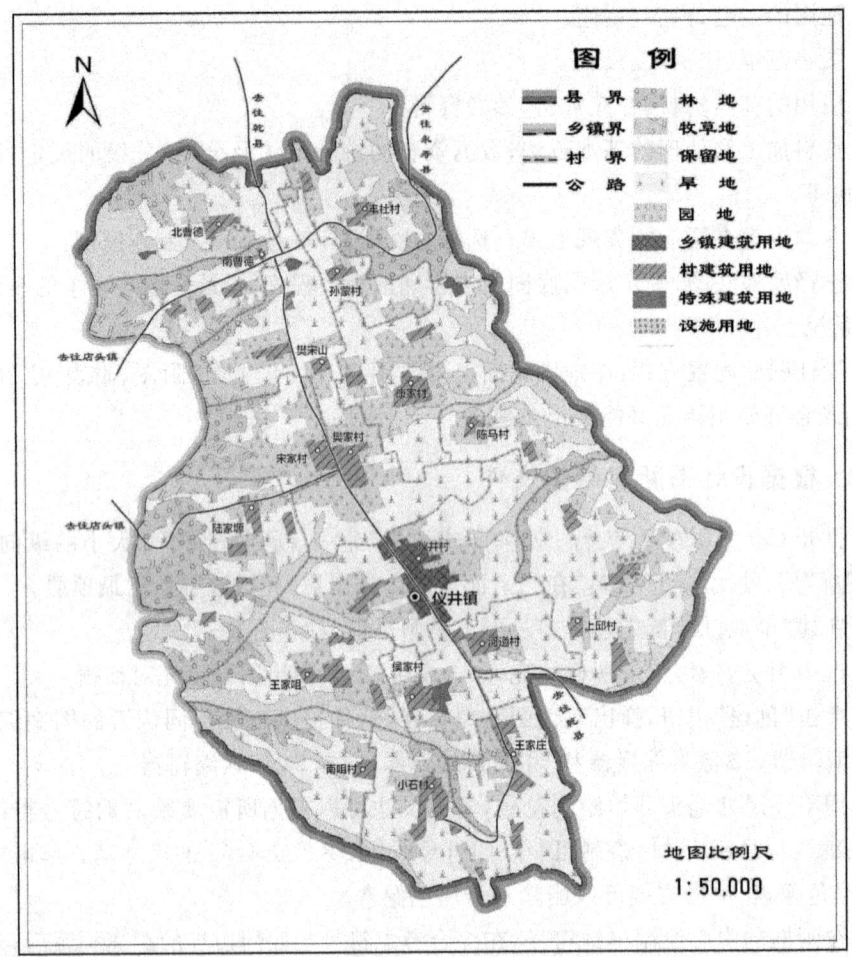

图 6-7-1 陕西永寿县仪井镇土地利用现状图

实验 8　动态线图的绘制

动线法又称"运动线法",专题地图的一种表示方法,用向量符号表示现象运动的趋向和特征,即以带箭头的线段表示运动的路线、方向、方法和速度,反映运动现象的质量、能量、强度、结构及其特征等。一般符号的矢部表示运动方向,粗细表示速度或强度,长短表示稳定性,符号位置表示运动的轨迹或趋势,不同颜色表示质量差别。还可以利用符号形状、明暗、结构、尾翼等变化反映不同特征。该方法在专题地图设计中常用于海流、风向、人口迁移、鱼类洄游路线、货物运输、战线移动、大气变化等。此法简明,直观性强,但不宜将几种运动现象组合表示。

1 目的与要求

(1) 了解运动线法的设计原则、特征、分类及适用条件。
(2) 掌握专题地图设计中运动线法的原理、方法和步骤。
(3) 掌握 CorelDRAW 软件的主要绘图工具及常用绘图功能在动态线状图设计中的具体应用。

2 仪器与资料

(1) 资料:由老师提供党中央在陕北革命活动路线地理底图。
(2) 仪器:高性能计算机、CorelDRAW 软件、打印机、计算器。

3 内容与步骤

(1) 编写设计书

设计书的编写需要分析研究编图资料,确定资料的使用程度和加工处理的方法,研究专题内容与区域地理的联系与特点,根据编图目的进行初步的地图设计工作,把设计中的有关项目给予明确,将初步设计研究的成果,写出地图编辑设计书,具体应包括下列内容:

① 地图的主题、内容、用途;
② 图幅范围、比例尺、投影;
③ 使用的基本资料、补充资料、参考资料;
④ 资料加工和处理的基本方法;数据资料的统计方法及分类、分级的规定;图像资料的运用等;

⑤ 专题内容在图上的表现形式。选择方法，设计符号系统及制作图例；

⑥ 选择编稿底图，确定成图底图的内容和取舍的程度，设计底图各要素的表示方法及符号系统；

⑦ 设计图面配置方案：在地图幅面上如何安排图名、图例、主图、附图、附表、比例尺、图廓，做到既合理使用幅面，又能突出主题。

(2) 根据设计书新建绘图文件

① 打开 CorelDRAW，执行"文件"→"新建"命令，新建一个 A4 大小的横向文档。新建"图廓"层，使用"矩形工具"在它上面绘制内外图廓，并把该层置于最顶层。

② 新建"路线"层(图 6-8-1)，首先选择矩形工具画一个矩形，然后在上面工具栏中修改角度 40°(注：角度后面有一把锁，当锁锁上时改角度时只要改一个其余三个都会变，单击解锁时可改任意一个想改的角的角度)，并按加号复制一个。

③ "排列"→"变换"(右边会出现一个变换对话框，在旋转中角度 90°，左上角，应用到再制)，用上下左右键的左键向右平移直到两个矩形形成尖角形状。

④ 两个矩形全选，"排列"→"造形"→"焊接"(或工具栏中的"焊接"图标)右边会出现造形对话框，将两个矩形焊接成一个整体。

⑤ 在变形对话框中的旋转栏中角度 45°，左上角，应用到"再制"，然后托到合适的位置组成箭头形。

⑥ 使用"选中"箭头，单击填充工具下的渐变工具，它分双色和自定义两种，如果选自定义的话，我们可以在颜色条的上方双击就可以增加一个小三角的颜色条(双击小三角也可以去除小三角)，我们先选双色渐变，颜色选一个深色对应一个浅色。

⑦ 选择交互式填充工具，点击一下箭头，我们会发现它的渐变是由左向右一条水平直线渐变的，我们可以直接使用，本例我们选择交互式填充工具，在箭头上从上向下倾斜 45°角顺着箭头的方向拉渐变颜色。

⑧ 选中箭头，选择"造形"工具，将箭头的尾巴托短一点，下面小一点，选择"轮廓笔"工具，在弹出的对话框中可以改变轮廓的大小和其他设置。

⑨ 选中箭头，打开"将轮廓转换为对象"，使里面填充的颜色和轮廓分开，给轮廓填充一下颜色。选中里面的颜色部分，原位复制一层，然后选择"造形"工具，双击将颜色箭头下半部分的点全部去除，再进行调整，以使得渐变颜色保持一致，再选择"交互式填充工具"在箭头颜色改变的区域点一下，并移动渐变条。

⑩ 使用"钢笔"工具，沿着箭头向外画一圈整饰的背景并配合"造形"工具进行调整使其没有棱角，再与背景合并组合，并去除轮廓线。

在"工具箱"中选择"贝塞尔"曲线工具，确定穿越路线的第一个节点，移动按住鼠标左键拖拽，松开鼠标可得曲线。需要注意的是，使用鼠标单击蓝色虚线调节杆任意一个控制点，可得到一条等于调节杆一半长度的直线，依次绘制完整封闭图形。

4 实验应交成果

本实验要求每人提交 1 份实验报告。实验报告应包括的信息有：制图设计书、动线法地图制图的具体方法、步骤与结果、制图使用的主要软件工具、关键制图过程，以及最终党中央在陕北革命活动路线图。

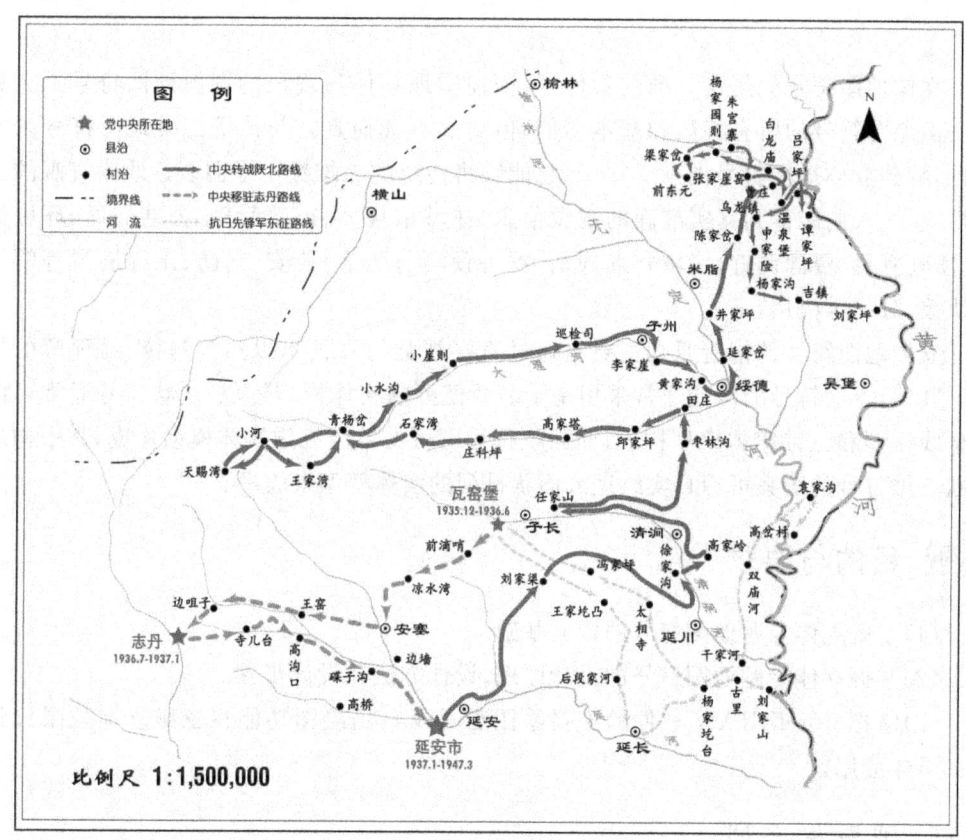

图 6-8-1 党中央在陕北革命活动路线图

实验 9　立体专题地图符号的绘制

立体地图符号就是在三维的条件下,描述实地物体与现象的图解地图符号。它具有平面地图符号的所有特征和基本功能,但更加直观逼真。与传统二维地图符号系统不同,构建立体地图符号的意义在于:它能够将传统的二维数字地图表达改为直观的三维形式,使人们能得到真实准确的视觉信息,在城市规划、市政管理、公共交通、环境保护、土地管理、资源调查、区域开发规划、灾害预测与防治、公安、消防、工程勘测等领域做决策、分析等应用。

立体地图符号的构造原则主要是通过直接视觉仿真技术以达到易读、易理解的目的。其中,点状符号的构造通常采用基于表面模型的实体模型构成;线状符号通常可由立体线模型和三维实体模型构成;而面状符号则可由单个三维实体模型构成,其中构成面状三维符号的图案可用真实纹理或面状排列的实体模型来表示。

1　目的与要求

(1)了解立体专题地图符号的构成基础。
(2)掌握立体专题地图符号的设计原理、设计方法和设计步骤。
(3)掌握 CorelDRAW 软件的主要绘图工具及常用绘图功能在三维立体效果设计中的具体应用。

2　仪器与资料

(1)资料:由老师提供陕西永寿县仪井镇土地利用现状图及粮食作物种植结构(数据表格)。
(2)仪器:高性能计算机、CorelDRAW 软件、打印机、计算器。

3　内容与步骤

(1) 编写设计书

设计书的编写需要分析研究编图资料,确定资料的使用程度和加工处理的方法,研究专题内容与区域地理的联系与特点,根据编图目的进行初步的地图设计工作,把设计中的有关项目给予明确,将初步设计研究的成果,写出地图编辑设计书,具体应包括下列内容:

① 地图的主题、内容、用途;

② 图幅范围、比例尺、投影；

③ 使用的基本资料、补充资料，参考资料；

④ 资料加工和处理的基本方法；数据资料的统计方法及分类、分级的规定；图像资料的运用等；

⑤ 专题内容在图上的表现形式。选择方法，设计符号系统及制作图例；

⑥ 选择编稿底图，确定成图底图的内容和取舍的程度，设计底图各要素的表示方法及符号系统；

⑦ 设计图面配置方案：在地图幅面上安排图名、图例、主图、附图、附表、比例尺、图廓，做到既合理使用幅面，又能突出主题。

(2) 根据设计书新建绘图文件

① 打开 CorelDRAW，用"导入"命令将底图放置在绘图窗口中；然后，用"对象管理器"将放置底图的图层命名为"底图"层，并将该图层的"可编辑""可打印"属性锁起来，使它不能被编辑，也不能被打印（因为我们绘制完图形后，底图是不需要输出打印的），同时要把该层置于最底层。

② 根据设计书，新建文件。执行"文件"→"新建"命令，新建一个 A4 大小的纵向文档，并填充灰色的渐变底。新建"图廓"层，使用"矩形工具"在它上面绘制内外图廓，并把该层置于最顶层。

③ 新建"行政边界"层，在它上面绘制永寿县仪井镇行政边界（图 6-9-1）。按设计书在"轮廓笔对话框"中，设定线条属性。屏幕跟踪矢量化绘制出县界。在工具箱中选择"多边形工具"栏中的"基本形状工具"，在其属性栏中选择"贝塞尔曲线"绘制工具完成行政边界描绘。

④ 将绘制好的行政边界图层复制一个，以作备用，填充为灰色渐变色，去除轮廓边。

⑤ 依据基础数据含义（每个行政村的油料、棉麻以及其他经济作物的产量占该村全部经济作物产量的比重）设计立体饼状图作为专题地图符号（表 6-9-1）。

表 6-9-1　陕西永寿县仪井镇经济作物产量结构表（单位：%）

序号	村名	经济作物总量		
		油料	棉麻	其他
1	北曹德	47.07	72.31	5.62
2	南曹德	82.20	11.50	6.30
3	樊宋山	42.93	52.04	5.03
4	宋家村	11.90	83.10	5.00
5	樊家村	83.50	11.50	5.00
6	陆家塬	84.49	9.36	6.15
7	王家嘴	82.30	10.00	7.70

续表

序号	村名	经济作物总量		
		油料	棉麻	其他
8	南嘴村	77.32	16.32	6.36
9	小石村	84.20	9.30	6.50
10	侯家村	69.29	22.62	3.09
11	仪井镇	80.20	15.50	4.30
12	仪井村	50.22	40.52	9.26
13	王家庄	50.13	28.61	21.26
14	河道村	34.93	31.26	33.81
15	上邱村	20.27	34.24	45.49
16	陈马村	42.79	43.92	13.29
17	康家村	34.54	24.08	41.38
18	孙蒙村	25.29	36.33	38.38
19	丰社村	39.50	30.40	30.10

⑥ 制作图层的立体效果。在在工具箱中选择并双击"椭圆工具",开发"选项"对话框,选择"饼图"单选按钮,根据第五步计算结果设置"起始角度""结束角度",旋转角度为"逆时针"。

⑦ 绘制饼图对象。上述设置完毕后,单击"确定"按钮,在页面中拖动鼠标指针绘制饼图对象。然后执行"编辑"→"再制"命令,复制饼图对象,然后在属性栏中单击"镜像"按钮,为复制的饼图对象设置镜像。再利用"挑选工具"选择复制后的饼图对象,并调整其位置。而后利用"形状工具"选择饼图的一个节点到合适的位置放开鼠标。利用相同的方法,绘制其他饼图对象。

⑧ 对象着色。执行"窗口"→"调色板"→"默认 CMYK 调色板",选择一个饼图对象,然后在色盘中单击特定颜色给对象填色。

⑨ 使用对象立体化工具。选中二维饼图对象,在工具箱中选择"交互式立体化工具",给对象设置立体化效果,接下来在属性栏中单击"颜色"按钮,设置立体颜色为"灰色"。设置结束后再利用同样的方法,给其他饼图对象设置立体化效果。

⑩ 设置图例。在工具箱中选择"矩形工具",绘制矩形对象,之后连续按下 Ctrl+D 组合键 2 次,复制出 2 个矩形对象,调整矩形位置后在色盘中分别选择与饼图对象相对应的颜色分别给图例矩形对象填充颜色,并应用"文本工具"为图例添加图例文字说明。

4 实验应交成果

本实验要求每人提交 1 份实验报告。实验报告应包括的信息有:制图设计书、三维专题地图制图的具体方法、步骤与结果、制图使用的主要软件工具、关键制图过程,以及最终陕西永寿县仪井镇经济作物产量饼状分布图(三维专题地图符号)。

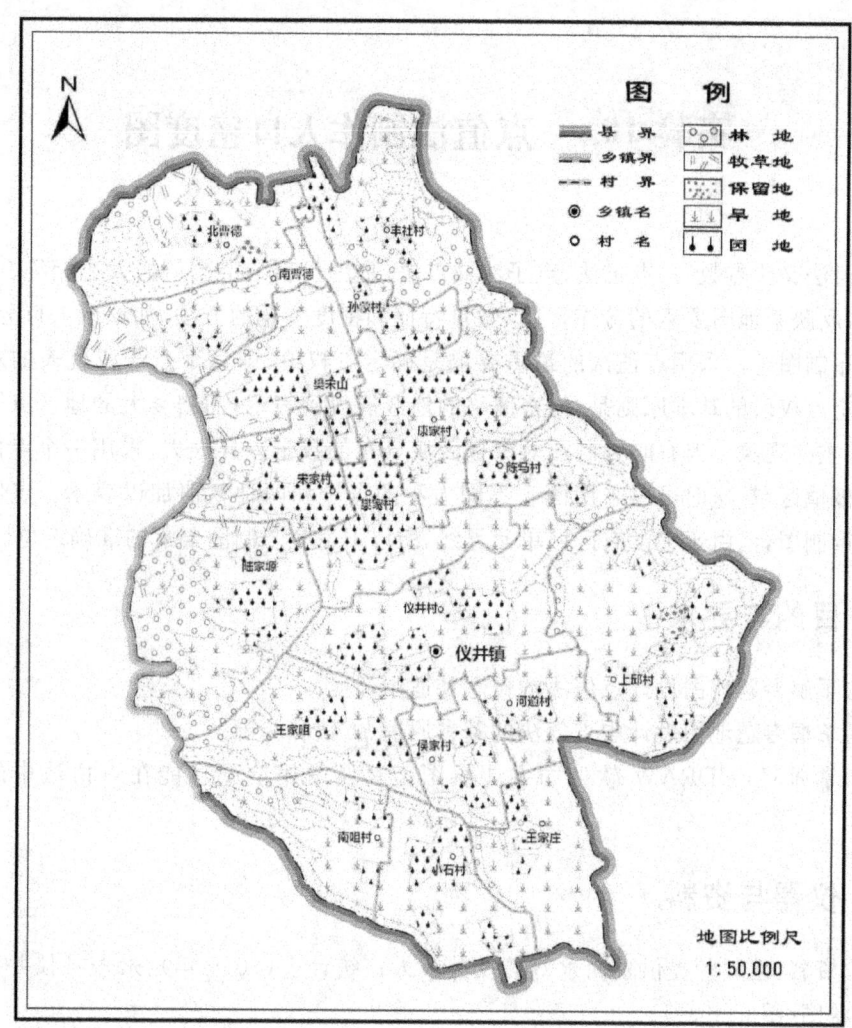

图 6-9-1 陕西永寿县仪井镇土地利用现状图

实验 10　点值法制作人口密度图

点值法又称点数法、点描法、点子法或点法，是用代表一定数值的大小相等、形状相同的点，反映某地图要素的分布范围、数量特征和密度变化的方法，如地区人口分布、农作物分布制图等。采用点值法的最重要的是确定点权值，即每个点子所代表的对象数值。确定点权值的基本原则是：使密度小的地区能得到表示，而密度大的地区点子不产生连续、重叠现象。但有时因制图对象各区域分布的数量差异太大，采用一个点值无法兼顾两极值区域，这时可以采用两个不同大小的点子和两种权值加以表示。点值法虽然是定量制图，但由于它没有区域单元界线，所以不适宜于制图要素的准确定位。

1 目的与要求

（1）了解专题地图设计点值法的概念和适用环境。
（2）掌握专题地图设计中点值法的基本原理、方法和步骤。
（3）掌握 CorelDRAW 软件的主要绘图工具及常用绘图功能在点值法中的具体应用。

2 仪器与资料

（1）资料：由教师提供陕西永寿县仪井镇人口统计表（2015 年）、永寿县仪井镇土地利用现状图（图 6-9-1）。
（2）仪器：高性能计算机、CorelDRAW 软件、打印机、计算器。

3 内容与步骤

（1）编写设计书

设计书的编写需要分析研究编图资料，确定资料的使用程度和加工处理的方法，研究专题内容与区域地理的联系与特点，根据编图目的进行初步的地图设计工作，把设计中的有关项目给予明确，将初步设计研究的成果，写出地图编辑设计书，具体应包括下列内容：
① 地图的主题、内容、用途；
② 图幅范围、比例尺、投影；
③ 使用的基本资料、补充资料、参考资料；
④ 资料加工和处理的基本方法，数据资料的统计方法及分类、分级的规定，图像资

料的运用等；

⑤ 专题内容在图上的表现形式。选择方法，设计符号系统及制作图例；

⑥ 选择编稿底图，确定成图底图的内容和取舍的程度，设计底图各要素的表示方法及符号系统；

⑦ 设计图面配置方案：在地图幅面上安排图名、图例、主图、附图、附表、比例尺、图廓，做到既合理使用幅面，又能突出主题。

(2) 根据设计书新建绘图文件

打开 CorelDRAW，执行"文件"→"新建"命令，新建一个 A4 大小的纵向文档。新建"图廓"层，使用"矩形工具"在它上面绘制内外图廓，并把该层置于最顶层。

新建"地理底图"层，首先选择多边形、贝塞尔曲线工具绘制专题地图底图如图 6-9-1 所示。

(3) 点值计算

要通过计算人口密度来计算点值的分布(表 6-9-1)，步骤主要如下：

① 数字化出每个行政单元的边界，测算其面积；

② 点值计算。一般说点值可用以下公式计算：

$$点值 = \frac{A \times 点子直径^2}{比例尺^2 \times P \times 10^{12}}$$

式中 P 为密度最大区的面积，单位为 km^2，点子的直径单位为 cm，A 为该区制图对象的总量。计算的点权值一般向大的方向凑整。绘图时，根据点权值计算各区域的点子数目，采用定位法或根据制图现象分布规律把点子绘到地图上。

表 6-10-1　陕西永寿县仪井镇人口统计表(单位：万人)

	北曹德(1.53)	南曹德(1.20)	丰社村(1.72)	孙蒙村(1.96)
	樊宋山(1.28)	樊家村(1.55)	宋家村(1.08)	康家村(1.84)
仪井镇(28.73)	陈马村(1.54)	陆家塬(1.82)	仪井村(1.09)	仪井镇(2.51)
	王家嘴(1.35)	南嘴村(1.35)	侯家村(1.23)	河道村(1.54)
	上邱村(1.36)	王家庄(1.55)	小石村(1.23)	无

(4) 符号绘制

① 单击"圆绘制"按钮，根据上述点值计算结果，绘制正圆，并设置正圆半径大小，再使用左侧工具栏的渐变填充工具，填充正圆颜色，从浅色到深色，并将轮廓设置为无。

② 选择圆形，按住 Shift 键，并向左移动同时单击鼠标，复制出一个圆形。并将按点值结算结果对圆形放大或缩小。

③ 选择工具箱中的"调和工具"，将多个圆形之间进行调和。从不同方向进行拖动以便形成调和结果。

④ 点击菜单栏上的"排列"工具，在下拉菜单中点击"变换"中的"位置"选项，在右侧

工具栏中设置好内容后点击应用完成图样变换。

⑤ 选中所有图案后,右键该图案,在弹出的对话框中选择"群组"即可以把整个图案设置为群组后制作为背景,以完成点值图整体绘制。

4 实验应交成果

本实验要求每人提交 1 份实验报告。实验报告应包括的信息有:制图设计书、点值计算的具体方法、步骤与结果、制图使用的主要软件工具、关键制图过程,以及最终陕西永寿县仪井镇人口分布点值图。

实验 11　分区统计专题图的绘制

分区统计图法是专题地图的一种表示法。又称图形统计图法、定域统计图法、分区图表法。是将各统计区内某现象的总量用图形或图表描绘在统计区域内,以表示统计区内某现象的绝对数量、内部结构、发展动态的方法。主要用于表示经济统计资料,如棉花产量、煤的储量、作物播种面积、人口总数等。所采用的图形符号不要求定位,只要求定域,可根据统计资料的详简程度,数据分布规律和统计区大小等条件设计多种图形符号。常见的有比率符号(同定位符号)、放射状图形、柱状图形、三维图形、曲线图表、累积符号等。借符号的大小或个数表示数量,并可将图形符号进行分割表示内部结构,使用扩展符号表示不同时期数量的变化。

1　目的与要求

(1)了解分区统计图法与点符号法的区别。
(2)掌握利用点状符号设计分区统计图法的原理、设计方法和步骤。
(3)掌握 CorelDRAW 软件的主要绘图工具及常用绘图功能。

2　仪器与资料

(1)资料:由老师提供平若县地理底图及粮食作物种植结构(数据表格)。
(2)仪器:高性能计算机、CorelDRAW 软件、打印机、计算器。

3　内容与步骤

(1)编写设计书

设计书的编写需要分析研究编图资料,确定资料的使用程度和加工处理的方法,研究专题内容与区域地理的联系与特点,根据编图目的进行初步的地图设计工作,把设计中的有关项目给予明确,将初步设计研究的成果,写出地图编辑设计书,具体应包括下列内容:

① 地图的主题、内容、用途;
② 图幅范围、比例尺、投影;
③ 使用的基本资料、补充资料、参考资料;
④ 资料加工和处理的基本方法,数据资料的统计方法及分类、分级的规定,图像资料的运用等;

⑤ 专题内容在图上的表现形式:选择方法,设计符号系统及制作图例;

⑥ 专题内容的地图概括:根据所设计地图的内容作具体规定,对点、线、面要素的选择、简化、分类、合并等方面提出具体要求等;

⑦ 选择编稿底图,确定成图底图的内容和取舍的程度,设计底图各要素的表示方法及符号系统;

⑧ 设计图面配置方案:在地图幅面上安排图名、图例、主图、附图、附表、比例尺、图廓,做到既合理使用幅面,又能突出主题。

(2) 根据设计书新建绘图文件

打开 CorelDRAW,用"导入"命令将底图放置在绘图窗口中;然后,用"对象管理器"将放置底图的图层命名为"底图"层,并将该图层的"可编辑""可打印"属性锁起来,使它不能被编辑,也不能被打印(因为我们绘制完图形后,底图是不需要输出打印的),同时要把该层置于最底层。

根据设计书,新建"图廓"层,使用"矩形工具"在它上面绘制内外图廓,并把该层置于最顶层。

① 新建"图名"层,输入文字"平若县粮食作物结构图",按设计书设定字体和大小,并把它摆放到正确的位置。

② 新建"县级界线"层,在它上面绘制县界。按设计书在"轮廓笔对话框"中,设定线条属性。屏幕跟踪矢量化绘制出县界。

③ 新建"乡镇界线"层,在它上面绘制乡镇界。按设计书在"轮廓笔对话框"中,设定线条属性。屏幕跟踪矢量化绘制出乡镇界。

④ 新建"底色"层,该层放在"底图"层上面。将绘制好的县界复制到该层上,把它闭合起来,填充主区色 M10,去掉轮廓线。将内图廓线复制到"底色"层上,填充邻区底色为 K5,去掉轮廓线,并把它安排在主区色后面。

⑤ 新建"晕带"层,该层放在"底色"层上面。将绘制好的县界复制到该层上,把它闭合起来,使用"交互式轮廓图工具"绘制晕带,设定晕带宽为 1.5 mm,填充颜色为 C15M20,去掉轮廓线。

⑥ 新建"河流"层,应用"贝塞尔工具"屏幕跟踪矢量化绘制出单线河流和双线河,按照设计书将双线河普染为 C30;单线河从上游到下游有 0.12~0.2 mm 的变化。

⑦ 新建"驻地符号"层,在该层上绘制驻地符号。将绘制好的符号一一复制到相应位置上。

⑧ 新建"名称"层,用"文本工具"在该层上输入各居民地名称。注意名称的摆放位置。完成这一步骤后,就得到了地理底图。

(3) 数值计算、符号绘制

① 将基础数据,按设计书分为 4 级。用该乡镇的水稻、小麦、玉米和其他的产量除以其总产量,计算出粮食作物所占的比重(表 6-11-1)。

表 6-11-1 平若县粮食作物种植结构表(单位:10^4 kg)

序号	乡镇名	总产	其中				序号	乡镇名	总产	其中			
			水稻	小麦	玉米	其他				水稻	小麦	玉米	其他
1	平望	24.7	——	11.4	12.7	0.6	17	发利	131.6	103.3	22.6	——	5.7
2	方庄	16.3	——	9.0	7.3	——	18	陈屋	51.0	27.2	16.8	2.7	4.3
3	张核	26.3	——	14.3	10.2	1.8	19	石仔围	41.1	12.4	11.9	2.0	14.8
4	葆玉	22.0	1.6	16.5	1.8	2.1	20	杨桥	32.8	16.8	10.7	3.3	2.0
5	白江	44.2	4.4	31.9	5.2	2.7	21	新围	88.3	24.5	47.1	7.6	9.1
6	庄户	53.8	6.0	39.2	1.9	6.7	22	乌川	63.7	51.7	10.2	——	1.8
7	张屋	19.1	2.2	4.7	11.0	——	23	洛舍	29.5	19.6	3.1	——	6.8
8	郑竹	38.6	17.6	12.4	3.7	4.9	24	下江	55.3	46.7	——	——	8.6
9	陈庄	32.7	11.5	7.0	2.2	12.0	25	石涣	42.7	19.1	19.1	4.4	——
10	赵围	49.9	21.1	8.9	——	19.9	26	长奉	34.2	6.6	7.8	3.1	16.7
11	水城	64.2	40.5	14.2	4.4	5.1	27	平川	71.9	54.6	17.3	——	——
12	润德	38.2	15.0	18.8	4.4	——	28	石马	69.0	46.3	10.7	7.6	4.4
13	黄冈	57.0	29.3	16.6	7.0	4.1	29	奇利	63.0	37.6	21.8	3.2	0.4
14	峡山	49.5	6.9	20.0	1.2	21.4	30	小留	26.4	20.7	4.8	——	0.9
15	陈半	73.6	26.6	27.5	19.5	——	31	番瓜弄	37.7	17.5	14.5	4.6	1.1
16	岩兴	65.2	18.7	35.2	5.1	6.2							

② 新建"专题符号"层,用"矩形工具"在该层上绘制专题符号。先做图例,绘制边长为 7 mm、10 mm、15 mm 和 20 mm 的矩形,将这四个矩形左下角对齐,然后应用"排列|变换|倾斜"命令,打开"倾斜卷帘窗",在水平(H)倾斜框中输入"-30°",单击"应用"按钮。把四个矩形变为四个平行四边形。使用"网格纸工具"绘制一个 10×10,100 等份的边长为 7 mm 的矩形,水平倾斜"-30°",将它与边长为 7 mm 的小平行四边形,使用"对齐和分布"命令,使它们完全对齐。绘制四个边长为 4 mm 的平行四边形,分别填充 M100,C100,Y100 和 C100 Y100,来代表水稻、小麦、玉米和其他作物。

③ 根据分级标准,<30 的有 7 个,30~60 的有 15 个,60~90 的有 8 个,≥90 的有 1 个,分别绘制边长为 7 mm、10 mm、15 mm 和 20 mm 的 100 等份的平行四边形,然后用 M100,C100,Y100 和 C100 Y100 的色彩,按作物结构比例进行填充,同时把填充色置于平行四边形边线的后面。最后把作物的总产量作为说明注记标注在专题符号的旁边。这样做的好处是使读图者对在同一标准内,但差距比较大的数据,有一个明确的数量概念,不至于因为它们的专题符号大小相同而产生模糊的概念。

4 实验应交成果

本实验要求每人提交 1 份实验报告。实验报告应包括的信息有:制图设计书、粮食作物种植结构分区统计计算的具体方法、步骤与结果、制图使用的主要软件工具、关键制图过程,以及最终平若县粮食作物种植结构分区统计专题图。

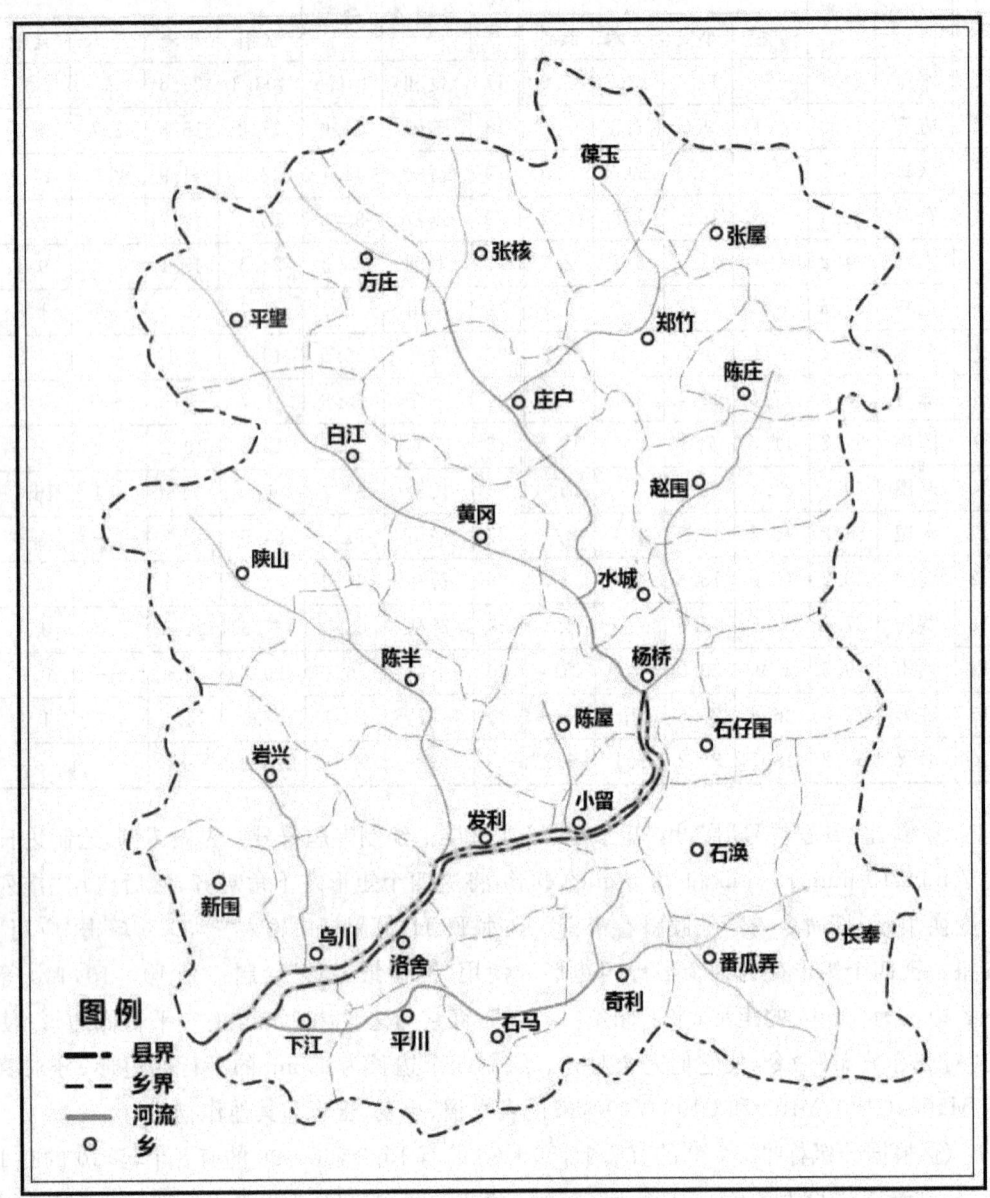

图 6-11-1 平若县地理底图

实验 12　土地利用现状图的绘制——以永寿县仪井镇为例

　　土地是包含地球特定地域表面及其以上和以下的大气、土壤与基础地质、水文与植物,还包含这一地域范围内过去和现在人类活动的种种结果,以及动物就人类目前和未来利用土地所施加的重要影响。中国地理学家普遍赞成土地是一个综合的自然地理概念,认为土地"是地表某一地段包括地质、地貌、气候、水文、土壤、植被等多种自然要素在内的自然综合体"。土地利用是人类根据土地的自然特点,按一定的经济、社会目的,采取一系列生物、技术手段,对土地进行长期性或周期性的经营管理和治理改造。土地利用分类是区分土地利用空间地域组成单元的过程,这种空间地域单元是土地利用的地域组合单位,表现人类对土地利用、改造的方式和成果,反映土地的利用形式和用途(功能)。土地利用分类是为完成土地资源调查或进行统一的科学土地管理,从土地利用现状出发,根据土地利用的地域分异规律、土地用途、土地利用方式等,将一个国家或地区的土地利用情况,按照一定的层次等级体系划分为若干不同的土地利用类别。土地利用现状图便是表达一定区域土地利用类型的分布状况的专题图。

1　目的与要求

(1) 了解土地利用现状图包含的要素。
(2) 掌握土地利用现状图的绘制过程。
(3) 掌握土地利用现状图中不同地物的图面配置方式。

2　仪器与资料

(1) 资料:由老师提供一幅扫描土地利用现状图(图 6-7-1)。
(2) 仪器:高性能计算机、CorelDRAW 软件、打印机、计算器。

3　内容与步骤

(1) 对不同的土地利用形式建立不同的符号库:基本原则是第一级的土地分级采用色相不同来区分,第二级的土地利用形式采用相同色相不同饱和度,而第三级则在第二级的基础上采用不同的网纹附加其上。
(2) 将土地利用现状原图导入软件中,放在第一图层;并进行锁定。
(3) 给每一类地物按绘制顺序分别设置图层并进行绘制。

① 首先设置图廓层,绘制图廓、图例及其他辅助要素。
② 设置水系图层,绘制水系。
③ 设置地形要素图层绘制地形要素。
④ 设置道路图层,绘制不同级别的道路网。
⑤ 设置居民点图层,绘制不同类型居民点。
⑥ 设置农业用地图层,绘制不同类型农业用地。
(4) 添加不同地物的注记。
(5) 最后检查确定无误后导出地图。

4 实验应交成果

本实验要求每人提交 1 份实验报告。实验报告应包括的信息有:制图设计书、各要素绘制的具体方法、步骤,以及完成一幅土地利用现状图。

第7篇 地图学实习

实验1 地图制图综合实习

地图学学科体系是地理信息系统的主要分支,地图制图是地理信息的主要资料和数据来源,对于地理信息系统专业的学生来说,地图制图是必须掌握的基本技能,是学习相关行业的基础和关键。地图制图综合实习的主要目的是锻炼学生收集资料,利用地图制图的手段,完成专题地图、普通地图的制作,以便应用于实践。

1 目的与要求

通过地图制图综合实习,拟达到的教学目的与要求如下:
(1)掌握遥感制图的基本理论,依据不同的实际情况和要求决定不同地物的表现手段和方法;
(2)掌握地图补测与调绘的要点,进行不同地物的补测与调绘;
(3)掌握土地利用类型的分类、分级及其表示手段的确定、显示;
(4)掌握耕地地力评价单元的确定方法、基本理论;
(5)掌握耕地地力评价的指标、权重和基本理论;
(6)掌握耕地适宜性评价的指标、权重和基本理论;
(7)了解相关结果与地形、土壤肥力等要素之间的关系及其分析过程;
(8)通过多方面的实践应用使学生充分了解相关学科的互通性;
(9)经过深入地学习地图学的应用,使学生深刻体会所学知识在实践中的应用。

2 仪器与资料

(1)资料:以永寿县为例,永寿县地形图、行政区划图、土地利用现状图以及多期遥感影像,采样点数据理化性质及其他相关数据。具体如下:
① 2000年6月LandSat 7多光谱数据(空间分辨率:30 m)。
② 2016年6月高分1号卫星全色(空间分辨率:2 m)和多光谱数据(空间分辨率:8m)。
③ 永寿县土地利用类型图(ArcGIS .shp格式矢量文件)。

④ 永寿县土壤类型图和地貌类型图（ArcGIS.shp 格式矢量文件）

⑤ 永寿县 1:5 万数字等高线图（ArcGIS.shp 格式矢量文件）

⑥ 土壤肥力普查样点数据（ArcGIS.shp 格式矢量文件）

⑦ 永寿县行政区划图（ArcGIS.shp 格式矢量文件）

（2）仪器：高性能计算机 60 台，ArcGIS 软件、遥感数字图像处理软件，全站仪数台，皮尺，测绳，绘图板。

3 内容与步骤

地图制图综合实习是基于整个本科阶段的地图学科所有相关课程而设的，因此，是一个将各门课程相关信息融合、应用于实践的一个过程。该实习主要涉及有：利用遥感图像进行专题地图的制作，地形图的补测与调绘，土地利用动态发展专题地图的制作，以及土地评价。

其具体内容与步骤如下：

（1）遥感制图

分别利用遥感数字图像处理软件对永寿县遥感影像进行分析解译。具体如下：

① 建立解译标志；

② 进行图像处理；

③ 土地利用专题地图的野外检验和校正；

④ 土地利用专题地图的形成。

（2）测绘制图

利用全站仪、测绳、皮尺等测量设备，在永寿县地形图、土地利用现状图以及遥感影像的基础上，补充完善永寿县郊区地形要素等资料。根据相对关系确定补测点与原有地物点之间的关系，进行现势性补测与调绘。

① 补测路线的制定与任务分配。

② 地形图的地物补测与调绘。

③ 室内地形图的整饰与完成。

（3）土地利用动态发展专题地图的形成

分别利用遥感数字图像处理软件对永寿县 2000 年和 2016 年遥感影像进行分析解译，并制作两期土地利用类型图，分析县域土地利用动态变化。在影像解译的基础上形成永寿县城市扩展图，并分析扩展原因、趋势。具体如下：

① 立解译标志；

② 进行图像处理；

③ 土地利用专题地图的野外检验和校正；

④ 土地利用专题地图的形成；

⑤ 土地利用动态变化图的形成及其分析；
⑥ 城市扩展图的形成及其扩展模式驱动因子分析。

（4）土地利用类型图更新

利用永寿县 2016 年高分 1 号卫星影像对永寿县土地利用类型图进行更新,得到最新土地利用现状图。

（5）DEM 生成及地形因子提取

根据永寿县 1:5 万数字等高线图生成永寿县 DEM,在 DEM 的基础上提取坡度、坡向图,并制作相应的专题图。

（6）土壤养分等级专题图制作

对土壤肥力普查样点数据中的养分数据在 GIS 软件中进行插值,并根据全国第二次土壤普查及有关标准(表 7-1-1),对碱解氮、有机质、有效磷和速效钾四种主要土壤养分插值结果进行分级,并形成土壤养分等级图。

表 7-1-1 土壤养分分级标准

含量\级别 项目	碱解氮 (mg/kg)	有机质 (g/kg)	有效磷 (mg/kg)	速效钾 (mg/kg)
1	>150	>40	>40	>200
2	120～150	30～40	20～40	150～200
3	90～120	20～30	10～20	100～150
4	60～90	10～20	5～10	50～100
5	30～60	6～10	3～5	30～50
6	<30	<6	<3	<30

（7）耕地地力评价

① 耕地地力评价因子的确定。

耕地地力评价实质是评价地形、土壤理化性状等自然要素对农作物生长限制程度的强弱。因此,选取评价指标时遵循以下几个方面的原则:一是选取的指标对耕地地力有较大的影响;二是选取的指标在评价区域内的变异较大,便于划等定级;三是选取的评价指标在时间序列上具有相对的稳定性,评价结果能够有较长的有效期;四是选取评价指标与评价区域的大小有密切关系。根据上述原则各小组根据查找资料及实验区域分析,在全国耕地地力评价指标体系框架下,选择适合当地并对耕地地力影响较大的指标作为评价因素。通过投票统计,确定立地条件、土壤性质、养分状况、土壤管理 4 个项目 13 个因素作为永寿县耕地地力的评价指标。它们分别是:

a. 立地条件 包括坡度、海拔高度、地貌类型；

b. 土壤性质　包括土壤质地、土壤结构、土体构型；

c. 养分状况　包括有机质、碱解氮、有效磷、速效钾、pH；

d. 土壤管理　包括灌溉能力、农田基础设施。

② 依据地形图进行土地评价因子的分析。

③ 评价单元的划分。

耕地地力评价单元是具有专门特征的耕地单元,在评价系统中用于制图区域,在生产上用于实际农事管理,是最基本的耕地地力评价单位。评价单元划分的合理与否直接关系到评价结果的准确性。本次耕地地力评价采用土壤图、土地利用现状图、行政区划图以及地貌类型图叠加形成的图斑作为评价单元。土壤图划分到土壤亚类,土地利用现状图划分到二级利用类型,行政区划图划分到行政村,地貌类型分为河谷川塬、低山丘陵以及中、高山地,同一评价单元的土种类型、利用方式、行政归属以及地貌类型一致,不同评价单元之间有差异性和可比性。

具体做法为利用 ArcGIS 软件先从永寿县土地利用现状图中提取出耕地图斑,然后与行政区划图、土壤图进行叠加求交形成耕地地力评价单元图。

④ 评价单元数据获取

基本评价单元图的每个图斑都必须有参与评价指标的属性数据。根据不同类型数据的特点,评价单元获取数据的途径不同,分为以下几种途径：

a. 土壤有机质、碱解氮、有效磷、速效钾和 pH

均由点位图利用空间插值法,生成栅格图；将此图与评价单元图叠加,使评价单元获取相应的属性数据。

b. 坡度、海拔

先由等高线形成地面高程模型,继而生成坡度、坡向以及海拔栅格图,再与评价单元叠加后采用分区统计的方法为评价单元赋值。

c. 地貌类型

由矢量化的地貌类型图与评价单元图叠加,为每个评价单元赋值。

d. 农田基础设施、灌溉能力

农田基础设施、灌溉能力指标的属性数据,利用以点形成的泰森多变形与评价单元图叠加将其赋给评价单元。

e. 质地、土壤结构、土体构型

质地、土壤结构和土体构型指标的属性数据,依评价单元的土壤类型并结合以点代面将其赋值给评价单元。

⑤ 评价过程

应用层次分析法和模糊评价法计算各因素的权重和评价评语,在耕地资源管理信息系统支撑下,以评价单元图为基础,计算耕地地力综合指数,应用累计频率曲线法确定分级方案,评价耕地地力等级。

A. 单因素评价隶属度的计算——模糊评价法

根据模糊数学的基本原理,一个模糊性概念就是一个模糊子集,模糊子集 A 的取值自 0→1 中间的任一数值(包括两端的 0 与 1)。隶属度是元素 X 符合这个模糊性概念的程度。完全符合时隶属度为 1,完全不符合时为 0,部分符合即取 0 与 1 之间一个中间值。隶属函数 $\mu A(x)$ 是表示元素 x_i 与隶属度 μ_i 之间的解析函数,根据隶属函数,对于每个 x_i 都可以计算出其对应的隶属度 μ_i。

a. 隶属函数模型的确定

根据永寿县评价指标的类型,选定的表达评价指标与耕地生产关系的函数模型分为戒上(下)型、直线型、峰型和概念型 4 种,其表达式分别为:

Ⅰ. 戒上型函数模型

适用于有机质含量、碱解氮含量、有效磷含量、速效钾含量等指标,其函数模型为:

$$Y_i = \begin{cases} 0 & u_i \leqslant u_t \\ 1/[1+a_i(u_i-c_i)^2] & u_t < u_i < c_i \\ 1 & c_i \leqslant u_i \end{cases} \quad (i=1,\cdots,n)$$

Ⅱ. 直线型函数模型

适用于海拔、坡度等指标,这类指标其性状是定量的,与耕地的生产能力之间是一种近似线性的关系。

$$Y_i = aX + b$$

Ⅲ. 峰型函数模型

适用于 pH,其函数模型为:

$$y_i = \begin{cases} 0 & u_i > u_{t1} \text{ 或 } u_i < u_{t2} \\ 1/[1+a_i(u_i-c_i)^2] & u_{t2} \leqslant u_i \leqslant u_{t1} \\ 1 & c_i = u_i \end{cases} \quad (i=1,2,3\cdots,n)$$

式中,u_{t1}、u_{t2} 分别表示指标上、下限值。

Ⅳ. 概念型指标函数模型

适用于地貌类型、土体构型、土壤结构、质地、灌溉能力、农田基础设施等指标。这类指标其性状是定性的、综合的,与耕地的生产能力之间是一种非线性的关系。

b. 专家评估值

此项评价邀请了西北农林科技大学和省、市、县土壤肥料等方面的专家十余人组成专家组。由专家组对各评价指标与耕地地力的隶属度进行评估,给出相应的评估值。通过对专家们的评估值进行统计,作为拟合函数的原始数据。专家评估结果见表 7-1-2 和 7-1-3。

c. 隶属函数的拟合

根据专家、小组成员给出的评估值与对应评价因素的指标值(表 7-1-2),分别应用戒上型函数模型和直线型函数模型进行回归拟合,建立回归函数模型,并经拟合检验达显著水平者用以进行隶属度的计算。13 项评价因素中 7 项为数量型指标,可以应用模型进行模拟计算,有 6 项指标为概念型指标,由专家根据各评价指标与耕地地力的相关性,通过经验直接给出隶属度(表 7-1-3)。

表 7-1-2 数量型评价因素专家评估值

评价因素	项目	专家评估值				
有机质(g/kg)	指标	25	20	15	10	8
	评估值	1	0.9	0.6	0.3	0.2
碱解氮(mg/kg)	指标	145	130	100	70	60
	评估值	1	0.9	0.6	0.3	0.2
有效磷(mg/kg)	指标	40	35	20	10	5
	评估值	1	0.9	0.6	0.3	0.2
速效钾(mg/kg)	指标	220	200	130	90	70
	评估值	1	0.9	0.6	0.3	0.2
pH	指标	7	——	8/6	8.5/5.5	9/5
	评估值	1		0.6	0.3	0.2
海拔(m)	指标	600	1000	1300	1600	2000
	评估值	1	0.9	0.6	0.3	0.2
坡度(°)	指标	3	10	20	35	40
	评估值	1	0.9	0.6	0.3	0.2

表 7-1-3 非数量型评价因素隶属度专家评估值

评价因素	项目	专家评估值					
地貌类型	指标	河谷阶地	低山丘陵	中山	高山	——	
	评估值	1	0.8	0.6	0.4		
灌溉能力	指标	保灌	能灌	可灌	无灌	——	
	评估值	1	0.8	0.6	0.3		
农田基础设施	指标	完全配套	配套	基本配套	不配套	——	
	评估值	1	0.8	0.6	0.3		
土壤质地	指标	中壤	中偏重	重壤	轻壤	粘壤	沙壤
	评估值	1	0.95	0.9	0.7	0.6	0.5
土壤结构	指标	微团块	团块状	核状	棱块状	棱柱状	粒状
	评估值	0.95	0.9	0.8	0.6	0.5	0.4
剖面构型	指标	A-P-B-C	A-B-C	A-BC-C	AC-C	——	
	评估值	1	0.95	0.9	0.5		

B. 单因素权重的计算——层次分析法

层次分析法的基本原理是把复杂问题中的各个因素按照相互之间的隶属关系排成从高到低的若干层次,根据一定客观现实的判断就同一层次相对重要性相互比较的结果,决定该层次各元素重要性先后次序。

在本次耕地地力评价中,把 13 个评价因素按相互之间的隶属关系排成从高到低的 3 个层次(表 7-1-4),A 层为耕地地力,B 层为相对共性的因素,C 层为各单项因素。根据层次结构图,请专家组就同一层次对上一层次的相对重要性给出数量化的评估,经统计汇总构成判断矩阵,通过矩阵求得各因素的权重(特征向量),计算结果见表 7-1-5、7-1-6、7-1-7、7-1-8、7-1-9。

表 7-1-4　永寿县耕地地力评价要素层次结构

目标层(A)	状态层(B)	指标层(C)
耕地地力	立地条件	地貌类型
		坡度
		海拔高度
	土壤性质	土壤质地
		土壤结构
		土体构型
	养分状况	有机质
		碱解氮
		速效磷
		速效钾
		pH
	土壤管理	灌溉能力
		农田基础设施

表 7-1-5　B 层判断矩阵

A	B_1	B_2	B_3	B_4	权重(W_I)
立地条件(B_1)	1	2	2	3	0.4286
土壤性质(B_2)	0.5	1	1	1.5	0.2143
养分状况(B_3)	0.5	1	1	1.5	0.2143
土壤管理(B_4)	0.3333	0.6667	0.6667	1	0.1429

表 7-1-6　C 层判断矩阵(立地条件)

B	C_1	C_2	C_3	权重(W_i)
地貌类型(C_1)	1	2	3	0.5455
坡度(C_2)	0.5	1	1.4999	0.2727
海拔高度(C_3)	0.3333	0.6667	1	0.1818

表 7-1-7　C 层判断矩阵(土壤性质)

B	C_4	C_5	C_6	权重(W_i)
土壤质地(C_4)	1	3	2	0.5455
土壤结构(C_5)	0.3333	1	0.6667	0.1818
土体构型(C_6)	0.5	1.5	1	0.2727

表 7-1-8　C 层判断矩阵(养分状况)

B	C_7	C_8	C_9	C_{10}	C_{11}	权重(W_i)
有机质(C_7)	1	2	2	3	4	0.3871
土壤碱解氮(C_8)	0.5	1	1	1.4999	2	0.1935

续表

B	C_7	C_8	C_9	C_{10}	C_{11}	权重(W_i)
速效磷(C_9)	0.5	1	1	1.4999	2	0.1935
速效钾(C_{10})	0.3333	0.6667	0.6667	1	1.3333	0.1290
pH(C_{11})	0.25	0.5	0.5	0.75	1	0.0968

表7-1-9 C层判断矩阵(土壤管理)

B	C_{12}	C_{13}	权重(W_i)
灌溉能力(C_{12})	1	2	0.6667
农田基础设施(C_{13})	0.5	1	0.3333

各评价因素的组合权重＝B_jC_i，B_j为B层中判断矩阵的特征向量，$j=1,2,3,4$；C_i为C层判断矩阵的特征向量，$i=1,2,\cdots,13$。各评价因素的组合权重计算结果见表7-1-10。

表7-1-10 评价因素组合权重计算结果

目标层 A		耕地地力				组合权重
准则层 B		B_1	B_2	B_3	B_4	$\sum B_iC_j$
		0.4286	0.2143	0.2143	0.1429	
立地条件 B_1	地貌类型 C_1	0.5455	—	—	—	0.2338
	坡度 C_2	0.2727	—	—	—	0.1169
	海拔 C_3	0.1818	—	—	—	0.0779
土壤性质 B_2	土壤质地 C_4	—	0.5455	—	—	0.1169
	土壤结构 C_5	—	0.1818	—	—	0.0390
	土体构型 C_6	—	0.2727	—	—	0.0584
养分状况 B_3	有机质 C_7	—	—	0.3871	—	0.0830
	土壤碱解氮 C_8	—	—	0.1935	—	0.0415
	速效磷 C_9	—	—	0.1935	—	0.0415
	速效钾 C_{10}	—	—	0.1290	—	0.0276
	pH C_{11}	—	—	0.0968	—	0.0207
土壤管理 B_4	灌溉能力 C_{12}	—	—	—	0.6667	0.0952
	农田基础设施 C_{13}	—	—	—	0.3333	0.0476

C. 计算耕地地力综合指数(IFI)

利用加法模型计算耕地地力综合指数(IFI)，公式如下：

$$IFI = \sum F_i \times C_i \quad (i=1,2,3,\cdots,n)$$

式中，IFI是耕地地力指数；F_i是第i个因素的评价评语；C_i是第i个因素的组合权重。

D. 确定耕地地力综合指数分级方案

用样点数与耕地地力综合指数制累积频率曲线图,根据样点分布频率,分别用耕地地力综合指数将永寿县耕地分为五级。用累积曲线的拐点处作为每一等级的起始分值。

E. 归入农业部地力等级体系

在上述根据自然要素评价的各地力等级中,分别随机选取 100 块地块,调查了近年来的平均产量,并进行了统计分析,根据调查和统计结果,按农业部《全国耕地类型区、耕地地力等级划分》标准,将本次评价结果的一级地归入农业部地力等级体系的相应等级。

⑥ 土地评价图的形成。

⑦ 野外调查经济人文因子。

⑧ 依据地形图进行土地评价结果的标定。

⑨ 分析土地评价结果并探索其影响因素。

分析耕地地力等级在不同乡镇、不同地貌条件的分布状况,制作耕地地力评价专题图,并依据前期各因子的分析与调查探索影响该区耕地地力评价结果的驱动因子。

(8) 典型农作物适宜性评价系列图的制作

参照耕地地力评价的过程、方法,选择相应的作物制约因子,完成典型传统作物(如小麦/玉米、苹果)的适宜性评价,并分析适宜性与地形因子的关系。

(9) 实习方式

野外测绘部分根据实习安排,分组分区进行实地调查和观测。每组确定一名组长切实负起责任。

室内实习部分,在地理信息系统计算机房分组组织进行。对野外实习成果进行汇总,编制成图。另外,有 3 名同学作为总负责,负责同学之间任务的协调、问题的解决与成果的汇总。

4 实习应交成果

本实习要求分组完成实习任务,按小组分别提交 1 份实习报告和 1 份地图成果图。实习报告应包括的信息有:1 份实习报告,1 份地图成果图包括两期永寿县土地利用类型图,永寿县城市扩展图,2016 年永寿县土地利用现状图,永寿县坡度、坡向和地貌晕渲图,永寿县土壤养分等级专题图,永寿县耕地地力等级图,永寿县适宜性评价图。

实验 2　地图设计与编制课程设计

《地图设计与编制》是地理信息系统的专业课。本课程实践性强,在地理信息系统专业的教学中除注意突出重点,讲清基本原理外,应把重点放在提高学生操作、应用地图软件的能力上,加强上机练习,理论联系实际,达到学以致用。本课程论文设计主要是在学习地图各方面基本理论的基础上,从学生的实际情况出发,充分发挥学生的自主创造能力,达到一个较高的理论和实践水平。课程设计过程中应突出重点,深入研究,切勿浮于表面内容的应用,从多方面启发学生的思维和培养学生的能力。

1　目的与要求

通过该课程论文的设计,拟达到的教学目的、效果如下:
(1)通过该课程设计使学生充分理解所学相关知识;
(2)使学生充分了解相关学科的互通性;
(3)使学生深入研究、学习所学知识的某一方面在实践中的应用;
(4)通过交流使学生之间可以互通有无,达到现身说法的目的;
(5)通过本次课程设计使学生掌握相关资料的查询、整理、符号化,地图显示,以及论文内容的设计、安排和最后成文阶段的修饰。

2　仪器与资料

(1)资料:陕西省行政区划图(到县级单位),陕西省近十五年统计年鉴资料。
(2)仪器:高性能计算机 60 台、ArcGIS10、ERDAS、CorelDRAW 等绘图软件,全站仪 2 台、皮尺、测绳、绘图板。

3　内容与步骤

《地图设计与编制》课程论文设计是基于整个本科阶段的地图学科所有相关课程而设的,因此,是一个将各门课程相关信息融合、应用于实践的一个过程。主要包括七个方面的内容:(1)数据收集与处理;(2)有关现实地物在地图上的表示方法;(3)地图的阅读和应用;(4)调查制图和遥感制图;(5)图面设计;(6)地图制图综合;(7)地图整饰;(8)相关论文的撰写。

课程设计的具体内容主要包括以下几个方面:

(1) 地图投影与变换

① 不同投影类型的经纬网的形状;
② 依据不同的实际情况和要求决定不同的投影类型;
③ 不同投影类型之间的互相转化;
④ 经纬线网投影方程的探索。

(2) 资料收集与整理

① 掌握自然要素的相关数据的收集与整理、分级和分类;
② 掌握经济要素的相关数据的收集与整理、分级和分类;
③ 掌握人文要素的相关数据的收集与整理、分级和分类;
④ 掌握动态要素的相关数据的收集与整理、分级和分类。

(3) 地图的编制

① 地图符号的设计;
② 地理底图的编制;
③ 地图符号在地理底图上的布点;
④ 地图图面的设计;
⑤ 地图的整饰。

(4) 地图应用

① 地形图上各要素的量算;
② 地形图上相关内容的分析,如断面图的制作、坡度与坡向图的制作、汇水流域面积的统计、块状图的制作等;
③ 根据面积的统计结果整理土地利用现状;
④ 简要描述该阅读范围内的自然、社会、经济状况;
⑤ 全面分析专题资料与其他因素之间的关系,探索影响其发展的制约因子。

(5) 指导与实习方式

2~3名学生为一组、室内资料查询和野外调查相结合,运用地图学相关知识,充分调动学生的主动性思维,完成经济、人文或自然环境方面多年数据的制图与动态分析,并且用PPT的形式向老师和同学汇报,达到互相学习、解决疑难问题以及寻找弊病的目的。

4 实习应交成果

本课程论文要求分组完成课程设计,按小组写出书面报告或者课程设计论文。课程设计应包括的信息有:一份课程设计论文,一份地图成果图,一份汇报的PPT。

参考文献

[1] 蔡孟裔. 新编地图学教程[M]. 北京：高等教育出版社，2008
[2] 蔡孟裔等. 新编地图学实习教程[M]. 北京：高等教育出版社，2000
[3] 陈俊. 实用地理信息系统——成功地理信息系统的建设与管理[M]. 北京：科学出版社，1998
[4] 胡毓钜. 地图投影[M]. 北京：测绘出版社，1981
[5] 华瑞林. 遥感制图[M]. 南京：南京大学出版社，1990
[6] 黄杏元. 地理信息系统概论[M]. 北京：高等教育出版社，2008
[7] 廖克. 现代地图学[M]. 北京：科学出版社，2003
[8] 陆权. 地图制图参考手册[M]. 北京：测绘出版社，1988
[9] 汤国安. ArcGIS 地理信息系统空间分析实验教程[M]. 北京：科学出版社，2012
[10] 汤国安. 地理信息系统教程[M]. 北京：高等教育出版社，2007
[11] 田德森. 现代地图学理论[M]. 北京：测绘出版社，1991
[12] 王家耀. 普通地图制图综合原理[M]. 北京：测绘出版社，1993
[13] 姚兴海. CorelDraw 地图制图[M]. 北京：中国地图出版社，2003
[14] 张超等. 地理信息系统实习教程[M]. 北京：高等教育出版社，2002
[15] 张力果. 地图学[M]. 北京：高等教育出版社，1990
[16] 褚广荣. 遥感系列成图方法研究[M]. 北京：测绘出版社，1992
[17] 祝国瑞. 地图设计与编绘[M]. 武汉：武汉大学出版社，2001
[18] 祝国瑞. 地图学[M]. 武汉：武汉大学出版社，2004
[19] ArcGIS 10.2 产品白皮书[EB/OL]. 北京：Esri 中国信息技术有限公司，2013